Frithjof Stein
Georg P. Dahmen

Histopathologie niederenergetischer Stoßwellen an Fischembryonen

Frithjof Stein
Georg P. Dahmen

Histopathologie niederenergetischer Stoßwellen an Fischembryonen

Histo- u. zytophathologischer Nachweis des Wirkmechanismus der extrakorporalen Stoßwellentherapie (ESWT) im Fischmodell

Südwestdeutscher Verlag für Hochschulschriften

Impressum / Imprint

Bibliografische Information der Deutschen Nationalbibliothek: Die Deutsche Nationalbibliothek verzeichnet diese Publikation in der Deutschen Nationalbibliografie; detaillierte bibliografische Daten sind im Internet über http://dnb.d-nb.de abrufbar.

Alle in diesem Buch genannten Marken und Produktnamen unterliegen warenzeichen-, marken- oder patentrechtlichem Schutz bzw. sind Warenzeichen oder eingetragene Warenzeichen der jeweiligen Inhaber. Die Wiedergabe von Marken, Produktnamen, Gebrauchsnamen, Handelsnamen, Warenbezeichnungen u.s.w. in diesem Werk berechtigt auch ohne besondere Kennzeichnung nicht zu der Annahme, dass solche Namen im Sinne der Warenzeichen- und Markenschutzgesetzgebung als frei zu betrachten wären und daher von jedermann benutzt werden dürften.

Bibliographic information published by the Deutsche Nationalbibliothek: The Deutsche Nationalbibliothek lists this publication in the Deutsche Nationalbibliografie; detailed bibliographic data are available in the Internet at http://dnb.d-nb.de.

Any brand names and product names mentioned in this book are subject to trademark, brand or patent protection and are trademarks or registered trademarks of their respective holders. The use of brand names, product names, common names, trade names, product descriptions etc. even without a particular marking in this works is in no way to be construed to mean that such names may be regarded as unrestricted in respect of trademark and brand protection legislation and could thus be used by anyone.

Coverbild / Cover image: www.ingimage.com

Verlag / Publisher:
Südwestdeutscher Verlag für Hochschulschriften
ist ein Imprint der / is a trademark of
OmniScriptum GmbH & Co. KG
Heinrich-Böcking-Str. 6-8, 66121 Saarbrücken, Deutschland / Germany
Email: info@svh-verlag.de

Herstellung: siehe letzte Seite /
Printed at: see last page
ISBN: 978-3-8381-3689-9

Zugl. / Approved by: Hamburg, Biozentrum-Grindel, Diss., 2010

Copyright © 2013 OmniScriptum GmbH & Co. KG
Alle Rechte vorbehalten. / All rights reserved. Saarbrücken 2013

Inhaltsverzeichnis

1	**Einleitung**		**5**
1.1	Beschreibung der Stoßwelle und ihrer Mechanismen		5
	1.1.1	Die Wirkmechanismen einer Stoßwelle	6
	1.1.2	Die Stoßwellenerzeugung	8
1.2	Erfolge und Nebenwirkungen der extrakorporalen Lithotripsie		9
1.3	Die extrakorporale Stoßwellentherapie und bisherige Erfolge		11
1.4	Das Tiermodell *Oryzias latipes*		14
	1.4.1	Die Embryonalentwicklung von *Oryzias latipes*	16
	1.4.2	Aufbau und Funktion des Dottersynzytiums	16
		1.4.2.1 Schichtungen des DS	17
		1.4.2.2 Dotteraufbereitung durch das DS	17
		1.4.2.3 Signale aus dem Dottersynzytium	19
1.5	Fragestellung		21
2	**Material und Methoden**		**22**
2.1	Die Hälterung von *Oryzias latipes*		22
2.2	Gewinnung der Eier		23
2.3	Stoßwellengerät und Versuchsaufbau		25
2.4	Weiterverarbeitung der Proben		31
	2.4.1	Lebendbeobachtungen der Entwicklung der *O. latipes*-Eier . . .	32
	2.4.2	Mikroskopische Aufarbeitung der *O. latipes*-Eier	32
		2.4.2.1 Lichtmikroskopie	32
		2.4.2.2 Elektronenmikroskopie	36
3	**Ergebnisse**		**37**
3.1	Die Embryonalentwicklung von *Oryzias latipes*		37
3.2	Beschallte Embryonen		69
	3.2.1	Beobachtungen an beschallten Stadien Ia	71
		3.2.1.1 Zellsphäre	71

3.2.2 Beobachtungen an beschallten Stadien II 73
    3.2.2.1 Entwicklungsverzögerung - und Stagnation bei EmB(II) 73
    3.2.2.2 Grob morphologische Symptome EmB(II) 79
    3.2.2.3 Entwicklungsabbruch mit Verpilzung 80
    3.2.2.4 Dotterverlust 82
    3.2.2.5 Kreislaufinsuffizienzen 86
    3.2.2.6 Mikrophthalmie 92
    3.2.2.7 Perikardialödem 102
    3.2.2.8 Trübung am Dotter 104
    3.2.2.9 Trübung des Embryos 113
    3.2.2.10 Gewebszerstörung 131
    3.2.2.11 Nur licht- und elektronenmikroskopisch sichtbare histologische Schäden bei EmB(II) 139
        3.2.2.11.1 Zustand des Dottersynzytiums bei EmB(II) . 140
        3.2.2.11.2 Veränderungen des DS bei EmB(II) im Stadium III: 141
        3.2.2.11.3 Veränderungen des DS bei EmB(II) im Stadium IV: 143
        3.2.2.11.4 Veränderungen des DS bei EmB(II) im Stadium V 148
        3.2.2.11.5 Veränderungen im Schwanzbereich 152
    3.2.2.12 Zusammenfassung und Definition der grobmorphologischen Symptome 162

4 Diskussion   164
4.1 Mögliche Gründe für das Ausbleiben von Beschallungseffekten 164
    4.1.1 Methodenkritik: Ungenauigkeiten am Stoßwellengerät 164
    4.1.2 Mögliche Stoßwellenresistenzen beschallter Gewebe 166
    4.1.3 Regeneration geschädigter Gewebe 167
4.2 Kriterien zur Beurteilung einer Normalentwicklung der EoB 170
4.3 Wirkungsmechanismen der Stoßwellen 171
    4.3.1 Kavitationen 171
        4.3.1.1 Physikalische Betrachtung der Kavitationen 171
        4.3.1.2 Sonochemie der Kavitationen 173
        4.3.1.3 Kavitationen als Teilursache von Beschallungsschäden 174
    4.3.2 Dehnungs- und Scherkräfte 176
4.4 Beschallungseffekte und ihre Auswirkungen 178

	4.4.1 Grobmorphologisch feststellbare Schäden	179
	4.4.1.1 Entwicklungsstagnationen bei EmB(Ia)	180
	4.4.1.2 Detaillierte Betrachtungen von Symptomen an EmB(II)	181
	4.4.1.3 Bedeutung von: "Absterben des Embryos"	185
	4.4.2 Das Dottersynzytium bei *Oryzias latipes*	187
	4.4.2.1 Fehlende Zellkerne im Dottersynzytium bei *O. latipes*	188
	4.4.2.2 Auswirkungen des geschädigten Dottersynzytiums auf die Entwicklung der Versuchsembryonen	189
	4.4.3 Histologie geschädigter Gewebeanlagen entwicklungsgestörter Versuchsembryonen	192
	4.4.3.1 Allgemeine pathologische Organellveränderungen	192
	4.4.3.2 Spezielle pathologische Organellveränderungen	194
	4.4.3.3 Apoptose und Nekrose in Geweben der EmB(II)	196
	4.4.3.3.1 Nekrose	196
	4.4.3.3.2 Apoptose	197
	4.4.3.4 Histopathologische Veränderungen spezifischer Gewebe	201
	4.4.4 Tabellarische Zusammenfassung der Befunde	203
	4.4.5 Fazit: Der Einfluss von Stoßwellen auf die *O. latipes*-Entwicklung	206
4.5	Anwendung der vorliegenden Erkenntnisse auf die ESWT	212
	4.5.1 Grundlagen der Nozizeption	212
	4.5.2 Der analgetische Wirkmechanismus der ESWT	214
	4.5.3 Aussichten	215

5 Schlusssatz 218

6 Zusammenfassung 219

7 Literatur 222

8 Anhang 243
8.1 Tabelle der Abkürzungen 243
8.2 Entwicklungsverlauf geschädigter EMB(II) 247

Inhaltsverzeichnis

1 Einleitung

In ersten Anwendungen zu Beginn der 80er Jahre sind mit Hilfe von akustischen Stoßwellen Patienten mit Gallen- und Nierensteinen therapiert worden. Mit dieser Methode, der "extrakorporalen Stoßwellen-Lithotripsie" (ESWL)(griechisch: $\lambda\iota\theta o\varsigma$ (Lithos) = Stein; $\tau\rho\iota\pi\tau o\varsigma$ (tripsis) = zertrümmert), sollen Nieren- und Gallensteine so weit zertrümmert werden, dass sie auf natürlichem Wege, d. h. ohne chirurgische Eingriffe, abgeführt werden können. Für die Zertrümmerung der Gallen- und Nierensteine sind hochenergetische Stoßwellen notwendig. Um zu vermeiden, dass der akustische Impuls im Gewebe auf der Strecke zwischen Körpereintritt bis zum Stein gesundes Gewebe schädigt, wird der akustische Impuls nach den Brechungsgesetzen mit Hilfe akustischer Linsen fokussiert, d.h., die Energie wird auf das Wirkzentrum gebündelt. Somit existiert die Stoßwelle durch die charakteristische Aufsteilung erst im Fokus und fokusnahen Bereich (KRAUSS, 1993).

1.1 Beschreibung der Stoßwelle und ihrer Mechanismen

Um die Wirkungsweise der Stoßwellen besser zu verstehen, wird das physikalische Prinzip in den folgenden Absätzen erläutert:

Eine Stoßwelle ist definitionsgemäß eine Schallwelle mit einer Wellenfront (ÜBERLE, 1997), bei der der Druck über den Umgebungsdruck zu einem Druckmaximum innerhalb eines extrem kurzen Zeitraumes (10^{-9} Sekunden) ansteigt (Abb. 1). Dabei charakterisiert – als Folge des kurzzeitigen Druckanstiegs – die Steilheit des Übergangs zum Spitzendruck die typische Stoßwelle (REICHENBERGER, 1988).

Die eintreffende akustische Energie wird an der Grenzfläche der Materie in Kavitationen sowie Zug- und Dehnungskräfte (kavitationsunabhängige Faktoren) umgewandelt.

Dabei sind beide Faktoren an den zu beobachtenden Effekten auf Steinoberflächen und an der Biomechanik im Gewebe während einer Applikation von Stoßwellen innerhalb der fokusnahen Umgebung maßgeblich beteiligt (REICHENBERGER, 1988).

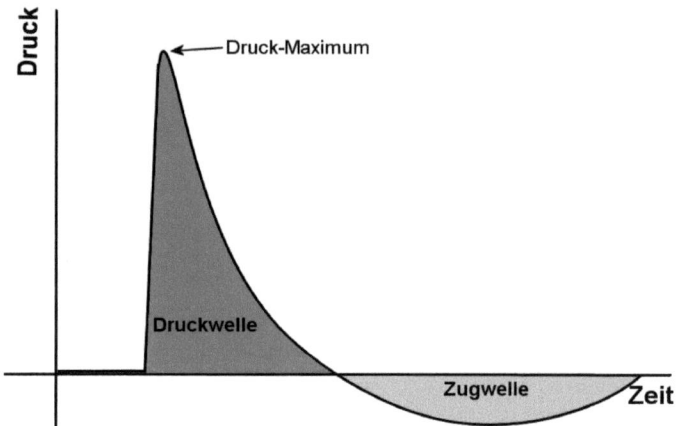

Abb. 1: Schematische Darstellung einer Stoßwelle. Charakteristisch ist der steile Druckanstieg auf ein Maximum, gefolgt vom Absinken des Druckes bis zur Entstehung einer Zugwelle durch den negativen Druckanteil (nach FOLBERTH et al., 1993).

1.1.1 Die Wirkmechanismen einer Stoßwelle

- *Kavitationen*:
Akustische Wellen benötigen bekanntlich eine tragende Materie, gleichgültig, ob fest, flüssig oder gasförmig (REICHENBERGER, 1988). Diese besteht im Falle der Stoßwellenbehandlung aus dem Wasser an der Stoßwellenquelle und aus dem Gewebe mit der Gewebeflüssigkeit. Daraus ergibt sich, dass eine akustische Welle durch zweierlei Zustandsgrößen der tragenden Materie definiert ist: Druck und Teilchenschnelle. Infolge beider Größen induziert die akustische Welle eine Auslenkung der Teilchen bzw. Moleküle, d.h., sie vollziehen hier eine Bewegung auf der Ebene der Schallausbreitungsrichtung. Sie verdünnen und verdichten sich an den unterschiedlichen Orten aufgrund unterschiedlicher Bewegungsgeschwindigkeiten. Wo sich die Teilchen am höchsten verdichten, liegt maximaler Druck und an Orten mit der geringsten Dichte liegt ein Unterdruck vor. Im Bereich des

1.1 Beschreibung der Stoßwelle und ihrer Mechanismen

Druckmaximums weisen die Teilchen die höchste Geschwindigkeit in Ausbreitungsrichtung auf. Hingegen besitzen die Teilchen im Bereich des maximalen Unterdruckes die höchste Geschwindigkeit entgegengesetzt zur Schallausbreitungsrichtung. Aufgrund dieser Diskrepanz kann bei ausreichend hohem Unterschied zwischen positivem und negativem Druck der Zusammenhalt zwischen Molekülen untereinander und an Grenzflächen haftenden Molekülen (z. B. Grenzfläche Wasser/Gallenstein) aufgehoben werden. In der Phase des Unterdrucks können infolge dessen Kavitationen auftreten, d.h. kurzzeitig entstehende und kollabierende Gas- oder Dampfbläschen (REICHENBERGER, 1988). In der therapeutischen Anwendung, wie in der Lithotripsie, kann dabei der Spitzendruck zwischen 10 MPa und 100 MPa betragen (1 MPa = 10 bar) (ÜBERLE, 1997), der unmittelbar auf die Materie in Form einer Druckwelle mechanisch einwirkt.

- *Kavitationsunabhängige Faktoren*: Unter dem Begriff kavitationsunabhängige Faktoren werden Scher- und Stoßwirkungen zusammengefasst. Die Auslenkung der Materieteilchen und damit die Ausbreitung des Schalls ist abhängig vom akustischen Widerstand der Materie, der Impedanz (ÜBERLE, 1997). Das bedeutet: Je größer die Impedanz, desto kleiner die Auslenkung und desto geringer die Schallleitung. An den Grenzflächen zweier Materien findet im Grenzbereich der Materie mit der höheren Impedanz eine größere Auslenkung der Moleküle statt als im Inneren dieser Materie (STEINBACH, 1992), wodurch Scherkräfte entstehen.

Die Impedanz eines Mediums ergibt sich aus dem Produkt seiner Dichte und Schallleitungsgeschwindigkeit (SUTILOV, 1984), wobei letztere wiederum von den Kompressionseigenschaften und der Elastizität des Mediums bestimmt wird. In Abhängigkeit des Impedanzsprunges von einem Medium ins andere kommt es beim Durchlaufen des Schalls an den Grenzflächen, den akustischen Gesetzen entsprechend, zur Brechung, Beugung und Reflexion der Schallwelle. Ein Teil der Schallenergie wird dadurch an der Grenzschicht in das Einfallsmedium reflektiert und die Restenergie ins Folgemedium transmittiert. Je nach Größe des Impedanzsprunges und des Einfallswinkels sind Reflexion und Transmission prozentual unterschiedlich verteilt. Die hierbei frei werdende mechanische Energie, die für einen Teil der Stoßwellenwirkung verantwortlich ist, führt dann zum Energieverlust der Welle.

1.1.2 Die Stoßwellenerzeugung

Extrakorporale Stoßwellen können entweder *elektrohydraulisch*, *piezoelektrisch* oder *elektromagnetisch* erzeugt werden (CHAUSSY, 1986; CHAUSSYet al., 1993, 1995; WESS, 2004):

- Die *elektrohydraulische* Erzeugung erfolgt unter Wasser mit Hilfe zweier Elektroden, die von einem Hochleistungskondensator unter Hochspannung gesetzt werden. Während der darauf folgenden Entladung, entsteht zwischen den Enden der Elektroden ein Blitz, in dessen unmittelbarer Umgebung durch die enorme Hitze Wasser verdampft. Es kommt zu einer hydrodynamischen Stoßwelle, die auf die zu therapierende Stelle bzw. den Gallen- oder Nierenstein mittels eines Hohlspiegels nach den Reflektionsgesetzen fokussiert werden kann. Bei dieser Form der Stoßwellenerzeugung kann die Energie nicht genau dosiert werden. Zusätzlich wird sie von Patienten als schmerzhaft und sehr laut empfunden.

- Bei der *piezoelektrischen* Erzeugung wird an polarisierte piezoelektrische Keramiken (z.B. Bariumtitanat oder Bleizirkonat-Titanat) eine elektrische Gleichspannung angelegt (KRAUSS, 1993). Die Keramik reagiert mit Formveränderung in Form einer Volumenausdehnung bzw. bei Umkehrung der Spannung mit einer Zusammenziehung. Im Falle des piezoelektrischen Stoßwellengenerators, werden Piezozylinder durch die elektrische Ansteuerung im μ-Bereich ausgedehnt. Mehrere tausend solcher hexaedrischen Zylinder werden mosaikartig auf der konkaven Seite einer Kugelkalottenform angeordnet, die eine Bündelung der Wellen in einem kleinen Fokus ermöglicht. Bei Eintritt in den Körper des Patienten erfolgt ein großflächiger Energietransfer und damit eine geringere Flächenbelastung des Gewebes.

- In den Versuchen der vorliegenden Arbeit wurden Stoßwellen *elektromagnetisch* generiert (Abb. 3, 26). Die akustische Quelle besteht hier aus einer Metallmembran, die auf einer Flachspule liegt. Die Entladung eines Kondensators erzeugt einen Stromimpuls in der Flachspule. Wirbelströme, durch den Stromimpuls in der Membran verursacht, erzeugen wiederum ein elektromagnetisches Feld, das nach dem Induktionsgesetz entgegengesetzt zum elektromagnetischen Feld der Flachspule wirkt. Die Membran, die sich im Wasser befindet, wird dadurch abgestoßen und überträgt einen mechanischen Impuls an das Wasser als Übertragungsmedium.

Nach GREINER et al. (1993) ist bei der elektrohydraulischen Lithotripsie die höchste Effizienz beobachtet worden. Die geringere Effizienz der anderen zwei Stoßwellenquellen kann durch höhere Impulszahlen mit entsprechend längerer Behandlungsdauer ausgeglichen werden.

1.2 Erfolge und Nebenwirkungen der extrakorporalen Lithotripsie

Bei der Gallensteinlithotripsie wird die ESWL sowohl als Monotherapie als auch in Kombination mit oral medikamentöser Lyse (Chemolitholyse) angewendet (BRAND et al., 1993 u. 1995; CHAUSSY et al., 1993; KAWAN et al., 1993a). Ziel der Monotherapie ist die Pulverisierung der Gallensteine, was den Abgang durch den Gallengang wesentlich erleichtert und bei 85% der therapierten Patienten zum Erfolg geführt hat. Dabei sind meistens mehrere Therapiesitzungen notwendig. Bei der Fragmentation werden die Steine in größere Bruchstücke zerstoßen und diese unter Zuhilfenahme von Lysemedikationen soweit verkleinert, dass ein Abgang auch hier auf natürlichem Wege ohne chirurgischem Eingriff möglich wird. Letzte Methode hat zu ca. 88% der behandelten Patienten zur Steinfreiheit geführt, wobei medikationsbedingte Nebenwirkungen beobachtet worden sind, wie beispielsweise Leberaffektion, Diarrhoe.

Bei den lithotripsierten Patienten mit Gallensteinen sind Nebenwirkungen beobachtet worden, die darauf schließen lassen, dass Gewebe im Fokus bzw. fokusnahen Bereiche geschädigt werden. So treten nach erfolgter Gallensteinlithotripsie bei bis zu 10 % der Patienten Koliken mit abnehmender Häufigkeit in dem folgenden Zeitraum von 6 Wochen nach der Behandlung auf:
Mild verlaufende Pankreatitis (1 bis 2 %) mit Rückgang innerhalb von 3 Tagen, Leberhämatome, Cholezystis, Hämobilie sowie schmerzlose lokale Rötungen der Bauchhaut an der Eintrittsstelle des Schalls in den Körper (BRAND, et al., 1993; GREINER et al., 1993; KAWAN et al., 1993a; KAWAN et al., 1993b; NAM u. SOEHENDRA, 1993). Sowohl bei Gallen- und Nierensteinlithotripsien weisen folgende beobachtete Symptome auf Schäden an Blutgefäßen hin (BRAND et al., 1995; KAUDE et al., 1985; KALLERHOFF et al., 1995; KISHIMOTO et al., 1986; WILBERT u. EISENBERGER, 1995): Blutungen in Form von Leberhämatomen, Hämobilie, regelhaft auftretende Hämaturien, perirenale Hämatome sowie Petechien in der Haut an den Eintrittsstellen des Schalls. Des weiteren sind Fieberattacken und Ausscheidungen von Proteinen als Indikator für eine

Schädigung der Glomeruli beobachtet worden. Dass insbesondere Gefäße durch die Stoßwellenapplikationen beeinträchtigt werden, ist durch Beschallungen solider Tumoren nachgewiesen worden, bei denen histologisch Einblutungen und Gefäßwandschäden beobachtet worden sind (DELIUS, 1995). Insbesondere können an beschallten Nieren sowohl im Tierexperiment als auch bei therapierten Patienten folgende erhebliche Veränderungen beobachtet werden (DELIUS, 1993; KÖHRMANN et al, 1993; NEISIUS et al, 1993; RÖSSLER et al., 1993):

- Venenthromben,
- Blutungen im Nierenparenchym,
- Läsionen des Nierenparenchyms,
- Hämatome in Nierenkapseln und Nierenparenchym,
- Dilatation der Tubuli,
- Tubulusnekrosen,
- Fibrosen und Vernarbungen des Nierenparenchyms (ab einer Woche nach der Beschallung).

Um die Frage zu klären, welche Stoßwellenbedingten Schäden im Gewebe auftreten und ob daraus eventuell Langzeitschäden resultieren, sind verschiedene Gewebe im Anschluss von Lithotripsien genauer untersucht worden. An menschlichen Nieren sowie bei *in vivo* Stoßwellenbehandelten Mäusen, Kaninchen und Hunden, die der Dosis ausgesetzt worden sind, wie sie bei der allgemeinen Steinzertrümmerung üblich ist, sind histologisch Rupturen von Gefäßen sowie Hämatome und Läsionen feststellbar (BIRD et al., 1995; BRODY et al., 1991; DELIUS et al., 1988; KARLSEN et al., 1991, ROESSLER et al., 1995; VYKHODTSEVA et al., 1995). Elektronenmikroskopisch zeigen sich dabei Schäden an Zellmembranen, Kernmembranen und Mitochondrien (AL-KARMI et al., 1994; BRÜMMER et al., 1989 und 1990; KARLSEN et al., 1991; PETERS et al., 1998; TAVAKKOLI et al., 1997; VYKHODTSEVA et al., 1995). Jedoch sind an lithotripsierten Gallensteinpatienten keine Proliferationen betroffener Schleimhäute von Gallenblasen als sichtbare Langzeitschäden beobachtet worden (BIRD et al.; 1995). Dauerhafte Zerstörungen zeigen sich lediglich nach einer Lithotripsie von neuronalem Kaninchengewebe (VYKHODTSEVA et al.; 1995). Somit ist unstrittig, dass die Stoßwellen zumindest im fokusnahen Bereich Gewebe deutlich schädigen können. Dabei bleiben die beobachteten Nebenwirkungen jedoch ohne feststellbare Langzeitschäden bei den behandelten Patienten (CHAUSSY et al., 1982 u. 1986).

1.3 Die extrakorporale Stoßwellentherapie und bisherige Erfolge

Die extrakorporale Stoßwellentherapie (ESWT) ist als Weiterentwicklung aus den in der Lithotripsie angewandten Stoßwellen entstanden. Anlass war eine unbeabsichtigte Nebenwirkung: Bei lithotripsierten Patienten trat an den Eintrittstellen der Stoßwellen an der Körperoberfläche ein betäubender Effekt ein (persönliche Mitteilung DAHMEN, 1995). So entstand ein weiteres Feld der Stoßwellenanwendung, bei dem, im Gegensatz zur ESWL, keine Steine sondern Gewebe beschallt werden sollten. Grundsätzlich ist davon auszugehen, dass bei niederenergetischen Stoßwellen der ESWT ähnliche Effekte auftreten, wie bei hochenergetischen Stoßwellen in der ESWL. Wird der Fokus ins Gewebe verlegt und die Energie während der Stoßwellenapplikation reduziert, ist eine Gewebebeeinflussung zu erwarten. Die Reduktion der Energie ist notwendig, da andernfalls die Gefahr besteht, dass die zu therapierenden Gewebe vollkommen zerstört werden. Gewebszerstörungen sind mit Versuchen an beschalltem Nierengewebe in Tierversuchen und an Nabelschnüren gezeigt worden, bei denen nach einer hochenergetischen Stoßwellenbehandlung Gefäßwandnekrosen beobachtet werden können (STEINBACH, 1992). Deshalb wird die Energiedosis in Form der Energiedichte bei angewandter ESWT zur Beschallung des Gewebes knochennaher Weichteile um den Faktor 6 bis 6,7 auf 0,08 bis 0,09 mJ/mm² verringert.

So haben die beobachteten Effekte und Erfolge bei der Zertrümmerung von Gallen- und Nierensteine 1991 erstmals zu Versuchen geführt, Patienten mit einer Tendinosis calcarea (Kalkschulter) mit Hilfe von Stoßwellen in kleineren Energiedosen zu therapieren. An diesen Patienten ist eine deutliche Schmerzlinderung mit Verminderung der Bewegungseinschränkungen erreicht worden. Die Schmerzlinderungen treten jedoch auch bei Patienten mit gleichen Schulterbeschwerden, aber ohne Kalkablagerungen auf. Damit kann eine andere Ursache für den schmerzlindernden Effekt angenommen werden, als die etwaige Zertrümmerung von Kalk in den Gelenken. Dies hat DAHMEN et al. (1993) dazu veranlasst, diverse andersartige Beschwerden mit Schmerzen knochennaher Weichteile mit niederenergetischen Stoßwellen zu beschallen. Deshalb sind neben den Patienten mit Tendinosis calcarea jene mit ähnlichen Schulterbeschwerden, die mit Kalkeinlagerungen nichts zu tun haben, therapiert worden. Zu diesen behandelten Beschwerden zählen Epikondylopathia humeri lateralis (Tennisellenbogen) und medialis (Golferellenbogen), Gonarthrose (Arthrose des Knies), Plantarfasciitis (Fersensporn) sowie diverse Schmerzsymptome an verschiedenen knochennahen Bereichen im Lumbalbereich. Hier ist ein deutlich analgetischer Effekt beobachtet worden, der sich in drei Kategorien einteilen läßt:

1. Eine kurzfristige analgetische Wirkung nach 50 bis 500 Impulsen hält 15 bis 24 Minuten nach Beschallung an. Diese Wirkung kann mit einer Injektion eines Lokalanästhetikums verglichen werden. Im hautnahen Bereich kann es zu einer vollständigen Anästhesie kommen und falls sich ein kleinerer Hauptnerv im fokussierten Bereich befindet, kann die Beschallung zu einer nicht ganz vollständigen Leitanästhesie führen.

2. Die zweite Wirkung tritt langsamer ein und dauert länger an. Dabei verringert sich die Schmerzempfindlichkeit des mehrfach beschallten Schmerzpunktes von einer Therapiesitzung zur nächsten am folgenden Tag. Nach einigen Tagen läßt dieser Effekt jedoch nach, so dass z. B. nach einem Wochenende ohne ESWT das Schmerzempfinden wieder ansteigt. Während der Beschallung wird von den Patienten berichtet, dass nach wenigen Impulsen der Schmerz im Fokus nicht mehr zu spüren ist. Lediglich das Klopfen der Stoßwellenimpulse wird wahrgenommen.

3. Diese Variante der analgetischen Wirkung der ESWT zeichnet sich durch eine langsame Entwicklung aus und tritt nach einigen Tagen bis zwei Wochen nach Behandlungsbeginn ein. Dabei wird von den Patienten eine Minderung der allgemeinen Schmerzsituation berichtet, die über Wochen und Monate andauern kann.

Basierend auf diesen Beobachtungen wird die ESWT seit 1992 erfolgreich als Schmerztherapie an Patienten eingesetzt (DAHMEN et al., 1992 u. 1993), bei der Schmerzen knochennaher Weichteile hauptsächlich im Bereich von Hals, Schulter, Ellenbogen und Fuss behandelt werden. Die folgende Liste enthält zusammengefasst Beispiele für Erkrankungen, die mit signifikantem Erfolg durch eine ESWT bei Patienten gelindert oder beseitigt worden sind:

- Allumfassend knochennahe Weichteilschmerzen (DAHMEN et al., 1995a; HAIST u. VON KEITZ-STEEGER, 1995),
- Induratio penis plastica oder Peyronie-Syndrom (HAUCK et al., 2004; MANIKANDAN et al., 2002; MIRONE et al., 2000),
- Dupuytren´sche Hände (DAHMEN et al.; 1992),
- Plantarfasciitis oder Fersensporn (ABT et al., 2002; BODDEKER et al., 2001; HAMMER et al., 2003; HAUPT u. KATZMEIER, 1995; NOLTE, 2003; PEREZ et al., 2003; VALCHANOU u. MICHAILOV, 1991),

1.3 Die extrakorporale Stoßwellentherapie und bisherige Erfolge

- Tennisellenbogen (CROWTHER et al., 2002; PIGOZZI et al., 2000; SCHMITT et al.; 2001),
- chronische Schulterschmerzen (DAECKE et al., 2002; GERDESMEYER et al., 2003),
- Sehnenansatzendopathien (DAHMEN et al., 1995a; HAUPT u. KATZMEIER, 1995),
- Pseudo-Arthrosen (verzögerte Knochenbruchheilung) (BUCH, 1997; DAHMEN et al., 1995b; HAIST u. VON KEITZ-STEEGER, 1995).

Auf der Suche nach einem analgetischen Wirkmechanismus der ESWT, haben HAAKE et al. (2002) das beschallte Rückenmark ESWT-behandelter Ratten untersucht. Die Autoren haben keine eindeutige Ursache bzw. kein Ursachengefüge benannt. Einen Einfluss der ESWT auf die Schmerzregulationsmechanismen über nicht opioide Calcitonin-Gen gebundenen Peptide sowie Substanz P wird verneint. Zu dem werden unerwünschte Nebenwirkungen durch die Beschallung des Rückenmarks während einer ESWT ausgeschlossen. Hingegen vertreten BIRD et al. (1995) die Auffassung, dass dauerhafte Läsionen in sensorischen Bereichen, Reizleitungen und im ZNS auftreten.

Bisher wurde nicht geklärt, welche histologischen und intrazellulären Effekte in beschallten Geweben vorzufinden sind. Um diese Frage abzuklären, wurden Versuche an Schweinefleisch durchgeführt (persönliche Mitteilung DAHMEN, 1996). Es konnten an diesem Gewebe keine Effekte beobachtet werden, weil es nicht möglich war, die Stelle wieder zu finden, auf der die 4mm lange und im Zentrum 1mm dicke reiskornförmige Fokuszone (-6dB Zone) platziert wurde. Außerdem handelte es sich dabei um totes Gewebe. Deshalb wäre es sehr fragwürdig, Rückschlüsse in Bezug auf intrazelluläre Beschallungseffekte an lebendem Gewebe zu ziehen.

Um die Frage zufriedenstellend zu klären, was Stoßwellen im Gewebe bewirken, musste ein Modelorganismus gefunden werden, der folgende Eigenschaften besitzt:

- Es sollte sich um einen lebenden Organismus handeln.
- Der Modelorganismus sollte so klein und übersichtlich sein, dass klar ist, wo die Stoßwellen im Gewebe fokussiert wurden.
- Mögliche Veränderungen nach den Beschallungen sollten gut einsehbar und zu verfolgen sein.
- Der Modelorganismus sollte bereits oftmals für Untersuchungen verwendet worden sein, so dass eventuelle Gewebeveränderungen mit Ergebnissen anderer Publikationen vergleichbar sind.

Vielversprechende Voraussetzungen eines Tiermodells erfüllen die Embryonen von *Oryzias latipes* aus folgenden Gründen:

1. *O. latipes* läßt sich unter Laborbedingungen unkompliziert hältern und züchten.
2. Von den Weibchen lassen sich meist täglich Eier gewinnen (vergl. S. 23). *O. latipes* ist in Bezug auf den Stress durch das Herausfischen und Abstreifen der Eier recht unempfindlich. Die befruchteten Eier lassen sich als Eiballen einfach, relativ stressfrei und schnell abstreifen.
3. Alle Eier eines Eipaketes (Abb. 2, S. 15) befinden sich im gleichen Entwicklungsstadium, was vergleichende Beobachtungen erleichtert.
4. Die Entwicklung der Versuchsembryonen und der Kontrollen ist aufgrund der Transparenz der Eihülle und der embryonalen Gewebeanlagen gut zu verfolgen.
5. Die embryonalen Strukturen, insbesondere die Dottersackgefäße, sind auch in fortgeschrittenen Entwicklungsstadien übersichtlich und überschaubar.

1.4 Das Tiermodell *Oryzias latipes*

Oryzias latipes ist in Asien in Vietnam, Taiwan, China, Korea und Japan beheimatet (ROBERTS, 1998). Nach eigenen Beobachtungen erreicht der ausgewachsene Fisch eine Länge von 2,5 bis 3,0 Zentimeter. Die Lufttemperaturen in den Verbreitungsgebieten kann zw. 5 °C und 35 °C betragen. Seine Hauptnahrung besteht aus planktischen Krebsen, Tubifeziden und Insektenlarven.

Die Männchen lassen sich mit bloßem Auge schnell und sicher von den Weibchen durch die Form der Dorsalflosse unterscheiden (EGAMI, 1975). Die Flossenstrahlen der Dorsalflosse sind bei den Männchen um ca. 30 % länger als bei den Weibchen. Zusätzlich sind alle Folssenstrahlen der Dorsalflosse bei den Weibchen gleichmäßig parallel angeordnet, während der letzte Flossenstrahl bei den Männchen zum Rücken hin abgespreizt wird.

Bis zur Publikation von TURNER (1977) wurde *Oryzias latipes* den eierlegenden Zahnkarpfen bzw. Killifischen (Ordnung: *Cyprinidontiformes*, Unterordnung: *Cyprinodontoidei*) zugeordnet (YAMAMOTO, 1975). Nach wie vor wird der Fisch in Hong Kong als "Tooth-carp" bezeichnet. Im deutschsprachigen Raum sind u.a. noch die Namen Reiskärpfling oder Japan-Reiskärpfling gebräuchlich. ROSEN u. PARENTI (1981) ordnen die Gattung *Oryzias* erstmals der Ordnung *Beloniformes*, Unterordnung *Adria*-

1.4 Das Tiermodell *Oryzias latipes*

nichthyoidei, Familie *Adrianichthyidae* und Unterfamilie *Oryziidae* ein und setzen den Medaka in eine engere Verwandtschaft mit der Unterordnung *Belonoidae*, denen u.a. die *Belonidae* (Hornhechte) und *Exocoetoidae* (fliegende Fische) angehören. Somit ist *Oryzias latipes* nicht mehr zu den eierlegenden Zahnkarpfen bzw. Killifischen zu zählen. NARUSE (1996) fasst die systematische Einordnung wie folgt zusammen:

Ordnung: Beloniformes
Unterordnung: Adrianichthyoidei
Familie: Adrianichthyidae
Unterfamilie: Oryziinae
Gattung: *Oryzias*
Art: *Oryzias latipes* (TEMMINCK u. SCHLEGEL, 1846)

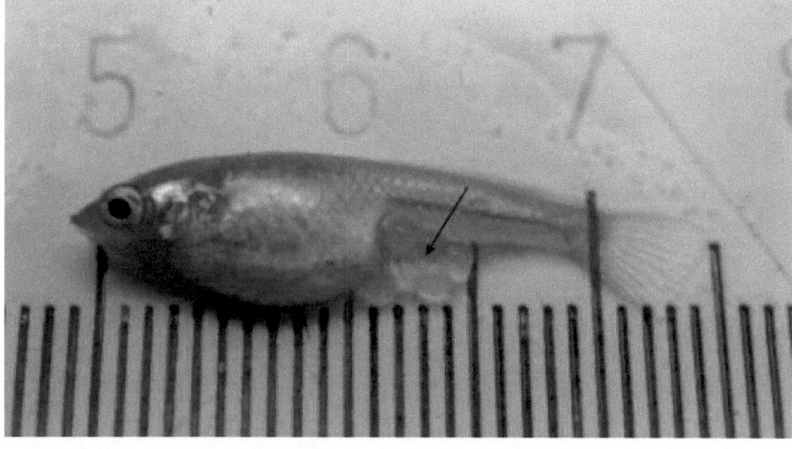

Abb. 2: *Oryzias latipes*-Weibchen mit Eipaket (↑), bestehend aus sieben Eiern.

O. latipes besitzt als Wildform eine grau-grüne Färbung. Ursprünglich werden seit einigen hundert Jahren in japanischen Zuchten orange bis orange-rote und weiße Farbvarianten (YAMAMOTO, 1975) sowie eine transparente Form (WAKAMATSU, 2001) gezüchtet, die für Laborzwecke geeignet und kommerziell erhältlich sind (BRIGGS, 1959; IWAMATSU, 1994; VON KIRCHEN u. WEST, 1976).

1.4.1 Die Embryonalentwicklung von *Oryzias latipes*

Die embryonale Entwicklung von *O. latipes* wurde von YAMAMOTO (1975), VON KIRCHEN u. WEST (1976) und IWAMATSU (1994) detailliert beschrieben. Jeder der Autoren teilte die Entwicklungszeit bis zur Larve in eine unterschiedliche Anzahl von Stadien ein. Die ersten Autoren nummerieren die Entwicklungsstadien von der Befruchtung bis zur Schlupfreife von 1 bis 33, der zweite Autor von 1 bis 36. Zur Bestimmung der für diese Arbeit beobachteten Entwicklungsstadien wird das zur Zeit allgemein anerkannte Standardwerk für die *O. latipes*-Entwicklung von IWAMATSU (1994) verwendet in dem die Entwicklungsstadien 1-39 im Ei beschrieben werden. In der vorliegenden Arbeit wird die Normalentwicklung im Kapitel 3.1 (S. 37) dargestellt.

1.4.2 Aufbau und Funktion des Dottersynzytiums

Für die Embryonalentwicklung haben das Dotterzytoplasma (DZ) und, ab dem Blastulasstadium, das Dottersynzytium (DS) eine bedeutende Funktion. Das DS ist eine extraembryonale Struktur, die sich durch das Kollabieren von Marginalzellen der Keimscheibe bildet, die ihre Kerne in die unter ihr liegende Zytoplasmaschicht abgeben (KIMMEL u. LAW, 1985). Detaillierte Untersuchungen des DS sind an *Fundulus heteroclitus* (LENTZ und TRINKHAUS, 1967), *Danio rerio* (= Zebrafisch) (KIMMEL u. LAW, 1985), an *Salmo fariotrutta* (WALZER u. SCHÖNENBERGER, 1979), *Scophthalmus maximus* (Poupard et al., 2000) und *O. latipes* (KAGEYAMA, 1996) durchgeführt worden.

Bis zur neunten Furchung wird der Dotter vom DZ umspannt. Es bildet die Abgrenzung zwischen dem Dotter und dem Perivitellarraum. Die eigentliche DS-Formierung beginnt bei den Zebrafischen zur neunten und endet mit der zehnten Furchungsteilung (KIMMEL u. LAW, 1985) und bei *O. latipes* zu Beginn des Blastula-Stadiums (KAGEYAMA, 1996). Entscheidend für die Einbeziehung von Zellen in das DS ist die direkte Nachbarschaft der Blastomere mit dem DZ. Diese Vorrausetzung erfüllen in jedem Fall die Marginalzellen der Keimscheibe. Bei Zebrafischen stehen ab der sechsten Furchung ca. 20 Marginalzellen der Blastomere mit dem DZ in Verbindung KIMMEL u. LAW (1985). Dabei kommunizieren die Blastomere intensiv über Gap-Junctions mit dem DZ (KIMMEL u. LAW,1985; BISCHOF u. DRIEVER et. al., 2004). Als Nächstes dringen Cluster von Mikrofilamenten in das DZ ein und vereinigen Zellen und Dotterzytoplasma zum DS (ROUBAUD u. PAIRAULT, 1980). Nach KIMMEL u. LAW (1985) reduzieren sich diese Verbindungen zwischen dem DZ und den ihm aufliegenden Zellen

1.4 Das Tiermodell *Oryzias latipes*

oder sind nicht vorhanden, wenn die Gastrulation beginnt und sich die dorsale Blastoporuslippe bildet. Bei *Oryzias latipes* verschmelzen die Marginalzellen zu Beginn der DS-Formierung mit dem DZ (KAGEYAMA, 1996).

1.4.2.1 Schichtungen des DS

Der Aufbau des fertigen DS bei *Salmo fariotrutta* wurde von WALZER u. SCHÖNENBERGER (1979) in zwei Zonen unterteilt: Die *Dotterlyse-Zone* und die *zytoplasmatische Zone*, die beide auch im DS der hier untersuchten *O. latipes* erkennbar waren. Dabei grenzt die Dotterlyse-Zone an den Dotter. Zwischen der zytoplasmatischen Zone und dem Epithel mit den Dottergefäßen sowie zwischen Gewebeanlagen und dem Periblast ist ein Zwischenraum zu beobachten. Dieser *perisynzytielle Raum* besitzt keine Verbindung zum Perivitellarraum (POUPARD et al., 2000).

An der Grenze zwischen Dotterlysezone und Dotter wird das Dottermaterial von zytoplasmatischen Ausläufern umschlossen und tröpfchenweise aus dem Dotter abgeschnürt. FINK und TRINKHAUS (1988) stießen bereits im äquatorialen DZ auf die Existenz sternenförmiger Komplexe, innerhalb derer im elektronenmikroskopischen Schnitt Dottervakuolen beschrieben werden, vergleichbar denen des DS. Damit hat vermutlich das DZ bereits die Aufgabe Dottermaterial zu verdauen, eine Aufgabe, die später vom DS mit fließendem Übergang weitergeführt wird. In unbefruchteten Eiern von *Sparus aurata* ist im DZ Cathepsin D und *L* nachgewiesen worden (CARNEVALI, 2001). Nach der Befruchtung wird ein signifikanter Anstieg dieser Enzyme im DZ beschrieben.

1.4.2.2 Dotteraufbereitung durch das DS

Nach der Aktivierung des Eies ist, wie oben beschrieben, erst das DZ und später, nach der Gastrulation, ausschließlich das DS für die Aufbereitung des Dotters zuständig, bis in die ersten Stunden und Tage nach dem Schlupf.

Als Nährstoffe im Dotter lassen sich u. a. freie Fettsäuren, Phosphatidylcholine, Phosphatidylethanolamin, Phosphatidylserin, Phosphatidylinositol, Sterol, Sterolester sowie Triacylglycerol nachweisen (DESVILETTES et al., 1997). Um diese Substanzen dem Stoffwechsel des sich entwickelnden embryonalen Gewebes zugänglich zu machen, muss der Dotter verdaut werden. Dies geschieht indem die Dottermasse für den Embryo von den beiden Schichten des DS mit Hilfe von Enzymen aus den Lysosomen aufbereitet wird. Dass ein Zusammenhang zwischen der Versorgung des Embryos und der Beschaffenheit des DS vorhanden ist, zeigen Untersuchungen des DS von *Salmo fariotrutta* (WALZER u. SCHÖNENBERGER, 1979). Verdauende Enzym-Aktivitäten wurden von ROMANINI et al. (1969) in der Dottersackwandung von *Salmo irideus* analysiert. Von HIRAMATSU et al. (2002) konnten bei Salmoniden nachgewiesen werden, dass während der gesamten embryonalen Entwicklung Vitellogenin- und Lipovitellinmoleküle in kleinere Polypeptid-Stücke "zerschnitten" und Phosvitin dephosphoryliert wird. Glykogen ist nach Ansicht des Autors bei Salmoniden im DS selten vertreten. Hingegen können in der Dottersackwandung bei *Solea senegalesis* Glykogen im ausreichenden Maße nachgewiesen werden (SARASQUETE et al., 1996). Weiterführend sind in der Dottersackwandung basische und saure Phosphatasen für den Transport von Substanzen, reduzierende Enzyme, ATPasen sowie für die Verdauungsaktivitäten notwendige Aminopeptidasen und Lipasen nachgewiesen worden. Für den Glykogen-Metabolismus wird die Anwesenheit von Phosphorylase und UDPG-Glykogen-Transferase beschrieben, mit deren Hilfe der Absorbtionsprozess des Dotters stattfindet. MUDUMANA et al. (2004) weisen *Ifabp*-mRNA im DS von Zebrafischen nach. Die Expression von *Ifabp* kann zu Beginn der Darmentwicklung beobachtet werden. Präsens von *Ifabp*-mRNA im DS steht im engen Zusammenhang mit dem Transport von langkettigen Fettsäuren vom Dotter zu den embryonalen Gewebeanlagen.

Während der prägastralen Entwicklungsphase werden die embryonalen Anlagen von *Scophthalmus maximus* ausschließlich vom DZ versorgt (POUPARD et al., 2000). Nach der Epibolie übernimmt auch hier das fertig ausgebildete DS diese Aufgabe. Nach Ansicht der Autoren gelangen die Nährstoffe, vor allem Lipo-Proteine, überwiegend über den perisynzytiellen Raum an die Zellen der embryonalen Gewebeanlagen. Allerdings sind in den eigenen Untersuchungen sowohl in Kontroll- als auch Versuchsembryonen im perisynzytiellen Raum keine der beschriebenen, den Lipoprotein-Darstellungen entsprechenden Strukturen im Elektronenmikroskop beobachtet worden.

Desweiteren beschreiben POUPARD et al. (2000) eine spezielle und besonders ausgeprägte Lipoprotein-Synthese von Apolipoproteinen (ApoE) im DS, durch das insbesondere die Öltröpfchen abgebaut werden. Die als "very-low-densitiy-lipids" (VLDL) bezeichneten ApoE sind im gesamten DS, insbesondere im ER, nachgewiesen worden. Nach Meinung der Autoren muss diese ausgeprägte Lipoprotein-Synthese mit der Expression von Stoffwechsel-Signalen koordiniert sein, die bis in die embryonalen Gewebe hinein reichen. Sie initiieren die Bereitstellung von Lipoproteinen. Einfacher ausgedrückt: Über die Stoffwechsel-Signalwege werden Lipoproteine von den embryonalen

1.4 Das Tiermodell *Oryzias latipes*

Gewebeanlagen des Embryos für die Entwicklung und das Wachstum "bestellt".

Neben der Bedeutung für die Ernährung des Embryos, finden im DS die Expressionen wichtiger Signale statt, die einen entscheidenden Einfluss auf die morphologische Entwicklung der Keime bzw. für die Epibolie und embryonale Gestaltenbildung haben.

1.4.2.3 Signale aus dem Dottersynzytium

Die meisten Untersuchungen dazu wurden am DS von Zebrafischen (*Danio rerio* durchgeführt. Es ist anzunehmen, dass die Bedingungen im DS von *D. rerio* mit denen vom *O. latipes* vergleichbar sind. Die im Folgenden aufgeführten Beispiele sollen die Schlüsselfunktion des DS als Signalquelle in der embryonalen Entwicklung hervorheben:

- Die Enzyme Ogt (O-linked-ß-N-acetylglucosamin-Transferase) und Oga (O-linked-ß-N-acetyl- glucosaminase) kontrollieren Apoptose und den Vorgang der Epibolie. Störungen in der Synthese dieser Enzyme, z.b. durch Überexpression, führen zu einem fehlerhaften Zytoskelett im DS der Zebrafische, in Verbindung mit dem Fehlen von O-linked-ß-N-acetylglucosamine (WEBSTER et al., 2009). Eine Epibolie findet verzögert statt und die Embryonen sind desorganisiert, haben eine verkürzte Körperachse und eine unvollständige Hirnanlage.

- Für die Epibolie ist der Homeobox-Transkriptionsfaktor *Mtx2* notwendig. Bei fehlendem Faktor wird im DS ein F-Aktin-Ring nicht ausgebildet. Ohne diese Mikrofilamentstruktur kann der Vorgang der Epibolie nicht stattfinden. EBERT et al. (2007) zeigen, dass ein Mangel an membran-assoziierter Ganylate-Kinasen-Proteine im DS die Epiboly beim Zebrafisch-Keim blockiert.

- Im frühen Blastulastadium wird im DS *Casanova* exprimiert (KIKUCHI et al., 2001). *Casanova*-Expression steuert die Bildung des Magen-Darm-Traktes beim Zebrafisch.

- ß-Catenin aus dem DS während der Gastrulation ist u.a. ein Signal für die Expression von *iron3*. Dieses Gen reguliert eindeutig identifizierte Organisator-Domänen, die für die Bildung und Ausdehnung des Embryonalschildes verantwortlich sind (KUDOH u. DAWID, 2001).

- In einem kleinen begrenzten Bereich des DS bei Zebrafischen, unter dem sich bildenden Embryonalschild, ist das *Nieuwkoid*-Gen lokalisiert worden (KOOS u.

Ho, 1998). *Nieuwkoid*, ein *Homeobox*-Gene, entspricht in seiner Funktion dem *Nieuwkoop*-Organisator-Zentrum bei Amphibien und induziert die Bildung des Mesoderms.

- Desweiteren wird im Zebrafisch-Periblast u.a. *hhex* expressiert (Ho et al., 1999; BISCHOF u. DRIEVER, 2004). Nach Auffassung der zuletzt genannten Autoren wird u.a. durch den Wnt/ß-Catenin-Signalweg u.a. *hhex* aktiviert. Dieses Gen reguliert wiederum durch Repression die Transkription von *bozozok*, auch bekannt als *Dharma* oder *Nieuwkoid*. *Bozozok* wirkt als Regulator auf den *bmp2b*-Faktor. Bei unkontrollierter Expression von *bmp2b* findet keine Gestaltbildung des Embryos statt. Eine Regulation von *bmp2b* und ist unerläßlich bei der Bildung der dorsalen Organisatoren (SOLNICA-KREZEL u.DRIEVER, 2001; SHIMIZU et al., 2000).

- Mudumana et al. (2004) weisen DNA bzw mRNA für die Synthese von Transferrin im DS von Zebrafisch-Embryos vor der Organogenese von Leber und Darm nach. Transferrin steuert die Eisen-Homöostase u.a. für den Sauerstoff und Elektronentransport und verhindert anämische Bedingungen sowie Eisenüberdosierungen. Transferrin wird bis zur Funktionstüchtigkeit der Leber im DS gebildet. Die Autoren vermuten, dass das DS vorerst diverse Aufgaben übernimmt, die später von der Leber übernommen werden.

- Im DS von Zebrafischen wurde die Expression von *Rbp4* (Retinol-Binding-Protein) nachgewiesen, welches u.a. essentiell für die Entwicklung der Leber nötig ist (LI et al. 2007).

- Ein spezifischer Transkriptionsfaktor im DS ist *Mtx1*, welches die Expression von *Fibronectin* reguliert, dass in Wanderungsprozessen von Herzmuskelzellanlagen involviert ist (SAKAGUCHI et al., 2006). Eine Hemmung von *Mtx1* führt zu Cardia bifida (Doppelherz) und zu Defekten in der Organogenese von Leibeshöhlenorganen.

1.5 Fragestellung

In dieser Arbeit sollen Beiträge zu zwei Fragestellungen geleistet werden:

1. Ableitend von den Gewebeschäden, die während einer Lithotripsie auftreten, sind bei reduzierter Energie und der Verlagerung des Fokus in das Gewebe Effekte und Gewebebeeinflussungen infolge einer Stoßwellenapplikation im Rahmen einer ESWT offensichtlich. Es stellt sich die Frage, was für Effekte nach einer Stoßwellenapplikation im Gewebe zu beobachten sind und ob die Effekte als Schäden oder lediglich als gezielte Veränderung mit dem Ziel einer Schmerzfreiheit anzusehen sind. Um Erkenntnisse über Veränderungen in beschallten Geweben zu gewinnen, müssen gezielt Gewebe mit einer Energiedosis beschallt werden, wie sie in der ESWT am Patienten angewendet wird. Die vorliegende Arbeit soll klären, was sich im Gewebe verändert und ob diese Veränderungen in irgendeiner Beziehung zum analgetischen Effekt der ESWT stehen.

2. Es soll erstmalig demonstriert werden, welchen Einfluss Stoßwellen auf das DS von *Oryzias latipes* haben, welche zellpathologischen Schäden im DS vorzufinden sind und welchen Einfluss diese Schädigungen auf die embryonale Fischentwicklung haben.

2 Material und Methoden

2.1 Die Hälterung von *Oryzias latipes*

Die Nachzucht und Hälterung dieser beiden Stämme erfolgte im Aquarium des Department Biologie der Universität Hamburg in Anlehnung an die Aufzuchtanleitungen von VON KIRCHEN u. WEST (1976) und YAMAMOTO (1975) beschriebenen Zuchtanleitungen. Die für diese Arbeit verwendeten Fische stammten aus einem koreanischen und einem kalifornischen orangen Zuchtstamm (Euon-Ho Park, Department of Biology, College of National Science, Hanyang-University, Seoul und Biology Supply Company, Winenden). Beide Stämme wurden verbastardiert, um inzuchtbedingte Spontanmissbildungen zu minimieren.

Die Hälterung der *Oryzias latipes* war in erster Linie darauf ausgerichtet, dass zu jeder Zeit ausreichend Eier für die Versuche, Beobachtungen und Nachzucht vorhanden waren, was durch ein meist tägliches Laichen der Tiere ermöglicht wurde. Zwei Zuchtstämme wurden jeweils in einem 100 l- und 120 l-Becken mit einer Besatzdichte von maximal 25-30 Individuen pro Becken mit Männchen und Weibchen gehältert. Für die Filterung des Wassers dienten Kiesfilter mit jeweils einem Steigrohr in Glasgefäßen mit 1 l Fassungsvermögen für jedes Becken. Das Steigrohr war an der Wasseroberfläche um 90 ° abgeknickt und sorgte so für eine ausreichende Wasserzirkulation im Zuchtbecken. Dabei wurde darauf geachtet, dass der Ausstrom von Luft und Wasser zur Stressreduktion möglichst geräuscharm an die Wasseroberfläche geleitet wurde. Die Becken wurden mit Java-Moos bestückt um den Fischen Deckung, Rückzugsmöglichkeiten und ggf. Laichsubstrat zu bieten.

Nach VON KIRCHEN u. WEST (1976) sollten die Hälterungstemperaturen nicht unter 15 °C sinken und 29 °C nicht überschreiten. Die Autoren empfehlen eine Hälterungstemperatur von 21 °C bis 26 °C und YAMAMOTO (1975) 25 °C bis 28 °C. Dies zeigt, dass *O. latipes* eine sehr hohe Temperaturtoleranz zu bieten hat. Die Temperatur des

2.2 Gewinnung der Eier

Wassers in den Becken wurde jeweils durch eine handelsübliche Aquarienheizung zwischen 22 °C und 24 °C gehalten. Der pH-Wert des Wassers betrug ca. 7,0 bis 7,1. Alle 14 Tage wurde das Wasser auf den Nitrit getestet, mit negativem Ergebnis. Ebenfalls wurde alle 14 Tage ein Drittel des Aquarienwassers durch abgestandenes Frischwasser ersetzt.

Zu Beginn der Hälterungen zeigten sich schon nach ca. drei Wochen bei beiden Zuchtstämmen der oben benannten Hälterungstemperatur und Aquariumwasser auf Leitungswasserbasis ein Befall Fischtuberkulose mit stark ausgeprägten Symptomen, wie Bauchödemen, Augentrübungen sowie Sklettdeformationen. Daraufhin wurde die Salinität des Wassers, in dem die Fische gehältert wurden, wurde um 0,02 %, durch die Zugabe von Meersalz, angehoben, um die Krankheitsgefahr zu mindern. Seitdem traten derartige Erkrankungen nur noch vereinzelt auf. Ein erhöhter Stress durch das Anheben des Salzgehaltes war auszuschließen, da Fische keine Auffälligkeiten zeigten und die Weibchen täglich laichaktiv waren. Die Salinität von 0,15 %, 1,2 % sowie 2,0 % hatte in toxikologischen Untersuchungen von EL ALFY et al. (2002) an *O. latipes* keinen Einfluss auf die Fische.

In den Monaten April bis August waren die Stämme dem natürlichen Tageslichtrhythmus ausgesetzt. In den Monaten September bis März sorgte eine über den Becken positionierte künstliche Lichtquelle für ca. 16 Stunden Licht, wie in der Literatur vorgeschlagen (CHAN, 1976; VON KIRCHEN u. WEST, 1976; YAMAMOTO, 1967).

Die Sektion gestorbener *O. latipes* ergab eine enorme Anreicherung von Fettgewebe um Organe der Leibeshöhle. Daraufhin wurde, abweichend von den Beschreibungen von VON KIRCHEN u. WEST (1976) und YAMAMOTO (1967), keine tägliche Fütterung durchgeführt. Die Fütterung der *O. latipes* in den Zuchtbecken erfolgte nur noch alle zwei bis drei Tage, um einer Verfettung der Tiere vorzubeugen. In den Wintermonaten wurden Nauplien von *Artemia salina*, Trockenfutter (Tetramin®) und tiefgefrorene weiße Mückenlarven, in den Sommermonaten lebende Daphnien verfüttert.

2.2 Gewinnung der Eier

Die Weibchen laichten im Sommer, während der langen Tageslichtphasen, zw. 7:00 Uhr und 9:00 Uhr und im Winter bei künstlicher Belichtung zwischen 9:00 Uhr und 10:30. Die Weibchen trugen dann einen gut erkennbaren Eiballen am After, bestehend aus 3 bis 25 Eiern.

Jedes war mit langen Haftfäden (bis zu 10mm Länge) bestückt, die alle als "Büschel" von einer relativ kleinen begrenzten Stelle der Eihülle ausgingen. Desweiteren war die Eihüllenoberläche mit kurzen haarähnlichen Fortsätzen von ca. 0,18 bis 0.2 mm Länge und mit einem jeweiligen Abstand von 0,15 mm bis 0,17 mm bestückt. In der Literatur werden die Fortsätze als Villi bezeichnet(IWAMATSU, 1994).

Alle Eier eines Eipaketes befanden sich im gleichen Entwicklungsstadium, da die Männchen das gesamte Eipaket zu einem Zeitpunkt des Laichens auf einmal befruchteten. Die Weibchen trugen die Eier, die durch lange an der Oberfläche der Eihülle inserierende Haftfäden miteinander verbunden waren, ca. eineinhalb bis zwei Stunden nach dem Laichen zusammen mit allen anderen Artgenossen im oberflächennahen Bereich der Zuchtbecken (Abb. 2). Wenn die Eier nicht abgestreift wurden, schwammen die Weibchen durch das Java-Moos, so dass die Eier mit den Haftfäden hängen blieben.

Zur Vorbereitung der Eier für Laborarbeiten wurden die Weibchen morgens, in einem Zeitraum zwischen 8:30 Uhr und 9:00 Uhr, mit einem Aquariencasher aus dem Zuchtbecken heraus gefischt, bevor sie die Eipakete an den Wasserpflanzen abstreifen konnten. Dazu sei erwähnt, dass die Eihüllen der befruchteten *O. latipes*-Eier sehr stabil sind und nur durch massive Gewalt zerstört geschädigt werden können. Mit einer Pinzette konnten die Eipakete im Ganzen problemlos entnommen werden. Unter dem Stereomikroskop wurden die Haftfäden mit den scharfen Schneiden zweier gegeneinander geführten Kanülenspitzen behutsam abgetrennt, um die Eier in der Folgezeit besser handhaben und beobachten zu können. In einer mit Brutmedium beschickten Petrischale wurden die Eier in einem Brutschrank bei 25 °C bis zur Schlupfreife erbrütet.

Um den Schlupf zu beschleunigen, wurde eine Messerspitze fein zerriebenes Trockenfutter auf das Brutmedium mit den schlupfreifen Eiern gestreut. Nach PETERS (1965) aktiviert die Sauerstoffzehrung den Schlupf reifer Embryonen eierlegender Zahnkarpfen. Die bakterielle Zersetzung der Trockenfutter-Flocken und die damit verbundene Sauerstoffzehrung führte bei den reifen *O. latipes*-Embryonen innerhalb von 24 Stunden zum Schlupf (vgl. Kapitel 3.1, S. 68).

Die Larven wurden in 1-Liter fassende Glasgefäße, die zur Hälfte mit Wasser gefüllt und einem kleinen daumenlangen Büschel Java-Moos besetzt wurden, umgesetzt und täglich mit den Nauplien von *Artemia salina* gefüttert. Ein Sprudelstein sorgte für eine ausreichende Belüftung. Alle 2 Tage wurde die Hälfte des Wassers durch frisch abgestandenes Wasser ersetzt. Sobald die Jungfische nach 10 bis 14 Tagen das Stadium 42 (nach IWAMATSU, 2003) mit einer Länge von ca. 10 mm erreicht hatten, wurden sie in die Zuchtbecken umgesetzt. Damit waren die Jungfische zu groß und zu schnell um den ausgewachsenen *O. latipes* als Beute zu dienen.

Zur Kontrolle der Embryonalentwicklung wurden die Eier täglich dem Brutschrank entnommen, mittels eines Stereomikroskops (Zeiss) untersucht und mit Hilfe eines Fotoaufsatzes (Zeiss®) fotografiert (Kodak Ectachrom 100®). Eine Kaltlichtquelle (Novoflex Macrolight plus®) spendete das notwendige Durchlicht, durch das sich die Embryonen gut beobachten ließen. Die Embryonalstadien wurden mit Hilfe der Arbeiten von *Iwamatsu* (1994), PETERS,1963 und TAVOLGA (1949) bestimmt.

Herstellung des Brutmediums:
Aus Meersalz (NATURAKOM®) und destilliertem Wasser wurde eine Stammlösung mit 2,5 % Salzgehalt hergestellt. Zur Herstellung des Brutmediums wurde die Stammlösung gefiltert und auf 2,5 $^0/_{00}$ mit Aqua dest. verdünnt. Eigene Beobachtungen zeigten, dass der Salzgehalt die Entwicklung der *O. latipes*-Embryonen nicht negativ beeinflusste und Verlust durch Pilzbefall deutlich reduzierte.

2.3 Stoßwellengerät und Versuchsaufbau

Die für die in dieser Arbeit verwendeten elektromagnetischen Stoßwellengeräte (Lithostar Plus® und Sonocur Plus®) bestehen aus folgenden Komponenten (ROHNKE, 1993): Eine akustische Quelle, eine akustische Linse und Wasser als Übertragungsmedium, das sich sowohl zwischen Schallquelle und Linse als auch Linse und Koppelbalg befand (Abb. 3).

Der von der Flachspule im Wasser erzeugte akustische Impuls wurde über die akustische Linse gebeugt und passierte die Vorlaufstrecke in Form des sog. Koppelbalgs. Der Koppelbalg war der Teil des Systems, der mit Hilfe eines handelsüblichen Ultraschall-Gels die Schallquelle mit dem Körper des Patienten verband. Die Welle pflanzte sich weiter durch das Wasser in Richtung auf den zu beschallenden Zielpunkt fort, auf den die Welle fokussiert worden war. Erst im Fokus steilte sich die Schallwelle zur Stoßwelle auf. Der Brennpunkt des Schallfokus hatte die Form eines Rotationsellipsoids mit einer Länge von vier Millimetern und einem Durchmesser von einem Millimeter (FOLBERTH, 1995 persönliche Mitteilung).

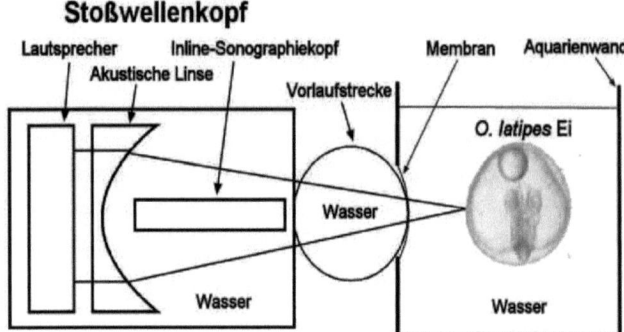

Abb. 3: Schema des angewandten Stoßwellenverfahrens zur Beschallung der *O. latipes*-Eier. Die Stoßwellen wurden elektromagnetisch erzeugt und über eine akustische Linse auf die Eier fokussiert. In dieser Skizze entspricht die Vorlaufstrecke dem Koppelbalg.

Im Gegensatz zu den hochenergetischen Stoßwellen der Lithotripsie (vergl. Abb. 1, S. 6) werden für die ESWT niederenergetische Stoßwellen erzeugt, die durch einen sanfteren Druckanstieg charakterisiert sind (Abb. 4). Das bedeutet, dass der Zeitraum, in dem der Druck von Null auf sein Druckmaximum ansteigt (Δt) größer ist als bei den Stoßwellenmessungen am Lithostar Plus (Abb. 4).

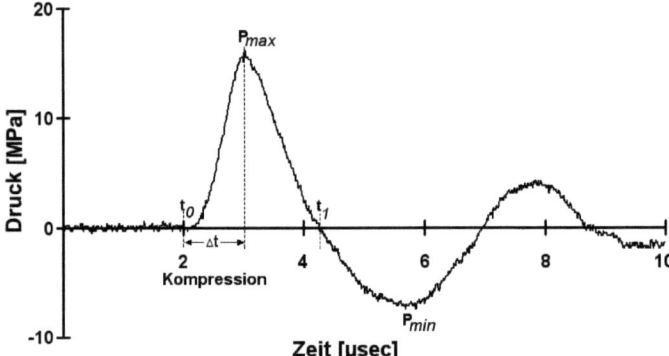

Abb. 4: Am Lithostar Plus® gemessener Stoßwellenverlauf (Stufe 1). Dieser Verlauf gilt auch für das ebenfalls in dieser Arbeit verwendete Gerät Sonocur Plus®. Der Druck erreicht innerhalb des eines Zeitraumes $\Delta t = 1$ µsec sein Maximum. Anschließend fällt der Druck innerhalb von ca. 3 µsec auf ein Minimum in einen negativen Druckbereich (Unterdruck), was auch als Zugwelle bezeichnet wird.

2.3 Stoßwellengerät und Versuchsaufbau

Um die Eier gezielt beschallen zu können, wurden sie in zylindrische Aussparungen eines Agaroseblocks ($\varnothing = 1$ mm) eingefasst. Für das Gießen derartiger Agaroseblöcke wurden zwei Matrizen aus Plexiglas gefertigt. Die erste Matrize (Abb. 5, links) diente für die Versuchsreihen 1 bis 79, die zweite (Abb. 5, rechts) für die Versuchsreihen 80 bis 86. Es wurden dazu vier 3 mm lange Metallzylinder ($\varnothing = 1$ mm) 1,4 mm tief in ein Plexiglasstück mit den Abmessungen 22 mm x 26 mm x 3,4 mm eingepasst.

Sie waren in einer Linie mit einem Abstand von 0,5 mm zueinander angeordnet und ragten 1,6 mm aus der Kunststoffplatte heraus. Die zweite Matrize, die als Abgussform für die restlichen Versuche diente, enthielt zehn ebensolche Metallzylinder, welche zu einem gleichseitigen Dreieck angeordnet wurden.

In einem handelsüblichen Mikrowellengerät (Bosch® HMG 760B) wurde die Agarose erhitzt um sie zu verflüssigen. Mit der heißen Agarose wurde ein Petrischälchen mit einem Durchmesser von ca. 5 cm, in die zuvor eine Matrize mit drei auf dafür vorgesehenen Bohrungen positionierten Stahlkugeln ($\varnothing = 2,5$ mm) bestückt wurde, bis zum Rand aufgegossen. Auf diese Weise erhielt man nach dem Erkalten und anschließendem Zurechtschneiden Agaroseblöcke (Abb. 6) mit zylindrischen Kammern. Die Elastizität der Agarose fixierte die in die Kammern hinein gedrückten Eier.

Abb. 5: Die Abgussmatrizen mit den Massen 22 mm x 26 mm x 3.4 mm. Die beiden äußeren Bohrungen (×) wurden bei beiden Matrizen in einem Abstand von 6 mm zum Zentrum (weißer Pfeil) gesetzt. Die dritte Bohrung befindet sich in einem Abstand von 7 mm zum Zentrum. Auf die Bohrungen wurden die Stahlkugeln positioniert.

Abb. 6: Die fertigen Agaroseblöcke in der älteren Version mit vier Kammern (links) und mit zehn Kammern (rechts), für eine höhere Beschallungseffizienz. Die erhöhten Ränder ermöglichten es, die Eier auch während der Arbeiten außerhalb des Aquariums dauerhaft mit Wasser bedeckt halten zu können. Auf das Zentrum (↑) wurde mit dem Inline-Sonographen der Fokus für die Stoßwelle ausgerichtet (Abb. 9). Die schwarzen Pfeile repräsentieren die Laufrichtung des Schalls.

Für eine optimale Beschallung der Eier war es erforderlich, dass der zigarrenförmige Schallfokus möglichst auf der Linie der 4 hintereinander angeordneten Versuchseier lag. Dies war aufgrund von Abweichungen zwischen Fadenkreuzanzeige (Abb. 9, S. 30) durch den Inlinesonographen und der tatsächlichen Ausrichtung oft nicht möglich. Dies führte zu Versuchsdurchläufen mit offensichtlich ungeschädigten Embryonen. Um eine zu erwartende Abweichung dieser Art auszugleichen und die Wahrscheinlichkeit, optimal beschallte Eier zu erhalten, wurde für die letzten Versuche (Versuche 80 bis 86) das Agaroseblock-Modell mit den pyramidenförmig angeordneten zehn Kammern als Weiterentwicklung des ersten Modells erstellt.

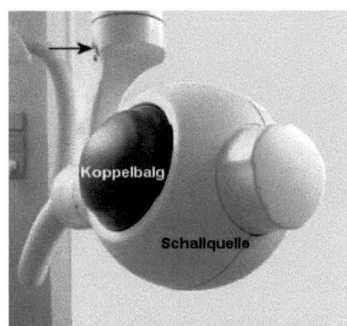

Abb. 7: Der Schallkopf des Sonocur Plus®. Mit Hilfe dreier Tasten läßt sich der Schallkopf ausrichten (↑).

In Abb. 7 wird der Schallkopf dargestellt. Hier wird die erzeugte Welle von der Schallquelle im Inneren über den Koppelbalg und anschließend über eine Membran aus Zellophan an das Wasser im Versuchsbecken weitergegeben. Um die Leitfähigkeit des Schalls vom Koppelbalg an die Membran und an das Wasser zu gewährleisten, wurde auf die Membran Ultraschall-Gel aufgetragen. Für die Versuche 1 bis 57 wurden das fest installierte Gerät Lithostar Plus® verwendet. Dieses Stoßwellengerät musste

2.3 Stoßwellengerät und Versuchsaufbau

später aus betrieblichen Gründen demontiert werden. Deshalb wurde das mobile Gerät Sonokur Plus® in den Versuchen 58 bis 87) eingesetzt. Beide Stoßwellengeräte waren in der Konstruktion der Schallquelle baugleich. Vergleiche der prozentualen Anteile geschädigter Embryonen pro Versuch ergaben keinen signifikanten Unterschied zwischen den Geräten. Für diesen Vergleich wurde der "Mann-Whitney-U-Test" angewendet. Eine eigens für die Versuchsanordnung angefertigte Plexiglasvorrichtung fixierte den mit den *O. latipes*-Eiern bestückten Agaroseblock (Abb. 8). Diese Plexiglasvorrichtung

Abb. 8: Die Plexiglasaufhängung (links) für den Agaroseblock und das Becken mit einer Membran aus handelsüblichem Zellophan. Die Arretierklötzchen, beidseitig auf den Rand des Beckens geklebt, passten genau zwischen die beiden oberen Träger der Plexiglasaufhängung und fixierten diese. Agar = Agaroseblock mit eingegossenen Stahlkugeln, Mem = Membran.

wurde wiederum in ein Plexiglasbecken (10 l) eingelassen und so positioniert, dass sich der Schall über die Zellophan-Membran in der Beckenwand in Richtung der Fischeier ausbreiten konnte.

Mit dem Inline-Sonographen war der Sonograph stets in die Stoßwellenquelle integriert, über den die Stoßwellenfokussierung erfolgte. Auf einem Monitor konnte die Ausrichtung des Schalls über ein Fadenkreuz verfolgt werden (Abb. 9).

Der in Abb. 3 (S. 26) veranschaulichte schematische Aufbau wurde durch die in Abb. 10 dargestellten Versuchsanordnung praktisch umgesetzt. Mit einer Energiedichte von 0,09 mJ/mm^2, drei Impulsen pro Sekunde und einer Gesamtzahl von 1000 Impulsen wurden die *O. latipes*-Eier beschallt. Dies entspricht jener Dosis, mit der die ESWT an Patienten angewandt wurde. Mit dieser Versuchsanordnung wurden *O. latipes*-Embryonen in den Entwicklungsstadien Ia (Keimscheibe, Prägastrula), II (Organogenese) und IV+/V- (weit fortgeschrittene Entwicklung) beschallt, wobei die Versuchsreihen zuerst an den Stadien Ia und IV+/V- stattfanden. Resultierend aus den Beobachtungen dieser Versuchsreihen wurde dann der Schwerpunkt auf 378 im Stadium II beschallte Embryonen gelegt.

Dies begründet sich in der extremen Empfindlichkeit der Keimscheiben und der nur begrenzt verbleibenden Entwicklungszeit der Stadien IV+/V- bis zum Schlupf. Das Stadium II war einerseits gegenüber der Stoßwellenapplikation nicht so empfindlich, wie die Stadien Ia und bot ausreichend Möglichkeiten, die Auswirkung der Beschallung über einen längeren Zeitraum während der weiteren Entwicklung zu beobachten.

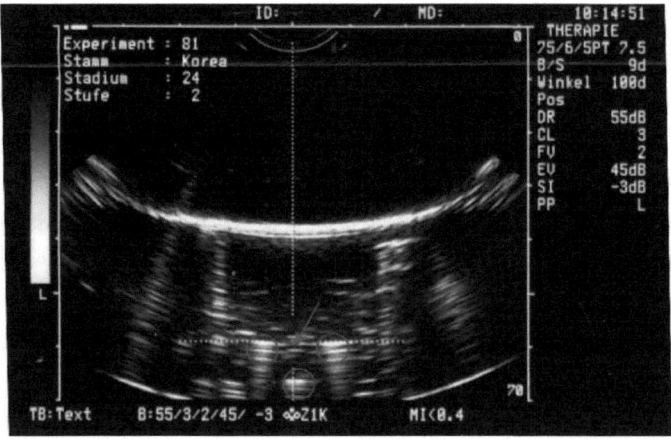

Abb. 9: Screenprint des Inline-Sonographiegerätes. Das Echo der drei Stahlkugeln wird von den roten Kreisen (○) markiert und das Zentrum, auf das die Stoßwellenquelle ausgerichtet wird, durch den roten Pfeil (↑).

2.4 Weiterverarbeitung der Proben

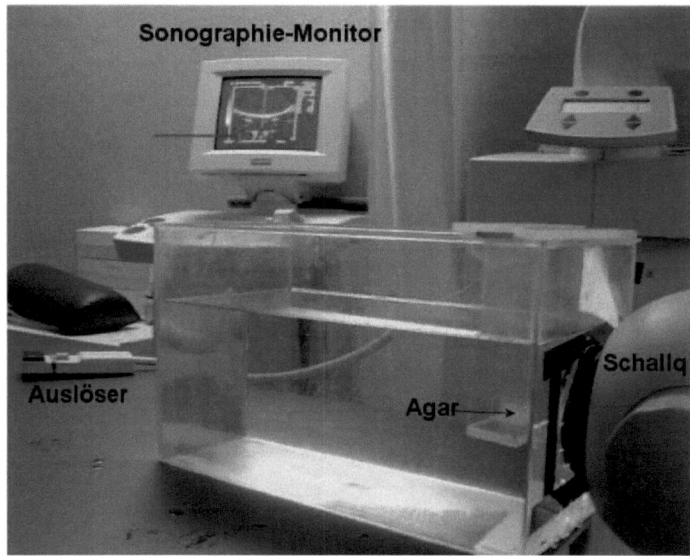

Abb. 10: Der gesamte Versuchsaufbau im Überblick. Der rote Pfeil (↑) weist auf das Echo der Kugeln im Inline-Sonogramm. Agar = Agaroseblock; Schall = Schallquelle.

2.4 Weiterverarbeitung der Proben

Tab. 1: Definition der Beobachtungszeitpunkte t_n.

Beobachtungs-Zeitpunkt	Zeit nach der Beschallung
t_0	Maximal 10 Minuten
t_1	ca. 5 Std.
t_2	1 Tag + ca. 5 Std.
t_3	2 Tage + ca. 5 Std.
t_4	3 Tage + ca. 5 Std.
⋮	⋮
t_{18}	17 Tage + ca. 5 Std.
t_{19}	18 Tage + ca. 5 Std.

Nach den durchgeführten Versuchen wurden die im Stadium II beschallten Eier zu festgelegten Beobachtungszeitpunkten (Tabelle 1) gesichtet, wobei die Tabelle insbesondere an Versuchsembryonen mit beschalltem Entwicklungsstadium II angewendet wurde. Die Beobachtungszeitpunkte wurden als t_n definiert. Der Beobachtungszeitpunkt t_0 definiert einen Zeitraum von maximal 10 Minuten nach der Beschallung und der Beobachtungszeitpunkt t_1 den Zeitpunkt von ca. fünf Stunden nach der Beschallung. Ungefähr 29 Stunden (1 Tag + ca. 5 Stunden) nach einer Beschallung ist der Beobachtungszeitpunkt t_2 festgelegt. Der späteste Beobachtungszeitpunkt war t_{19} am 18. Tag nach einem Versuch.

2.4.1 Lebendbeobachtungen der Entwicklung der *O. latipes*-Eier

Während des weiteren Entwicklungsverlaufes, erfolgte die Bebrütung beschallter Eier einzeln in Kammern von 24-Loch-Gewebekulturschalen (Sarstedt) bei 25 °C. Um die Embryonalentwicklung in den Eiern verfolgen zu können, fand eine tägliche Sichtung der Eier in den Nachmittagsstunden (ca. 15:00 Uhr) statt. Mit Hilfe des Kamera-Aufsatzes M35 (Zeiss) und einem Belichtungsautomat (WILD-MPS-55) konnten die Entwicklungsschritte im einzelnen fotografisch dokumentiert werden. Für die Belichtung dienten ein handelsübliches Universalblitzlichtgerät für das Durchlicht mit 2 weiteren Blitzlichtgeräten mit "Slave-Funktion", die jeweils von einer Seite belichteten. Ziel war eine Ausleuchtung der Embryonen ohne Schatten sowie ein optimales Farbspektrum für die Diafilmbelichtung (Kodak Ektachrome 100 plus®).

Um ein Wegrollen der Eier aus dem Sichtfeld des Stereomikroskop zu verhindern, wurde für die Lebendbeobachtungen eine Unterlage aus Agarose hergestellt. Dazu wurden ca. 0,5 ml erhitzte und flüssige 0,5 %ige bis 1 %ige Agarose auf eine Glasplatte getropft, die üblicherweise für die Abdeckung von Blockschälchen verwendet wird. Durch eine von Hand erzeugte schnelle Rotationsbewegung der Glasplatte bildete sich nach Abkühlung ein fester Agarosefilm. Aus diesem Film wurde mit Hilfe der Metallspitze eines Druckbleistiftes ein 0,7 mm großes Loch gestanzt. Von der Glasplatte vorsichtig gelöst, wurde nun der Agarosefilm in ein Blockschälchen mit Brutmedium überführt. Die Eier, auf das Loch des im Brutmedium vollständig transparenten Agarosefilms gelegt, konnten stabil positioniert und so in jeder Lage fotografiert werden.

2.4.2 Mikroskopische Aufarbeitung der *O. latipes*-Eier

2.4.2.1 Lichtmikroskopie

Es erfolgte eine Fixierung der im Stadium II beschallten Embryonen, sobald sich Abweichungen von der Normalentwicklung mit Hinweis auf einen Entwicklungsabbruch oder Absterben abzeichneten, wie z.B. beginnende Trübungen des Eies oder embryonaler Gewebe. Um den Zustand der Gewebe zum Zeitpunkt einer derartigen Entwicklungsabweichung im Vergleich zu den Kontrollen histologisch und ultrastrukturell untersuchen zu können, wurden aus den einzelnen Stadien sowohl von den Kontrollen als auch von den geschädigten Versuchsembryonen, mindestens 3 Stichproben fixiert.

2.4 Weiterverarbeitung der Proben

Die zu fixierenden Embryonen aus den ersten 42 Beschallungen der Stadien IV+/V- erfolgte nach einer standardisierten Methode nach SABATINI et al. (1963), nach der die Eier zur Fixierung über ca. zwei Stunden in Glutardehyd (4 %) inkubiert und mit OsO_4 (2 %) über ca. einer Stunde nachfixiert wurden. Da die Eihülle für das Fixativ weitgehend undurchlässig war, wurde sie mit einer Präpariernadel oder einer Kanüle durchstochen. Durch diese Verletzung der Eihülle konnte das Glutardehyd zum embryonalen Gewebe diffundieren. Der Erhalt der Ultrastrukturen fast ausdifferenzierter Gewebe von beschallten Embryonen und Kontrollen im Entwicklungsstadium IV+/V- war zufriedenstellend.

Diese Präparations- und Fixiermethode wurde zunächst auch an den Kontrollen und im Stadium II beschallten Eiern angewandt. Hier bestand zum einen die Schwierigkeit, dass sich infolge des Turgors im Ei nicht nur der Dottersack durch die Öffnung der Eihülle drückte, sondern oftmals auch der empfindliche Embryo selbst, was zu einer vollständigen Zerstörung der Probe führte. Zusätzlich konnte durch diese Fixierungsmethode der Erhalt der Ultrastrukturen nicht gewährleistet werden. Licht- und elektronenmikroskopisch waren die Präparate daher nicht zu verwenden. Insbesondere die Membranen von ER und Kernhülle waren im Elektronenmikroskop nicht erkennbar. Das Zytoplasma der so bearbeiteten Embryonen war koaguliert. Organellen, wie Golgiapparate oder Lysosomen, waren nur sehr schwer zu erkennen. Das Risiko, den Embryo während der Präparation zu verletzen, war bei den Eiern im Stadium II im Gegensatz zu denen im Stadien IV+/V- wesentlich höher, weil bei letzteren der Abstand zwischen Dotter und Eihülle als Folge des verbrauchten Dotters deutlich vergrößert war. Es konnten auf diese Weise ca. 50 % der im Stadium II präparierten Embryonen für eine weitere Bearbeitung verwendet werden.

Diese Erfahrungen führten letztendlich zur Verwendung von 1%igem OsO_4 als Standard-Fixativ und zu einer erfolgreichen Modifizierung der Präparationsweise:
Das jeweilige Ei wurde in ein Blockschälchen mit PBS überführt. Dieses hypertonische Medium entzog dem Ei soviel Wasser, dass das Ei nach ca. 30 Sekunden einem "erschlafften Fußball" glich. Anschließend konnte mit Hilfe zweier extra fein zugeschliffener Präparationspinzetten eine Falte der Eihülle in der Weise ergriffen werden, dass sie sich durch eine Reißbewegung der gegeneinander geführten Pinzetten öffnen ließ. Mit der so entstandenen Öffnung als Basis war es möglich, stückweise Hüllenmaterial zu entfernen, bis der Embryo und Dottersack schließlich mit einer Pipette aufgenommen werden konnten. Auf diese Weise konnte die Rate geglückter Präparationen auf ca. 90 % gehoben werden. Diese Methode wurde sowohl zur Bearbeitung der Kontrollen

als auch der beschallten Eier ab Versuch 54 standardisiert angewandt.

Die frei präparierten Embryos wurde mit möglichst wenig Flüssigkeit in ein 2 ml fassendes Eppendorf-Reaktions-Gefäß überführt, das bereits ca. 0,5 ml der 1%ige OsO_4-Lösung als Fixierlösung enthielt. Der Embryo wurde bei 4 °C ca. eine Stunde in der Fixierlösung inkubiert. Nach anschließendem drei maligem Spülen mit PBS durchlief die Probe eine standardisierte Alkoholreihe. In 30%, 50% und 70%igem Ethanol wurden die Proben jeweils 10 Minuten inkubiert. Die Probe konnte in 70%igem Ethanol bei 4 °C einige Tage gelagert werden.

Vor dem Einbetten in Epon wurden die fixierten Embryonen für 10 Minuten 96%igem Ethanol ausgesetzt. Zum Schluss vollendete eine zweimalige Entwässerung mit absolutem Ethanol, jeweils über die Dauer von 15 Minuten die Alkoholreihe. Die Proben wurde nun zweimal jeweils für 20 Minuten in Propylenoxid inkubiert und für weitere 20 Minuten in einem Gemisch aus Propylenoxid und Epon im Verhältnis 1:1 überführt. Über Nacht lagerten die Proben in einem Gemisch von Propylenoxid und Epon im Verhältnis 1:3.

Am folgenden Tag konnten die Proben aus dem Epon-Propylenoxid-Gemisch jeweils in eine Beem-Kapsel (Größe 3) überführt werden. Das Reaktionsgefäß wurde dann mit Epon® aufgefüllt und bei 35 °C über Nacht in einem Backofen gelagert. An den folgenden zwei Tagen wurde der Ofen jeweils auf 45 °C und 60 °C eingestellt. Danach ruhten die Proben über einen Tag bei Raumtemperatur, bevor sie mit dem Mikrotom weiter bearbeitet wurden.

Mit dem ULTRACUT® (Hersteller: Reichert-Jung optische Werke AG) wurden Semidünnschnitte von 1 μm hergestellt. Die Färbung für die Lichtmikroskopie erfolgte nach dem standardisiertem Verfahren nach BÖCK (1984) mit Toluidinblau für 1 Minute bei 60 °C, wobei die Schnitte in der Toluidinblau-Lösung schwimmend gefärbt wurden. Nach dem Spülen der Schnitte in ebenso erwärmten Aqua tridest. wurden diese auf einen Objektträger aufgelegt und an der Luft getrocknet.

Reagenzien für Fixierung, Einbettung und Lichtmikroskopie:
Alle Reagenzien, bei denen kein Hersteller benannt wird, ist von den Firmen MERCK, SERVA bzw. SIGMA bezogen worden. Die Firmennamen und Produktnamen sind Eigentum des jeweiligen Produktherstellers und werden bis auf Ausnahmen nicht gesondert gekennzeichnet.

    A. Puffer:

2.4 Weiterverarbeitung der Proben

Für einen 0,2 M Phosphatpuffer (PBS) wurden 2 Stammlösungen hergestellt:

1. Lösung A: 0,2 M KH_2PO_4 wurden in 200 ml Aqua tridest. gelöst.
2. Lösung B: 0,2 M Na_2HPO_4 wurden in 200 ml Aqua tridest. gelöst.

Lösung A und B wurden so miteinander vermischt, dass der daraus resultierende Puffer auf einen pH-Wert von 7,4 eingestellt war.

B. Fixativ:

In einer braunen Schliffstopfen-Flasche wurden 9,9 ml von 0,1 M PBS mit 0,1 g kristallinem OsO_4 (PLANO®) beschickt, deren Kristalle sich über Nacht während der Lagerung bei 4 °C im Kühlschrank lösten. Nach einer Reihe von Vorversuchen (vgl. 2.4.2.1, S. 32), stellte sich heraus, dass eine 1%ige OsO_4-Lösung das hoch empfindliche Gewebe der *O. latipes*-Embryonen sehr schonend fixierte, eine Voraussetzung für brauchbare Resultate in der Elektronenmikroskopie. Diese Rezeptur hatte den Vorteil, dass das Fixativ bei einer Lagerung bei 4 °C drei bis vier Wochen klar und somit stets gebrauchsfähig blieb.

C. Einbettungsmaterial:

Zur Einbettung der fixierten Embryonen wurde Glycid-Ether (Epon®) verwendet. Dieser Kunstharz wird aus zwei Komponenten hergestellt:

1. Epon® A: 9,3 ml Glycid Ether vermischt mit 15 ml 2-Dodecenylbernsteinsäureanhydrid
2. Epon® B: 10 ml Epon® vermischt mit 9,9 ml Methylnadic Anhydrid.

Die fertige Epon®-Mischung erhielt man aus der Kombination von 6 Teilen Epon® A, 4 Teilen Epon® B und einem Zusatz von 1,5 % 2,3,6-Tri(dimethylaminomethyl)phenol als Beschleuniger.

D. Färbemittel für die Lichtmikroskopie:

Zur Färbung der 1 µm dicken Schnitte des embryonalen Gewebes wurde eine 1 %ige Lösung aus kristallinem Toluidinblau in 2,5 %iger Na_2CO_3-Lösung verwendet (BÖCK, 1984).

Für das Erstellen der lichtmikroskopischen Dias wurde das LEICA-DM-IRBE als Durchlichtmikroskop mit einem Blaufilter, dem dazu gehörigen Fotoaufsatz (LEICA-MPS-60) und sowie ein Diafilm diente der AGFAPAN® 25 prof.

2.4.2.2 Elektronenmikroskopie

Die Ultradünnschnitte wurden mit einem Diatom in einer Dicke von 70 nm geschnitten. Als Objektträger dienten Grids (Plano®) mit 200 Maschen pro Inch. Anschließend erfolgte die Kontrastierung der Schnitte mit Uranylacetat über die Dauer von ca. einer Stunde. In einem letzten Schritt wurden die Ultradünnschnitte mit Bleicitrat kontrastiert. Dazu wurden die Grids mit den Schnitten über eine Dauer von vier Minuten auf vorbereitete Tropfen aus Bleicitratlösung gelegt. Dies erfolgte in einer abgedeckten Petrischale mit NaOH-Plättchen zur Bindung des CO_2 aus der Luft, um der Bildung von Verunreinigungen durch eine Reaktion des Bleicitrats mit dem CO_2 vorzubeugen.

Reagenzien für die Elektronenmikroskopie:
Für die Kontrastierung der Ultradünnschnitte mit Uran und Blei wurden folgende Arbeitsschritte getätigt:

1. Es wurde 0,1 g kristallines Uranylacetat in 10%igem CH_3COOH gelöst. Die Lösung wurde unter Lichtabschluss bei 4 °C gelagert.

2. Herstellung der Bleicitratlösung:

    - Stammlösung A: 670 mg kristallines Bleinitrat wurden in 7,5 ml Aqua tridest. gelöst.
    - Stammlösung B: 880 mg kristallines Trinatriumcitrat x $2H_2O$ wurden in 7,5 ml Aqua tridest. gelöst.
    - Von Lösung A und Lösung B wurden jeweils 0,75 ml miteinander vermischt.
    - Der dabei entstehende weiße Niederschlag wurde durch das Hinzufügen von 0,4 ml 1 N NaOH aufgelöst.
    - Zur gebrauchsfertigen Bleicitratlösung wurden abschließend 0,6 ml Aqua tridest. dazugegeben.

Für die Elektronenmikroskopie wurde das EM 902A (Zeiss) verwendet. Die erstellten s/w-Negative (Kodak® Electron Image Film SO-163) wurden mit einem EPSON® Perfection 2450P digital mit einer Auflösung von 1600 dpi in s/w-Positive umgewandelt. Die elektronenmikroskopischen Strukturen wurden gemäß FAWCETT (1977) und DAVID (1970) analysiert und bestimmt. Letzterer Autor wurde insbesondere für die Beurteilung und Bestimmung der beobachteten pathologischen Ultrastrukturen herangezogen.

3 Ergebnisse

3.1 Die Embryonalentwicklung von *Oryzias latipes*

Tab. 2: Klassifizierung der Entwicklungsstadien von IWAMATSU (1994) und PETERS (1963)

Iwamatsu (1994)	(Peters, 1963)
0 bis 2b	0
3	Ia-
4 bis 11	Ia
12 bis 14	Ia+
15 bis 16	Ib-
17	Ib
18 bis 19	Ib+
20 bis 23	II-
24 bis 25	II
26 bis 27	II+
28	III-
29	III
30 bis 31	III+
32	IV-
33	IV
34	IV+
35	V-
36 bis 38	V
39	V+ (Schlupfreife)

Da es von *O. latipes* jedoch zahlreiche Zucht-Stämme gibt, muss davon ausgegangen werden, dass dabei leichte Variationen in der Normalentwicklung des Embryos auftreten. Dies kann sowohl die Entwicklungsgeschwindigkeit als auch möglicherweise morphologische Unterschiede betreffen. Um beschallungsbedingte Abweichungen von der Normalentwicklung exakt nachweisen zu können, war es deshalb notwendig, die Normalentwicklung mit den für die Beschallung verwendeten *O. latipes*-Stämmen genau zu analysieren.

Für die vorliegende Arbeit wurden die Entwicklungsstadien zur Vereinfachung frei nach APSTEIN (PETERS, 1963) zusammengefasst. Aus Tabelle 2 ist die Zuordnung der Stadien ersichtlich. Für die Vereinfachung der Auswertungen in den Tabellenkalkulationsprogrammen stehen "+" und "-" nicht vor, wie in der Literatur, sondern stets hinter den in römischen Ziffern dargestellten Entwicklungsstadien.

In den folgenden Abschnitten wird von der Aktivierung des Eies bis zur Schlupfreife die Normalentwicklung der Kontrollen beschrieben. Sehr frühe Stadien, wie z.B. das Stadium Ia (vgl. S. 41), können durchaus mehrere Entwicklungsschritte mit entsprechenden morphologischen Veränderungen beinhalten.

Stadium 0 (3 Minuten):

Das reife Ei, mit einem Durchmesser von ca. 1,2 mm, besitzt eine weiche, reißempfindliche Hülle, die die gelb gefärbte, klare Dottermasse umgibt. Das den Dotter umgebende Zytoplasma (Dotterzytoplasma oder kortikales Zytoplasma, abgekürzt: DZ) grenzt an die Eihülle, so dass noch kein Perivitellarraum vorhanden ist. Zahlreiche kleine farblose Öltröpfchen verteilen sich gleichmäßig im Dotter.

Unmittelbar nach der Befruchtung härtet sich die Eihülle, die anschließend eine stabile und lederartig zähe Konsistenz besitzt. Zwischen dem kortikalen Zytoplasma und der Eihülle bildet sich der Perivitellarraum, der mit einer klaren Flüssigkeit, der Perivitellarflüssigkeit, ausgefüllt ist. Die Öltröpfchen beginnen zu fusionieren und sind in unterschiedlichen Größen gleichmäßig in der Dottermasse unter der kortikalen Zytoplasmaschicht verteilt (Abb. 11). Gleichzeitig wird die Polarisierung des Eies in einen animalen und vegetativen Pol sichtbar. Am animalen Pol befindet sich, sowohl im unbefruchteten als auch im befruchteten Zustand, der Zellkern. Hier beginnt sich das kortikale Zytoplasma nach der Befruchtung, von rhythmischen Oszillationen begleitet, zu verdicken. Mit dieser Verdickung entsteht der Monoblast. Der vegetative Pol besteht aus dem Dotter, der zum Perivitellarraum hin vom kortikalen Zytoplasma abgegrenzt wird. Am Ende dieses Stadiums sind die Fusionen zwischen den Öltröpfchen weiter fortgeschritten. Die somit größeren Öltröpfchen beginnen sich am vegetativen Pol zu sammeln (Abb. 12).

3.1 Die Embryonalentwicklung von *Oryzias latipes*

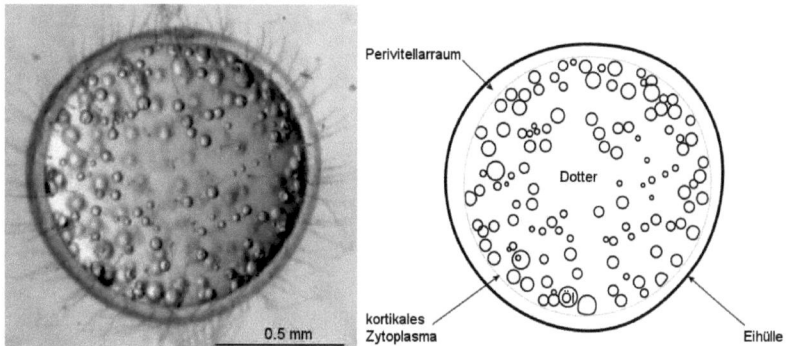

Abb. 11: Entwicklungsstadium 0 nach der Aktivierung: Der Perivitellarraum hat sich gebildet. Die Öltröpfchen sind gleichmäßig an der Peripherie des Dotters verteilt. Der Dotter wird vom kortikalen Dotterzytoplasma (DZ) umgeben.

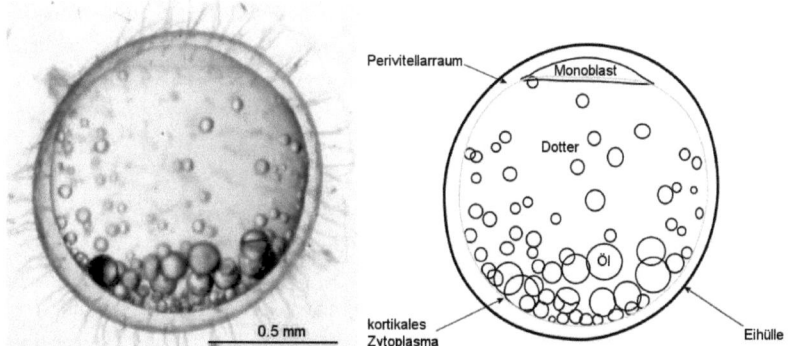

Abb. 12: Am Ende des Entwicklungsstadiums 0 im Ein-Zell-Stadium. Am animalen Pol findet eine Ansammlung des DZ statt und bildet den Monoblast. Die Öltröpfchen beginnen zu fusionieren und sammeln sich am vegetativen Pol.

Stadium Ia (1 Stunde bis 8 Stunden):

Der Perivitellarraum hat sich vergrößert. Am animalen Pol finden die Furchungsteilungen statt (Abb. 13). Aufgrund des ausgeprägten Dotterreichtums und des damit verbundenen diskoidalen Furchungstypus besitzt der Keim nach ersten Furchungsteilungen die Form einer Scheibe. Deshalb wird der Keim als Blastodisk oder Keimscheibe bezeichnet (Abb. 14). Diese besteht aus den Furchungszellen, den Blastomeren. Während der Furchungsteilungen durchläuft die Keimscheibe trotz intensiver Teilungsaktivität kein bedeutendes Größenwachstum. Dabei steigt die die Anzahl der Zellen infolge synchroner Teilungen bis auf ca. 1000 an. Während der noch synchron verlaufenden Furchungsteilung durchläuft die Keimscheibe als massiver Blastodisk mit drei bis vier Zelllagen das Morula-Stadium.

Nach IWAMATSU (1994) beginnen die Nuclei aus den Marginalzellen, aus denen der äußerste Zellkranz der Keimscheibe besteht, heraus zu wandern, um sich im Dotterzytoplasma anzuordnen. Demzufolge bildet sich eine Synzytium-Schicht, die sich zunehmend über den Rand des Blastodisk hinaus erstreckt. Jedoch konnten bei den untersuchten Fischen die Einwanderungen von Zellkernen nicht bestätigt werden, was später erörtert wird (vgl. S. 16). Bei den für diese Arbeit untersuchten *O. latipes* stellt sich die Dottersynzytiumschicht (DS) als ein mit Organellen angereichertes kortikales Dotterzytoplasma dar. Aufbau und Funktion des DS werden auf S. 187 beschrieben.

Ab ca. 1000 Zellen schließt sich ein Entwicklungsstadium an, welches bei einem holoblastischen Furchungstyp dem Blastulastadium entspricht. Unter einer Blastula versteht man allgemein einen von einer einschichtigen Zellschicht umgebenen Hohlraum, der für einen holoblastischen Furchungstyp bei Vertebraten charakteristisch ist. Infolge des extremen Dotterreichtums der Fischeier ist dieses Erscheinungsbild aus Platzgründen nicht möglich. Deshalb ist die Keimscheibe im diesem Stadium der Fischentwicklung stark abgewandelt und besteht zentral aus fünf Zelllagen.

Der Bereich des DS, der sich sich während der weiteren Entwicklung unmittelbar unter der Keimscheibe und später unter dem Embryo befindet, ist der Periblast. Während der Blastula hebt sich die Keimscheibe vom Periblast ab und bildet unter sich einen Hohlraum, der dem Blastocoel oder der primären Leibeshöhle entspricht.

3.1 Die Embryonalentwicklung von *Oryzias latipes*

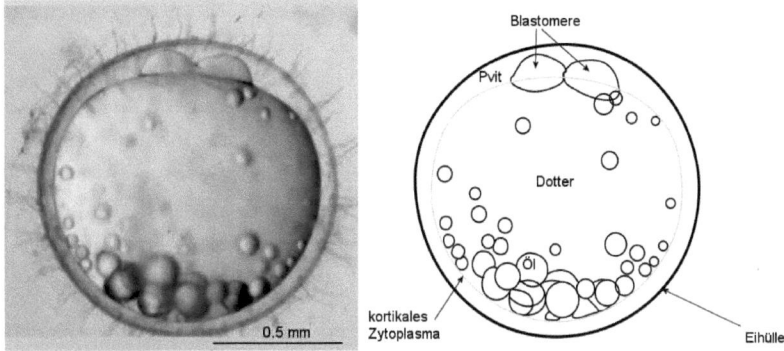

Abb. 13: Entwicklungsstadium Ia- nach der 1. Furchungsteilung mit zwei Blastomeren am animalen Pol. Öl = Öltröpfchen; Pvit = Perivitellarraum.

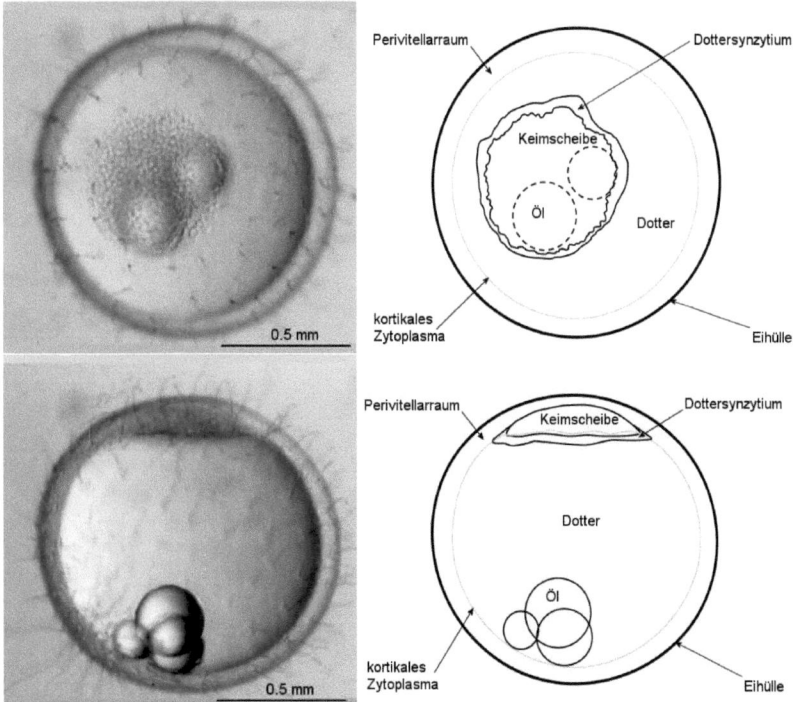

Abb. 14: Entwicklungsstadium Ia in der Aufsicht (oben) und Seitenansicht (unten): Die Keimscheibe besteht im Zentrum aus 4 bis 5 Zell-Lagen. Die Dottersynzytiumschicht (DS) entsteht unter der massiven Keimscheibe und erstreckt sich zunehmend über dessen Rand hinaus. Öl = Öltröpfchen.

Stadium Ia+ und Ib- (10 Stunden bis 21 Stunden):

Der Durchmesser der Keimscheibe hat sich nicht wesentlich vergrößert (Abb. 15), wirkt aber infolge fortlaufender Teilungsaktivitäten und damit zunehmender Anzahl an Zellen feinkörniger als in Stadium Ia. In diesem Embryonalstadium werden die drei Keimblätter angelegt. Mit einer Verdickung des Keimscheibenrandes und der Ausbildung der Urmundlippe beginnt ein Stadium, was in abgewandelter Form, der Gastrulation in der Wirbeltierentwicklung entspricht. Dabei schiebt sich in einem Vorgang, Epibolie genannt, von der Keimscheibe ausgehend, eine ektodermale Zellschicht (periblastisches Ektoderm) strumpfartig über den Dotter bzw. das DS. Begleitet von einer Einrollbewegung, am zukünftigen kaudalen Ende des Keimes, schiebt sich, ausgehend von der verdickten Blastoporus- oder dorsalen Urmundlippe eine Gewebeschicht unter die Keimscheibe. Auf diese Weise entstehen das Ektoderm und das Entoderm. Das letztereKeimblatt ist die ventrale Gewebeschicht unter dem entstehenden Embryonalschild.

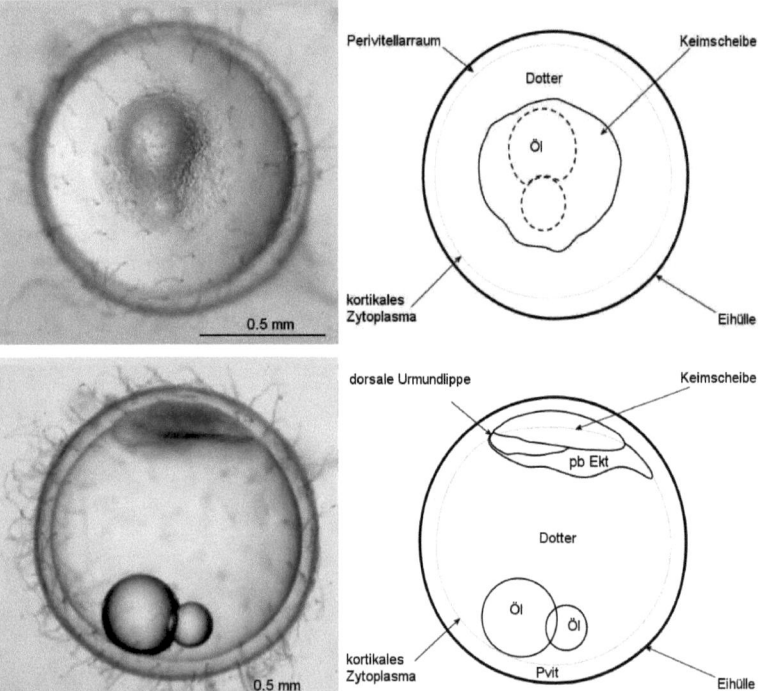

Abb. 15: Entwicklungsstadium Ia+ in der Aufsicht (oben) und Seitenansicht (unten) zu Beginn der Gastrulation vor dem Start der Epibolie. Öl = Öltröpfchen; pb Ekt = periblastisches Ektoderm; Pvit = Perivitellarraum.

3.1 Die Embryonalentwicklung von *Oryzias latipes*

Später wird durch Delamination das Mesoderm, als drittes Keimblatt, aus dem Entoderm hervorgehen.

Aufgrund des Dotterreichtums der Fischeier (diskoidaler Furchungstyp) entspricht die Epibolie hier einer stark veränderten Invagination des Gastrulastadiums holoblastischer Furchungstypen. Ist die Epibolie soweit vorrangeschritten, daß mehr als die Hälfte des Dotters umwachsen ist, entsteht eine solide Gewebeleiste, der Neuralkiel (Abb. 16), der sich von der

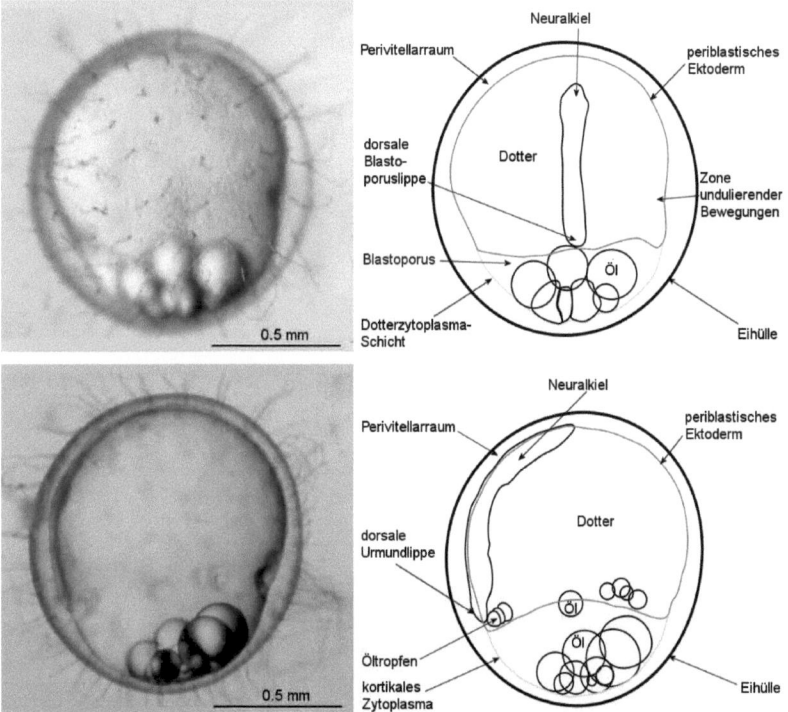

Abb. 16: Entwicklungsstadium Ib- bei fortgeschrittener Gastrulation in der Aufsicht (oben) und Seitenansicht (unten): Durch die Epibolie schiebt sich periblastisches Ektoderm strumpfartig über den Dotter und es entstehen, infolge einer Einrollbewegung an der Urmundlippe, Ekto- und Entoderm. Der Neuralkiel erstreckt sich als solider Strang von der Urmundlippe bis zur Mitte der Keimscheibe. Öl = Öltröpfchen.

Blastoporuslippe bis zur Mitte der Keimscheibe erstreckt. Hierbei handelt es sich um die Anlage des Embryonalschildes, in dem sich der Neuralkiel als solider Strang erkennen läßt. Er ist die erste Anlage des Zentralnervensystems bzw. des Rückenmarks. Allgemein ist in einer normalen Fischentwicklung dieses Erscheinungsbild einer abgewandelten Neurulation zu finden, wo sich sonst in der Wirbeltierentwicklung die charakteristische Neuralfalte bildet. Der Bereich des Dotters, der durch die Epibolie noch nicht vom periblastischen Ektoderm umrahmt ist und von dessen Rand umschlossen wird, entspricht in abgewandelter Form dem Urmund oder Blastoporus. Hier wölbt sich der Dotter, nur durch das DS begrenzt, aus dem Blastoporus hervor.

3.1 Die Embryonalentwicklung von *Oryzias latipes*

Stadium Ib (25 Stunden):

Der Neuralkiel umspannt ca. ein Viertel des Dotterumfanges (Abb. 17). Der zukünftige vordere kraniale Bereich weist auf beiden Seiten die optischen Plakoden auf. Es wird ersichtlich, das sich hier der Kopf entwickeln wird, denn die Plakoden sind die zukünftigen Anlagen der Augen und sind telencephalen Ursprungs. Die Epibolie ist fast abgeschlossen. Der Dotter ist damit vom Dottersack fast ganz umgeben, welcher nun aus dem periblastischen Ektoderm und darunter liegenden DS besteht. Das periblastische Ektoderm läßt noch eine kleine Lücke offen, über die das DS noch im direkten Kontakt mit dem Perivitellarraum steht. Die Öltröpfchen sind inzwischen zu zwei großen Öltropfen im Dotter fusioniert.

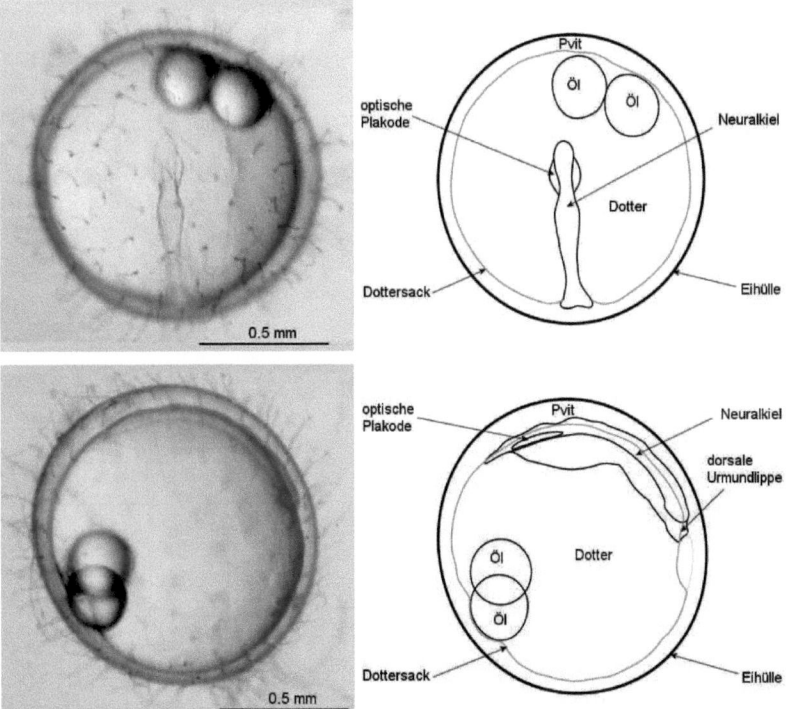

Abb. 17: Entwicklungsstadium Ib in der Aufsicht (oben) und der Seitenansicht (unten). Am kranialen Ende des Neuralkiels lassen sich zu beiden Seiten die optischen Plakoden als Augenanlage erkennen. Öl = Öltröpfchen; Pvit = Perivitellarraum.

Stadium Ib+ (26 Stunden):

Der Dotter ist in diesem Stadium immer noch nicht vollständig vom periblastischen Ektoderm umschlossen. Der Embryonalschild mit dem noch soliden Neuralkiel hat sich verbreitert (Abb. 18). Die Augenanlagen lassen eine beginnende Invagination jeweils in Form einer Einfaltung erkennen. Auf diese Weise formen sich die für Vertebraten typischen inversen Augenbecher. In der Aufsicht ist ein Paar akustische Plakoden zu sehen, aus dem sich die Otozysten mit den Bogengängen entwickeln werden.

Entodermalen Ursprungs läßt sich am kaudalen Ende des Embryonalschildes das KUPFFER´sche Vesikel in der Seitenansicht erkennen. Aus ihm wird später die Harnblase hervorgehen. Mit Abschluss dieses Stadiums können zwei bis drei Somitenpaare mesodermalen Ursprungs sichtbar sein.

3.1 Die Embryonalentwicklung von *Oryzias latipes*

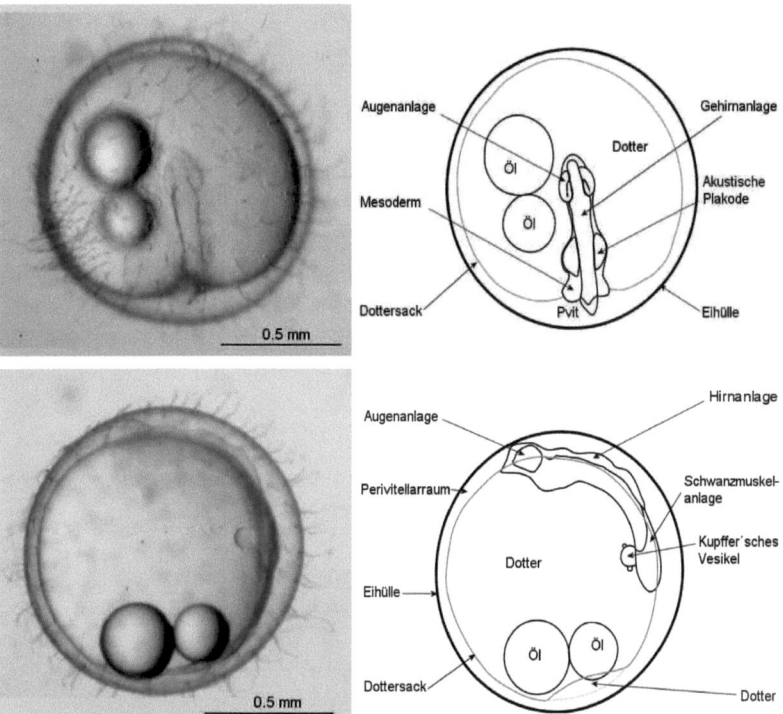

Abb. 18: Entwicklungsstadium Ib+ in der Aufsicht (oben) und Seitenansicht (unten). Augenanlagen, die akustischen Plakoden und das KUPFFER´sche Vesikel charakterisieren dieses Stadium. Öl = Öltröpfchen; Pvit = Perivitellarraum.

Stadium II- (1 Tag 3 Stunden):

Durch die Fusion der Öltröpfchen haben sich meist ein oder zwei große Ölkugeln gebildet und aus dem Embryonalschild hat sich nun ein Embryo entwickelt.

An dem Embryo sind bereits drei primäre Hirnabschnitte als Pros-, Mes- und Rhombencephalon klar voneinander zu unterscheiden. Die gesamte Hirnanlage ist durch eine mediane Rinne gekennzeichnet, was in einer bilateralen Symmetrie zum Ausdruck kommt. In der Hirnanlage hat sich hinter den Augenanlagen ein Neurocoel gebildet. Mit fortgeschrittenerem Entwicklungsstadium II- sind Tel- und Diencephalon, das Pinealorgan, als Teil des Tel- und Diencephalons, die optischen Loben sowie das Cerebellum und Myelencephalon, als Teile des Rhombencephalons erkennbar. Die Augenanlagen bestehen aus Augenbecher und Linsenplakoden, welche sich bis zum Ende dieses Stadiums abgerundet haben werden (Abb. 19). Aus dem hinteren Teil des soliden Neuralkiels hat sich das Rückenmark entwickelt. Durch Delamination bildet sich später ein Rückenmarkskanal. Auf Höhe des Myelencephalons befindet sich die paarige Anlage der Otozysten.

Vom hinteren Rand der Augenanlagen erstreckt sich schwanzwärts die Leibeshöhle, die sich bis hinter die Otozysten erstreckt. Das KUPFFER´sche Vesikel unterhalb des Schwanzendes hat sich vergrößert. Mesodermalen Ursprungs läßt sich ein achsenförmiger Strang, die Chorda dorsalis – kurz: Chorda – erkennen. Die Chorda beginnt unterhalb der Otozysten und erstreckt sich fast bis in die Schwanzspitze. Zu Beginn des Stadiums sind zu beiden Seiten der Chorda vier Somitenpaare angelegt. Der Embryo beschließt das Stadium mit einer Anzahl von 14 bis 15 Somitenpaaren.

Zwischen Hirnanlage und Dotter, unter dem Diencephalon, ist ventral die Herzanlage sichtbar. Die ersten Blutgefäße, die unter dem Stereomikroskop erkennbar werden, sind die Ductus cuvieri. Sie verlaufen jeweils links und rechts parallel zum Embryo auf der Dotteroberfläche und gehören damit zu den Dottergefäßen. In der embryonalen Entwicklung des *O. latipes* werden insgesamt drei große, venöse Dottergefäße den optischen Eindruck des Dottersackes charakterisieren. Neben dem linken und rechten Ductus cuvieri kommt als drittes Dottergefäß die Dotter-Schwanz-Vene oder Vena vitellina hinzu. Letztere wird allerdings erst ab Stadium III- sichtbar werden (vgl. S. 54). Die zwei und später drei Dottergefäße vereinen sich zukünftig im Sinus venosus an den sich das Herz anschließt.

3.1 Die Embryonalentwicklung von *Oryzias latipes*

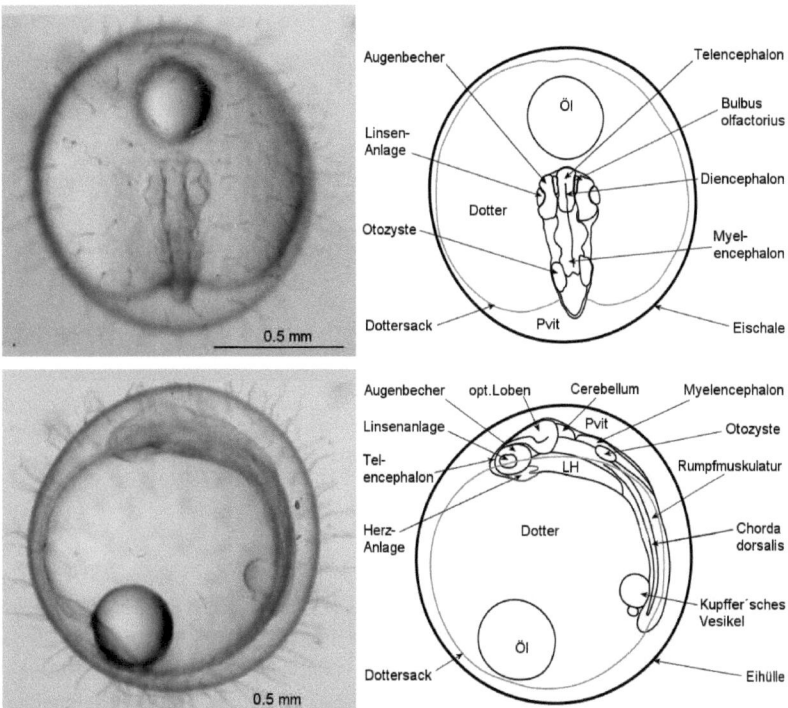

Abb. 19: Entwicklungsstadium II- in der Aufsicht (oben) und Seitenansicht (unten). Erstmals ist eine Herzanlage sichtbar. Es lassen sich 14 bis 15 Somitenpaare zählen. Das KUPFFER´sche Vesikel unterhalb des Schwanzendes hat sich vergrößert. Die Öltröpfchen haben sich zu ein bis zwei großen Öltröpfchen fusioniert. *LH* = Leibeshöhle; *opt.* =optische; *Öl* = Öltröpfchen; *Pvit* = Perivitellarraum.

Stadium II (2 Tage):

Der Embryo erstreckt sich über die Hälfte des Dotterumfanges (Abb. 20). Mit diesem Stadium II beginnt die Organogenese, in der sich alle Organanlagen zu formieren beginnen. Der Kopf ist bis hinter die Otozysten, die aus den Ohrplakoden hervorgegangen sind, von der extraembryonalen Membran umgeben. Jedoch ist der Begriff "Membran" unter Vorbehalt zu verwenden, da es sich bei histologischer Betrachtung vielmehr um ein zellulär einschichtiges Gewebe handelt. Der vor dem Kopf befindliche Teil der extraembryonalen Membran wird im weiteren Verlauf der Entwicklung zur Perikard-Wandung.

Hirnanlage sowie Augenanlagen lassen nun ein Größenwachstum erkennen: Der gesamte Kopfbereich des Embryos hat deutlich an Breite zugenommen. Zwischen der inneren Wand der Retinaanlage und der Linse entwickelt sich ein Freiraum, der, wie aus der histologischen Aufarbeitung der Proben ersichtlich, künftig vom Glaskörper ausgefüllt sein wird (vergl.: Abb. 75, S. 114). An den Augenbechern ist ventral jeweils ein breiter choreoidaler Spalt erkennbar.

Der vorderste Bereich der Hirnanlage wird durch die charakteristisch ovale Form und mittig ausgerichtete Anlage des Pinealorgans geprägt. Hinter den Augen beginnen sich die optischen Loben dorsal aufzuwölben. Aus den akustischen Plakoden als ursprünglich solide Zellmasse, haben sich die Otozysten entwickelt. Sie sind als flüssigkeitsgefüllter Hohlraum erkennbar. Später werden sich innerhalb der Otozysten die Bogengänge entwickeln, die für den Gleichgewichtssinn und die Erfassung der Lage im Raum verantwortlich sein werden. Bereits zum Ende dieses Stadiums sind innerhalb der beiden Otozysten bereits Gehörsteine als kleine Körnchen, die Otolithen, sichtbar.

Die Leibeshöhle beginnt hinter der Herzanlage und reicht bis unter die Otozysten. Unter dem Schwanz ist das KUPFFER´sche Vesikel nicht mehr zu erkennen. Es ist in den embryonalen Körper eingewandert und wird sich dort weiter zur Harnblase entwickeln. Eine Leberanlage ist unter dem 1. bis 3. Somitenpaar innerhalb der Leibeshöhle erkennbar. Die Nierenanlage erstreckt sich vom 2. bis zum 9. und 10. Somitenpaar. Zu Beginn des Stadiums lassen sich 14 bis 16 Somitenpaare zählen, deren Anzahl sich bis zum Ende des Stadiums auf 18 bis 19 Paare beläuft.

Ebenfalls zu Beginn des Stadiums lassen sich erste Kontraktionen des Herzens mit 30 bis 60 Schlägen pro Minute, gegen Ende mit 70 bis 80 Schlägen pro Minute zählen. Schwanzwärts verläßt der Blutstrom das Herz und wird in die Aorta ventralis gepumpt.

3.1 Die Embryonalentwicklung von *Oryzias latipes*

Sie endet in einem Übergang mit dem 3. Aortenbogenpaar, welches als erstes von

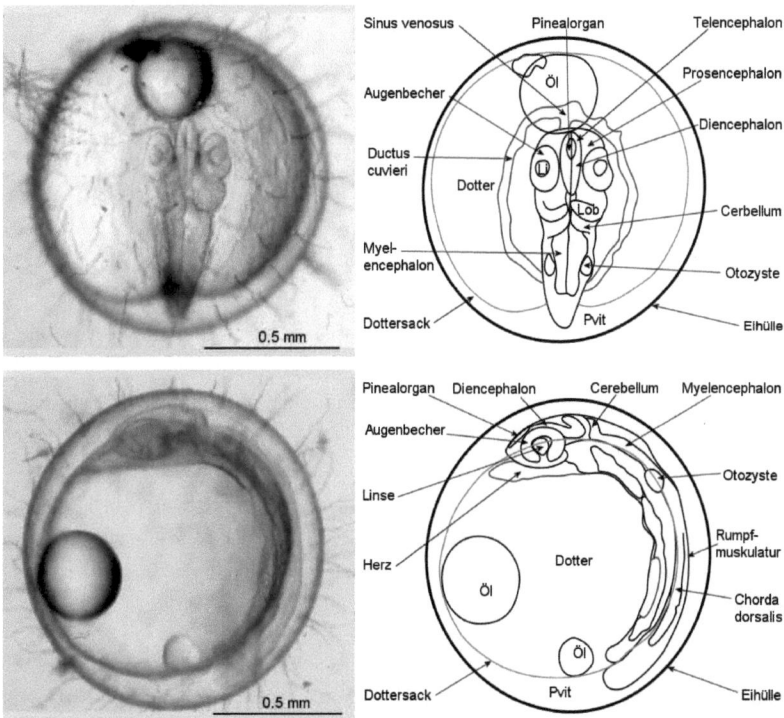

Abb. 20: Entwicklungsstadium II in der Aufsicht (oben) und Seitenansicht (unten): Der Embryo umspannt den halben Dotterumfang. In diesem Stadium findet die Organogenese statt. Erstmals lassen sich Herzschläge und zum Ende des Stadiums ein Blutfluss durch die Dottergefäße, die Ductus cuvieri, zum Sinus venosus verfolgen. Li = Linse; Lob = optischer Lobus; Öl = Öltröpfchen; Pvit = Perivitellarraum.

zukünftig sechs Aortenbögen angelegt wird. Die Numerierung der Aortenbogenpaare orientiert sich nach der Schwimmrichtung und nicht nach der zeitlichen Entwicklungsreihenfolge. Die drei bisher auf jeder Körperseite ausgebildeten Aortenbögen münden in die rechte bzw. linke interne Karotide, die in den Kopf führen, sowie in die schwanzwärts verlaufende linke und rechte Aortenwurzel. Die beiden internen Karotiden versorgen die jeweiligen Hirnhälften und Augenanlagen der linken und rechten Körperseite. Die Aortenwurzeln vereinigen sich hinter den Otozysten zur Aorta dorsalis. Zum Ende des Stadiums ist der Blutstrom bereits durch reichlich vorhandene Erythrozyten gut zu verfolgen. So kann erstmalig der Blutstrom in den links- und rechtsseitig parallel zum Embryo verlaufenden Ductus cuvieri über den Dotter Richtung Sinus venosus beobachtet werden. Der Sinus venosus, als Sammelpunkt des venösen Blutes aus den drei Dottergefäßen, befindet sich vor dem Kopf. Bei einem vollständig entwickeltem Kreislaufsystem wird das venöse Blut von der rechten und linken Körperhälfte aus den vorderen und hinteren Kardinalvenen jeweils im linken und rechten D. cuvieri gesammelt und über den Sinus venosus, wo sich alle Dottergefäße vereinen, wieder durch das Herz geleitet. Alle Dottergefäße und der Sinus venosus befinden sich auf dem Dotter zwischen periblastischem Ektoderm und DS.

Stadium II+ (2 Tage und 8 Stunden):

Der Embryo umspannt den Dotter um mehr als die Hälfte (Abb. 21). Die Hirnanlage hat sich verbreitert. Erstmalig sind links und rechts im vordersten Kopfbereich kleine, solide und annähernd ovale Riechplakoden aus verdicktem nach innen gewanderten Ektoderm sichtbar, die sich zukünftig zu den Riechgruben mit dem Riechepithel entwickeln werden. Pinealorgan und Diencephalon haben sich deutlich vergrößert. Die beginnende Pigmentierung der Augen läßt einen zarten dunklen Schleier im dorsalen Bereich der Augenbecher erkennen. Die mesencephalen optischen Loben wölben sich hinter den Augen über das Diencephalon und den Hypothalamus, einem ventralen Hirnabschnitt zwischen dem hinteren Bereich der Augen. Auf der Ventralseite des Mesencephalons bilden sich erste rot-braune Chromatophoren aus.

Die Darmanlage erstreckt sich vom Beginn der Leibeshöhle bis zu den ersten Somitenpaaren. Hinter dem After ist das KUPFFER´sche Vesikel vollständig eingewandert und entwickelt sich zur Harnblase.

Die Chorda läßt sich vom hinteren Ende des Myelencephalons, dem Übergangsbereich vom Gehirn zum Rückenmark, bis kurz vor die Schwanzspitze verfolgen. In den Chorda-Zellen bilden sich Vakuolen aus, die sich soweit ausdehnen, dass die Chordazellen letztendlich ausgefüllt werden und die Chorda durch ihren Turgor mechanisch stabilisieren. Bei vollendetem Stadium II+ hat sich die Schwanzspitze vollständig von der Dotteroberfläche bzw. DS gelöst. Des weiteren besitzt der Embryo in diesem Entwicklungsstadium 22 bis 24 Somitenpaare.

Die Erythrozytendichte im Blut hat deutlich zugenommen, was die Beobachtung des Blutflusses von Dotter- und Embryonalkreislauf vereinfacht. Vom Herz her kommend, strömt das Blut durch die Aorta ventralis in die inzwischen 4 Aortenbogenpaare. Zu Beginn dieses Entwicklungsstadiums läßt sich der Blutstrom im Embryo in den Aortenwurzeln und der Aorta dorsalis bis zum 14. Somitenpaar und anschließend durch die

3.1 Die Embryonalentwicklung von *Oryzias latipes*

Schwanzvene, auch Kaudalvene genannt, wieder kopfwärts bis zum 1. Somitenpaar verfolgen. Am Ende dieses Stadiums II+ kann der Blutfluss in der Aorta dorsalis bis zum 16. Somitenpaar sowie in der Kaudalvene kopfwärts vom 16. bis zum 10. Somitenpaar beobachtet werden.

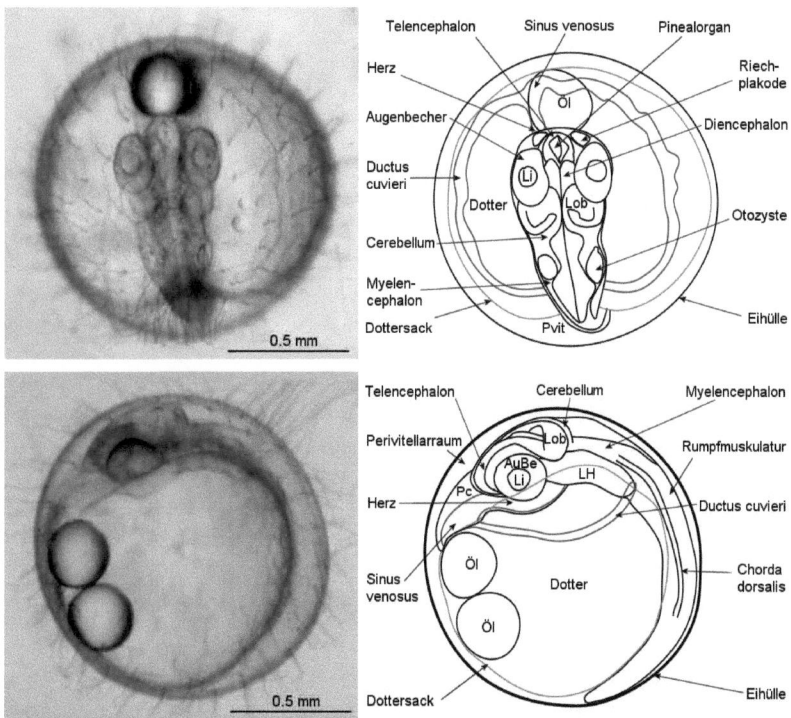

Abb. 21: Entwicklungsstadium II+ in der Aufsicht (oben) und der Seitenansicht unten. Das Pigmentepithel entwickelt sich fortschreitend, dorsal sichtbar am zart dunklen Schleier der Augenbecher aufgrund der Melaninbildung. *AuBe* = Augenbecher; *LH* = Leibeshöhle; *Li* = Linse; *Lob* = optischer Lobus; *Öl* = Öltröpfchen; *Pc* = Perikard; *Pvit* = Perivitellarraum.

Stadium III- (2 Tage und 18 Stunden):

Im Stadium III- umfasst die Länge des Embryos nicht ganz $^3/_4$ der Dotterkugel (Abb. 22). Die Pigmentierung der Augen ist weiter fortgeschritten, so dass sich die Transparenz der Augenbecher deutlich verringert. Des weiteren haben die Augenbecher im Vergleich zum zuvor beschriebenen Stadium ein Größenwachstum um ca. 20 % vollzogen. In der Seitenansicht läßt sich vor dem linken Auge die linke Riechplakode erkennen.

Alle Hirnbereiche dehnen sich zunehmend aus. Das Pinealorgan, als scheibenförmige Struktur des Tel- und Diencephalons mittig vor den Augen, hat sich ungefähr auf das Doppelte verbreitert. Die optischen Loben sind ebenfalls deutlich vergrößert und wölben sich zunehmend über das Diencephalon oberhalb der Augen. In den Otozysten sind jeweils zwei Otolithen erkennbar. Der ursprünglich massive Strang des Rückenmarks bildet durch Delamination in Form eine Hohlraumbildung des Gewebes einen Neuralkanal aus.

Des weiteren entwickelt sich auf der Höhe des 4. Somitenpaares die Leberanlage zur linken Körperseite. Unter dem Rückenmark ist die Chorda dorsoventral abgeflacht. Erstmalig sind knospenförmige Pektoralflossenanlagen seitlich hinter den Otozysten sichtbar. In diesem Entwicklungsstadium lassen sich 30 Somitenpaare zählen.

Das Blut fließt vom Herzen her kommend schwanzwärts durch die Aorta ventralis, von der mittlerweile 5 Paar Aortenbögen abzweigen. Die Ventralaorta endet im 6. Aortenbogenpaar. Über die linke und rechte Aortenwurzel, die sich beide zur Aorta dorsalis vereinigen, fließt der Blutstrom weiter bis fast in die Schwanzspitze. Dort geht die Aorta dorsalis in die durch eine kopfwärts gerichtete Wende in die Kaudalvene über. Noch im hinteren Schwanzbereich zweigt von der Kaudalvene die Vena vitellina ventral ab, tritt aus dem embryonalen Körper aus, führt den Blutstrom über den vegetativen Pol und trifft sich mit den beiden Ductus cuvieri wieder am Sinus venosus. Damit sind erstmalig alle drei Dottergefäße, der linke und rechte Ductus cuvieri sowie die Vena vitellina sichtbar. Die Ductus cuvieri verlaufen in leichten sinusartigen Kurven über die Flanken des Dotters.

3.1 Die Embryonalentwicklung von *Oryzias latipes*

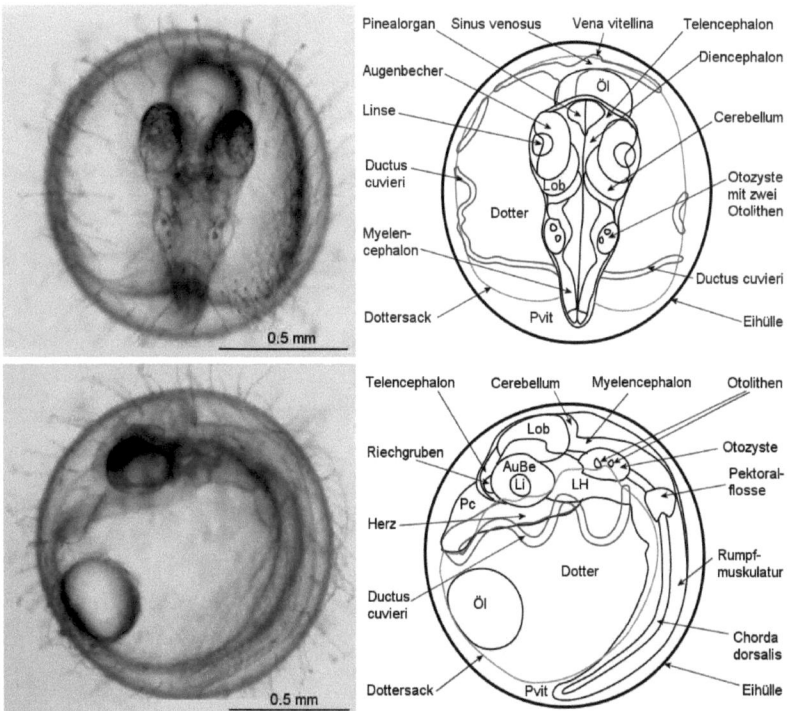

Abb. 22: Entwicklungsstadium III- in der Aufsicht (oben) und Seitenansicht (unten). Die Pigmentierung der Augenbecher hat sich intensiviert. In den Otozysten sind jeweils zwei Otolithen erkennbar. Die knospenförmige Pektoralflossenanlage läßt sich beidseitig hinter den Otozysten erkennen. Erstmalig ist die Vena vitellina sichtbar. AuBe = Augenbecher; LH = Leibeshöhle; Li = Linse; Lob = optischer Lobus; Öl = Öltröpfchen; Pc = Perikard; Pvit = Perivitellarraum.

Stadium III (3 Tage):

Der Embryo bildet von der Schnauzen- bis zur Schwanzspitze zu $^3/_4$ einen Kreis bei seitlicher Verschiebung des Schwanzes auf dem Dotter (Abb. 23).

Die Pigmentierung der Augen ist soweit fortgeschritten, dass die Augenbecher ihre Transparenz verloren haben. Die Schnauzenspitze hat sich weiter vorgewölbt. Das Pinealorgan hat sich vergrößert und besitzt jetzt eine fast runde Form. An der vorderen Begrenzung des Prosencephalons zu beiden Seiten des Pinealorgans sind die Riechplakoden sichtbar. An der Oberfläche der Hirnanlage haben sich verstärkt epineurale Chromatophoren entwickelt, die bei den Individuen unterschiedlich ausgeprägt sind. Die Otozysten mit zwei Otolithen haben sich vergrößert, und es werden in ihrem Inneren jene membranartigen Strukturen formiert, aus denen sich zukünftig die Bogengänge entwickeln werden.

Hinter den Augen, vor den Kiemenanlagen, wird die Schlupfenzym-Drüse, entodermalem Ursprungs, gebildet. Innerhalb der Leibeshöhle, im Bereich des dritten Somiten, entsteht die Schwimmblasenanlage, die unter dem Stereomikroskop nur durch Verstellen der Schärfeebenen zu erkennen ist. Auf beiden Seiten des Rumpfes hinter den Otozysten treten die Knospen der Pektoralflossen hervor. An Rumpf und Schwanz lassen sich 34 Somitenpaare zählen. Entlang des Schwanzes ist auf der dorsalen Oberfläche ein dünner, membranartiger Flossensaum sichtbar.

Am Herz sind Atrium und Ventrikel deutlicher zu unterscheiden als im vorhergehenden Stadium. Es sind alle 6 Aortenbögen angelegt. Die Dottergefäße, insbesondere die Ductus cuvieri, bilden zunehmend für die Entwicklungsstadien charakteristische Mäander auf der Dotteroberfläche aus. Verlauf und Ausprägung der Mäander sind ein Bestimmungsmerkmal der Entwicklungsstadien.

3.1 Die Embryonalentwicklung von *Oryzias latipes*

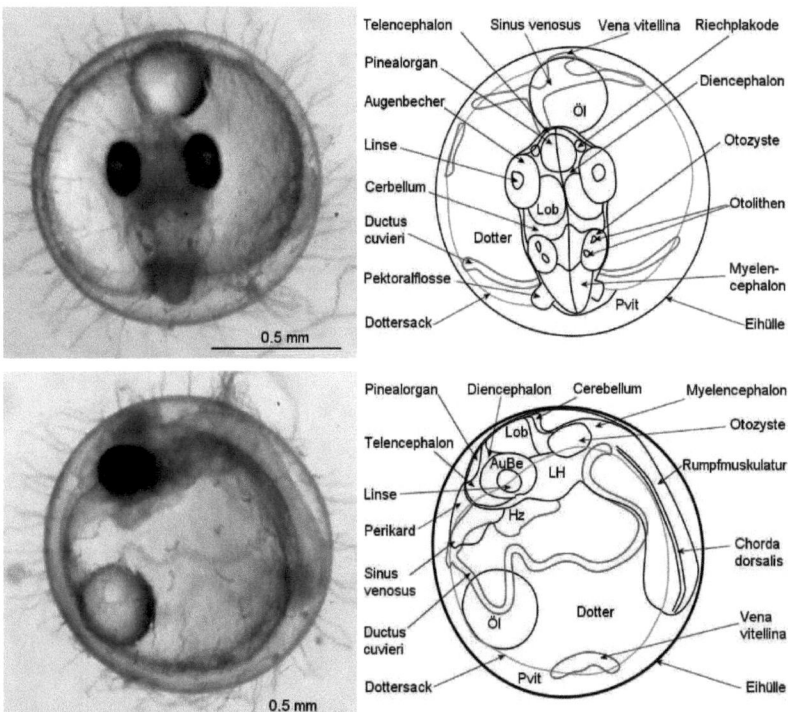

Abb. 23: Entwicklungsstadium III- in der Aufsicht (oben) und Seitenansicht (unten): Das Schwanzende ist in der Umrisszeichnung mit Seitenansicht vom Betrachter abgewendet und wird vom Rumpf verdeckt. Die Dottergefäße bilden charakteristische Mäander an der Dotteroberfläche aus. AuBe = Augenbecher; Hz = Herz; LH = Leibeshöhle; Lob = optischer Lobus; Öl = Öltröpfchen; Pvit = Perivitellarraum

Stadium III+ (3 Tage und 12 Stunden):

Der Embryo bildet zu mehr als $^3/_4$ einen Kreis von der "Schnauze" bis zur Schwanzspitze (Abb. 23). Die Augen besitzen jetzt eine Cornea. Im Kopfbereich werden die epineuralen Chromatophoren zahlreicher. Im Inneren der Otozysten sind die Anlagen der Bogengänge, als membranartige Strukturen, deutlicher zu erkennen als im Entwicklungsstadium zuvor. Des weiteren beginnt der Embryo seinen Schwanz zu bewegen. In unregelmäßigen Zeitabständen, die Minuten bis Stunden betragen können, verlagert der Embryo den seitlich auf dem Dotter gelagerten Schwanz von einer zur anderen Seite.

Die Schlupfenzymdrüsen wandern in eine Position unterhalb der Augen. Der Mundraum wird ausgebildet. Die Schwimmblase ist vergrößert und besitzt in etwa die Breite der Darmanlage. Im hinteren Bereich der Leber ist eine noch farblose Gallenblase zu erkennen. Die Nierenanlage entwickelt sich in direkter Nachbarschaft des ersten Somitenpaares.

Der Blutstrom läßt sich in den Aortenbögen, Hirn- und Muskelgefäßen beobachten. Die Zweiteilung der Aorta ventralis ist weiter voran geschritten. Das Blut fließt, vom Herzen kommend infolge einer Längsteilung durch zwei parallel untereinander angelegte Ventralaorten-Äste und verteilt sich auf die 1. bis 6. Aortenbogenpaare. Die Aortenbögen münden unverändert einerseits links und rechts in die internen Karotiden, in denen das Blut kopfwärts das Gehirn versorgt. Anderseits fließt das Blut schwanzwärts durch die linke und rechte Aortenwurzel. Beide vereinigen sich hinter den Otozysten zur schwanzwärts und mittig verlaufenden Aorta dorsalis.

Bisher passierte der Blutstrom in der Ventralaorta die Aortenbögen schwanzwärts bis zum 6. Aortenbogen. Durch die Teilung der Aorta ventralis wird unter den Aortenbögen ein Richtungswechsel des Blutstroms im dorsalen Ast des kurzen Teilstücks der Aorta ventralis eingeleitet, von dem aus die Aortenbögen dorsalwärts abzweigen. Die vordere Verbindung zum dorsalen Ast der Aorta ventralis wird in den kommenden Entwicklungsstadien getrennt werden. Das Blut fließt dann nur durch den z. Z. angelegten ventralen Teil der Aorta ventralis schwanzwärts, wird aber durch eine Biegung der Aorta ventralis hinter dem 5. Aortenbogen kopfwärts umgelenkt, so dass der Blutstrom die Aortenbögen, mit dem 5. Aortenbogen als ersten, in absteigender Reihenfolge passieren wird. An diesem Bogen klappt das Herz um fast 180 Grad um, wenn nach dem Schlupf der Dottersack zurück gebildet wird, so dass der Sinus venosus schwanzwärts zeigt. Damit kann der Blutstrom im Jungfisch in gerader Linie von hinten nach vorne gepumpt werden.

3.1 Die Embryonalentwicklung von *Oryzias latipes*

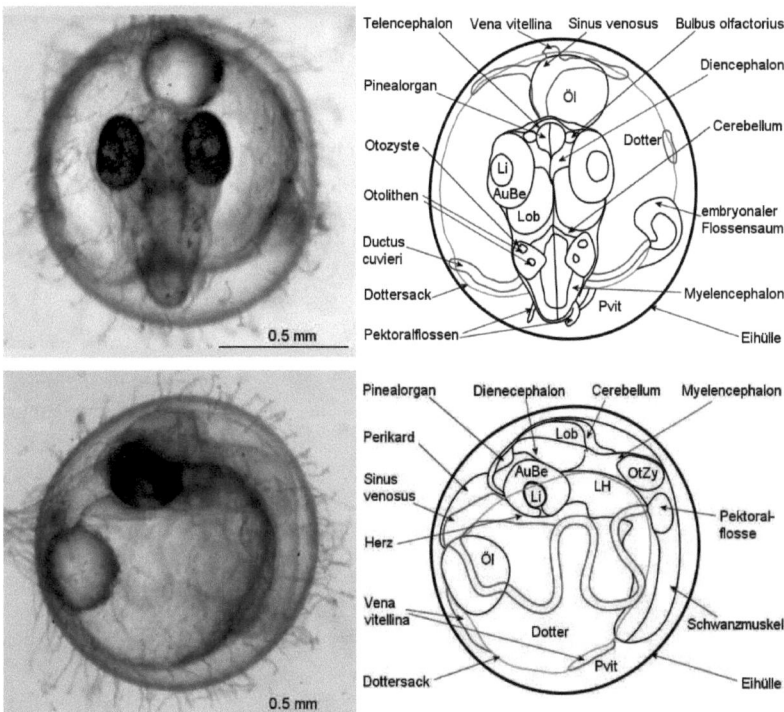

Abb. 24: Entwicklungsstadium III+ in der Aufsicht (oben) und Seitenansicht (unten): Die Dominanz der Augen charakterisiert den Kopf. Deutlich sind die Mäander des linken Ductus cuvieri erkennbar. AuBe = Augenbecher; LH = Leibeshöhle; Li= Linse; Lob = optischer Lobus; Öl = Öltröpfchen; OtZy = Otozyste; Pvit = Perivitellarraum.

Stadium IV- (ca. 4 Tage):

Die Länge des Schwanzes reicht noch nicht ganz aus, um mit der Schwanzspitze den Kopf zu berühren (Abb. 25). In den Otozysten sind bereits halbrunde Bogengänge, zusammen mit zwei größer gewordenen Otolithen bei 40-facher Vergrößerung erkennbar. Die transparente Schwimmblase läßt sich ab dem dritten Somitenpaar erkennen. Die Anzahl der Somitenpaare hat sich um 4 auf letztendlich 30 reduziert. Die "fehlenden" vier Somitenpaare werden vermutlich in Anteile des Kaudalflossen-Apparats umgewandelt (IWAMATSU, 2003 persönl. Mitteilung).

Die Dottergefäße verlaufen inzwischen in ausgeprägt weiträumigen Mäandern über die Dotteroberfläche. Innerhalb des Embryos ist der Blutstrom durch eine deutlich vergrößerte Anzahl an Gefäßen in Hirn und Muskeln sowie innerhalb der Leibeshöhle zu beobachten.

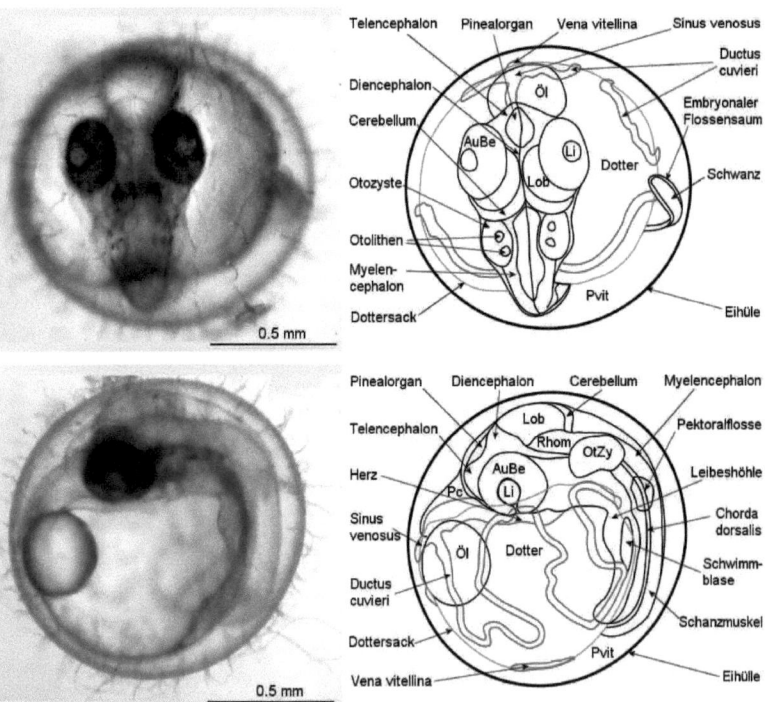

Abb. 25: Entwicklungsstadium IV- in der Aufsicht (oben) und Seitenansicht (unten): Die Mäander der Ductus cuvieri haben sich verstärkt. Die Pigmentierung der Augen ist noch nicht abgeschlossen und besitzt noch eine leichte Transparenz. AuBe = Augenbecher; Li = Linse; Lob = optischer Lobus; Öl = Öltröpfchen; OtZy = Otozyste; Pc = Perikard; Pvit = Perivitellarraum; Rhom = Rhombencephalon.

3.1 Die Embryonalentwicklung von *Oryzias latipes*

Stadium IV (4 Tage und 12 Stunden):

Die Schwanzspitze berührt den Kopf (Abb. 26), so dass der Embryo erstmalig einen geschlossenen Kreis bildet. Der Schwanz wechselt mit heftigen Bewegungen seine Lage deutlich häufiger von einer Seite des Dotters zur anderen, oft in Abständen von wenigen Minuten. Die Augen haben, aufgrund der inzwischen bestehenden Melanindichte des Pigmentepithels, ihre Transparenz vollständig verloren. Der Kopf ist deutlich verbreitert, und die Otozysten sind zunehmend in die Schädelform integriert. Der distale Rand der Pektoralflossen reicht bis zum vierten Somitenpaar. Die Chordazellen sind vollständig vakuolisiert und haben somit ihre endgültige Stabilität erreicht, eine Voraussetzung für die Stützfunktion der Chorda. Zunehmend ausladender verlaufen die Schlaufen der Mäander der Dottergefäße über die Dotteroberfläche, wobei die Schenkel der Mäander ihrerseits verstärkt mäandrieren .

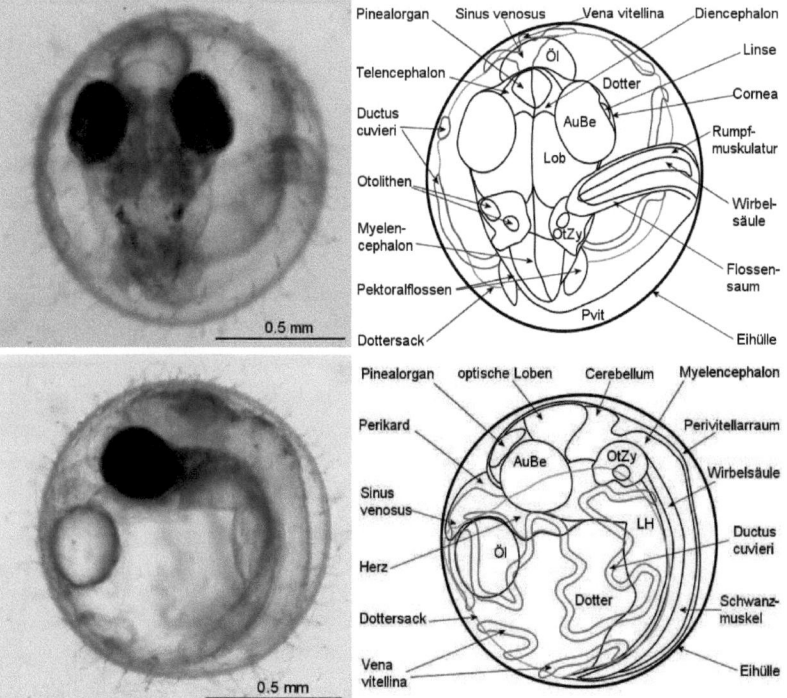

Abb. 26: Entwicklungsstadium IV in der Aufsicht (oben) und Seitenansicht (unten): Der Embryo bildet von Schnauzen- bis Schwanzspitze erstmalig einen geschlossenen Kreis. Mit relativ heftigen Bewegungen wechselt der Embryo die Lage des Schwanzes immer häufiger von einer Seite des Dotters zur anderen. AuBe = Augenbecher; LH = Leibeshöhle; Lob = optischer Lobus; Öl = Öltröpfchen; OtZy = Otozyste; Pvit = Perivitellarraum.

Stadium IV+ (ca. 5 Tage):

Im Stadium IV+ erreicht die Schwanzspitze annähernd die Mitte der Augenbecher (Abb. 27). Der Dottervorrat hat sich merklich verkleinert, so dass dem Embryo mehr Raum im Ei zur Verfügung steht. Epineurale und ektodermale Chromatophoren reduzieren die Transparenz des Kopfes merklich, was die Sicht auf die Hirnabschnitte einschränkt. Die Schnauzenspitze ist in der Aufsicht etwas spitzer vorgewölbt, als in den Stadien zuvor.

Die fortschreitende Differenzierung der Silberhaut oder Argentea bewirkt durch eingelagerte Guanin-Kristalle einen silbrigen Glanz an den Seitenflächen der Augenbecher. Zusätzlich beginnen die Embryonen mit synchronen Augenbewegungen. Die optischen Loben wölben sich über den hinteren Bereich des Diencephalons, was insbesondere in der Seitenansicht deutlich wird. Die jeweiligen zwei unterschiedlich großen Otolithen in den beiden Otozysten haben inzwischen merklich an Größe zugenommen.

Leber und Schwimmblase haben deutlich an Umfang zugelegt. Die Leber hat mit der Produktion der Gallenflüssigkeit begonnen, ersichtlich an einer vergrößerten Gallenblase, die mit grünlich transparenten Gallensaft gefüllt ist. In den Pektoralflossen sind nun Blutgefäße mit reger Zirkulation erkennbar. Des weiteren lassen sich auffällig flatternde Bewegungen der Pektoralflossen beobachten. Auf der Kaudalflosse sind erste Chromatophoren zu erkennen.

Die Blutversorgung der Aortenbögen über die Aorta ventralis beginnt nun mit dem 5. bis zum 1. Aortenbogen kopfwärts, denn es besteht nur noch die hintere Verbindung des dorsalen Zweiges mit dem ventralen Teil der Ventralaorta und bildet somit einen Bogen kurz hinter der Abzweigung des 5. Aortenbogens. Der 6. Aortenbogen zweigt etwas versetzt nach dorsal vom 5. Aortenbogen ab. Die Ventralaorta verläuft nun, nach der Biegung hinter dem 5. Aortenbogenpaar, weiter kopfwärts und wird nach dem passieren der Aortenbögen zur externen Karotide. Die Aortenbogenpaare 3 bis 6 verlaufen durch die Anlage der sich entwickelnden vier Kiemenbögen.

Nach der Passage des Blutes durch die Aortenwurzeln und die Aorta dorsalis fließt das Blut jeweils venös durch die dorsale und ventrale Kaudalvene kopfwärts bis kurz vor den Darmausgang. Über eine ventralwärts gerichtete Biegung der ventralen Kaudalvene fließt das Blut weiter Richtung Dotter, wobei sie in die Vena vitellina übergeht. Die rechte und linke hintere Kardinalvene führen das Blut kopfwärts jeweils bis zum rechten und linken Ductus cuvieri, welche sich nach dem Passieren der Dotteroberfläche stets gemeinsam mit der Vena vitellina im Sinus venosus vereinigen.

3.1 Die Embryonalentwicklung von *Oryzias latipes*

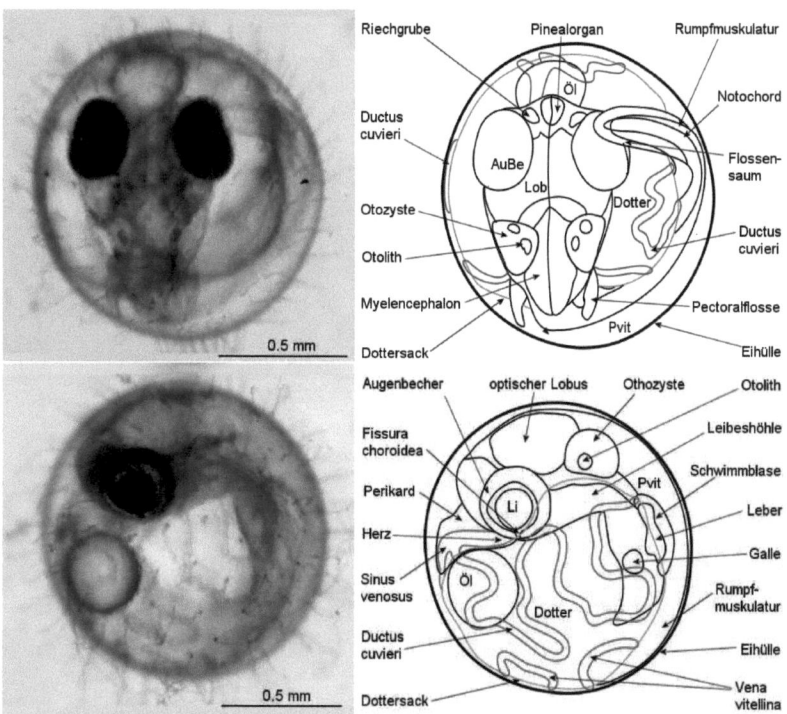

Abb. 27: Frühes Entwicklungsstadium IV+ in der Aufsicht (oben) und Seitenansicht (unten): Die Schwanzspitze berührt das Auge. Der Dotterumfang hat merklich abgenommen. Der wachsende Embryo besitzt damit mehr Bewegungsfreiheit für oft sehr heftige Schwanzbewegungen. AuBe = Augenbecher; Li = Linse; Öl = Öltröpfchen; Pvit = Perivitellarraum.

Stadium V- (5 Tage und 12 Stunden):

Die Schwanzspitze erreicht den mittleren Kopfbereich zwischen Augen und Otozysten (Abb. 28). Die Organe sind fast fertig entwickelt. Die Augen sind funktionstüchtig, ersichtlich daran, dass die Embryonen auf Gegenstände in unmittelbarer Nähe außerhalb des Eies, wie z.B. Präpariernadeln, mit koordinierten Augenbewegungen reagieren. Im vorderen Kopfbereich sind ein Paar Riechgruben erkennbar, die aus den Riechplakoden hervorgegangen sind. Ektodermale und epineurale Chromatophoren sind inzwischen über den gesamten Kopfbereich verteilt. Sie ziehen sich darüber hinaus in einer Reihe auf dem dorsalen Flossensaum bis zur Kaudalflosse entlang. Die Pektoralflossen vollziehen stetig rudernde Bewegungen und versetzen damit die Perivitellarflüssigkeit in Strömung. Die Mundhöhle beginnt sich zu öffnen. Bei einzelnen Individuen kann in der Leibeshöhle die Milz mesodermalen Ursprungs als blass-roter Punkt sichtbar sein.

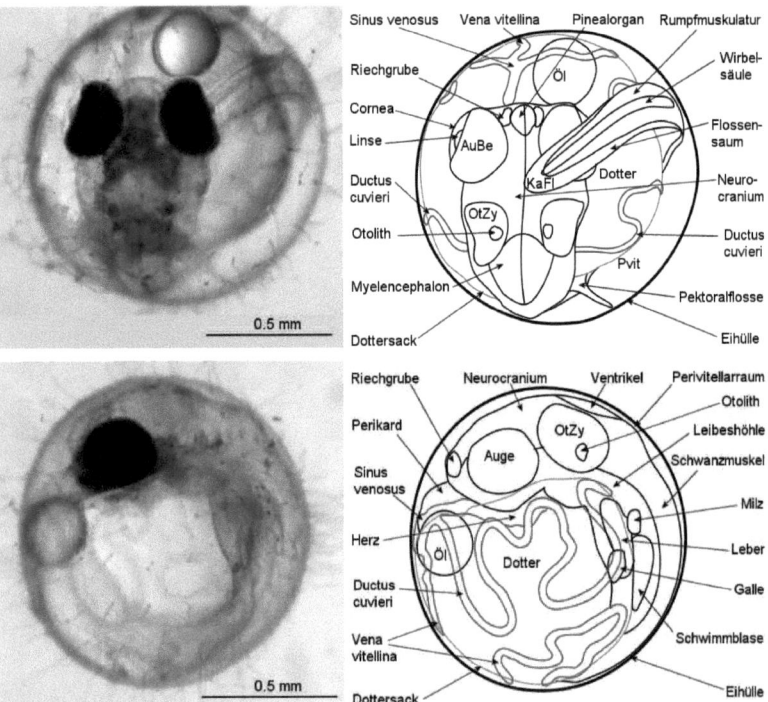

Abb. 28: Entwicklungsstadium V- in der Aufsicht (oben) und Seitenansicht (unten): Die Schwanzspitze reicht bis in den Bereich zwischen Augen und Otozysten. AuBe = Augenbecher; KaFl = Kaudalflosse; Öl = Öltröpfchen; OtZy = Otozyste; Pvit = Perivitellarraum.

Stadium V (6 Tage):

Der Embryo weist nun eine Gesamtlänge von ca. 3,5 mm auf. Die Schwanzspitze erreicht den hinteren Rand der Otozyste (Abb. 29). Die Organogenese ist abgeschlossen. Die Masse des Dotters und damit der Umfang des Dottersackes verkleinert sich zunehmend. Der Perivitellarraum vergrößert sich entsprechend, wodurch dem Embryo mehr Raum und Bewegungsfreiheit zur Verfügung stehen. Die Schichtungen der Retina haben sich vervollständigt. Die Argentea reflektiert das Auflicht, infolge der Brechung an den Guanin-Kristallen, in allen Regenbogenfarben. Die Augen bewegen sich weiterhin koordiniert beim Verfolgen von Objekten in der Nähe der Eihülle.

Durch die eingeschränkte Transparenz des inzwischen vorhandenen Neurocraniums und durch Chromatophoren an der Körperoberfläche des Kopfes ist der Blick auf das Gehirn erschwert. In den Ohrkapseln ist in Abb. 29 nur ein Otolith zu sehen, weil die Strukturen der Bogengänge und die die Otozyste umgebenden Kopfstrukturen die anderen Otolithen verdecken. Bei einem fertig ausgebildeten Knochenfisch sind jeweils 3 Otolithen in der linken und rechten Otozyste zu finden: Utriculus, Sagitta und Asteriscus. Außer bei Cypriniden sind Sacculus und Utriculus die größten Otolithen.

Der Mund hat sich geöffnet, und die Kiefer vollziehen unregelmäßige Schließbewegungen. Die Schlundzähne befinden sich im Oesophagus auf Höhe der Otozysten. Im Peritoneum haben sich Melanophoren und Guanophoren gebildet. Letztere verleihen dem Peritoneum den silbrigen Glanz, der den Blick auf die inneren Organe erschwert. Der Magen-Darm-Trakt ist mitsamt seinen Anhangsorganen, wie Leber und Bauchspeicheldrüse, fast fertig entwickelt. Die Gallenblase hat beträchtlich an Größe zugenommen und mit dem vermehrten Fassungsvolumen an Gallenflüssigkeit hat sich ihre grüne Färbung intensiviert. Die Schwimmblase hat sich deutlich vergrößert und ist dorsal innerhalb der Leibeshöhle sichtbar, die sich bis zum After erstreckt.

Am Herzen sind die Kammern in ihrer Position zueinander seitlich verschoben. Damit befindet sich der Ventrikel auf der rechten Seite des Atriums. Das Blut fließt durch die zuvor beschriebenen Gefäße (vgl. Entwicklungsstadium IV+, S. 62). Die Milz ist, wenn bereits entwickelt, aufgrund ihrer intensiven Rotfärbung im dorsalen Bereich der Leibeshöhle vor der Schwimmblase gut erkennbar.

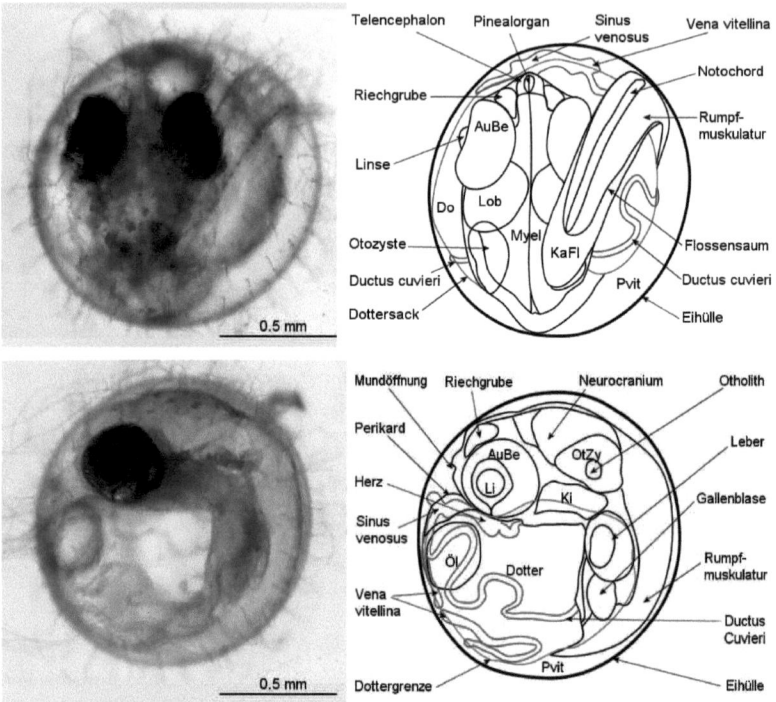

Abb. 29: Entwicklungsstadium V in der Aufsicht (oben) und Seitenansicht (unten): Der Mund hat sich geöffnet. Die Augen bewegen sich sehr lebhaft hin und her und reagieren auch auf Lichtveränderungen oder Objekte in unmittelbarer Umgebung des Eis. AuBe = Augenbecher; Do = Dotter; KaFl = Kaudalflosse; Ki = Kiemenanlage; Li = Linse; Lob = optischer Lobus; Myel = Myelencephalon; Öl = Öltröpfchen; OtZy = Otozyste; Pvit = Perivitellarraum.

3.1 Die Embryonalentwicklung von *Oryzias latipes*

Stadium V+ (8 Tage):

Mit dem Stadium V+ beendet *O. latipes* seine embryonale Entwicklung und erreicht die Schlupfreife. Etwa $^2/_3$ bis $^3/_4$ der ursprünglichen Dottermenge sind verbraucht, entsprechend klein ist der Dottersackumpfang (Abb. 30). Beide Augen bewegen sich synchron und koordiniert. Die Schwanzspitze reicht bis zum hinteren Teil der Schwimmblase.

Der Unterkiefer vollzieht ausgeprägte Schnappbewegungen. Die Pigmentierung des Peritoneums hat sich verstärkt. Die rötliche Färbung der Milz hat sich deutlich intensiviert und ist auch durch das Peritoneum sichtbar. In der Kaudalflosse und den Pektoralflossen sind Flossenstrahlen zu erkennen, wobei an der Kaudalflosse abgerundete Enden die Andeutung einer Gabelung erkennen lassen.

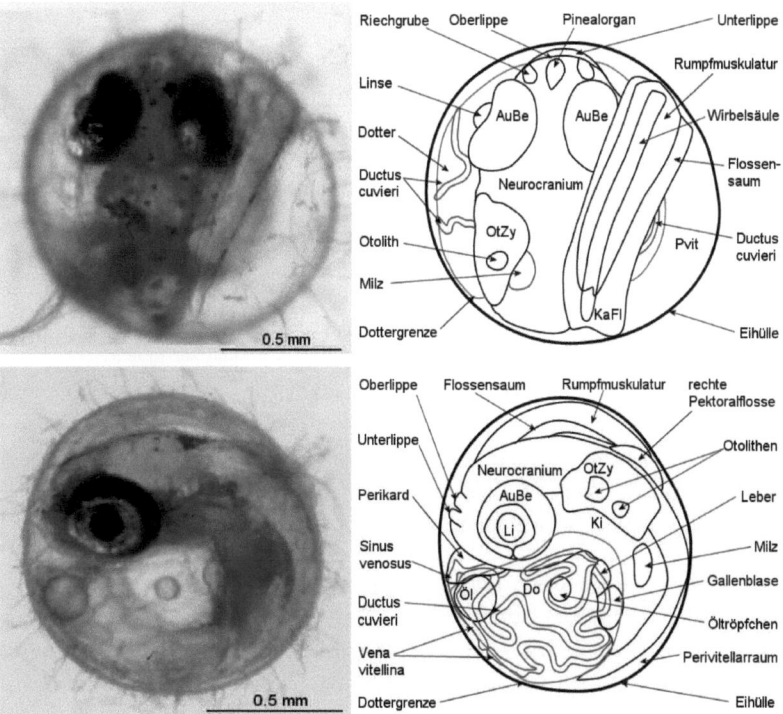

Abb. 30: Entwicklungsstadium V+ in der Aufsicht (oben) und der Seitenansicht (unten). Der Embryo ist schlupfreif. *AuBe* = Augenbecher; *KaFl* = Caudalflosse; *Do* = Dotter; *Ki* = Kiemen; *Li* = Linse; *Öl* = Öltröpfchen; *OtZy* = Otozyste; *Pvit* = Perivitellarraum.

Schlupf

Eine als normal definierte Embryonalentwicklung von *O. latipes*-Embryonen wurde mit einem erfolgreichen Schlupf beendet. In der vorliegenden Untersuchung erfolgte das Schlüpfen der *O. latipes*-Larven ohne Manipulation des Brutmediums innerhalb eines Zeitraumes von maximal zwei Wochen. Spätestens am 14. Tag nach Erreichen der Schlupfreife waren alle bis dahin nicht geschlüpften Embryonen abgestorben, ersichtlich an der Eintrübung des Eies.

Der Schlupfvorgang ließ sich durch den Entzug von O_2 signifikant beschleunigen. Durch die Zugabe von fein zermahlenem Trockenfutter und dem damit verbundenen Zersetzungsprozess wurde eine O_2-Zehrung eingeleitet. Spätestens nach 24 Stunden waren alle Schlupfreifen Embryonen geschlüpft.

Diese Methode wurde an beschallten Embryonen im Stadium II und IV+/V- sowie bei Kontrollembryonen mit erreichen der Schlupfreife angewandt. So konnte beurteilt werden, ob eine normale Embryonalentwicklung stattgefunden hatte. Das betraf insbesondere diejenigen beschallten Embryonen, die keinerlei Schadphänomene nach der Beschallung aufwiesen.

Der relativ hohe Anteil nicht geschlüpfter Embryonen, bei denen zu Beginn der Arbeit kein zerriebenes Trockenfutter in das Brutmedium zugegeben wurde, konnte grob geschätzt ca. 50 bis 60 % betragen. Allerdings wurden dazu keine statistischen Zahlen erhoben, da bei den fortlaufenden Untersuchungen grundsätzlich zerriebenes Trockenfutter zu den schlupfreifen Embryonen – ab dem zweiten Tag nach Erreichen der Schlupfreife – in das Brutmedium gegeben wurde. Das Schlupfverhalten von insgesamt 68 Embryonen wurde in einer Versuchsreihe genauer untersucht (Abb. 31). Dabei sind in dem Diagramm nur jene Embryonen erfasst, die erfolgreich schlüpften, also eine normale Embryonalentwicklung durchliefen.

Im Laufe des Vormittags des folgenden Tages nach Erreichen des Stadiums V+ schlüpften selbständig 14 *O. latipes*-Larven (20,6 %). Nach Entnahme der geschlüpften Jungfische wurde eine Messerspitze zermahlenes Trockenfutter ins Brutmedium zu den bis dahin noch ungeschlüpften Embryonen gegeben. Bei regelmäßiger 24 stündiger Kontrolle konnten folgende Beobachtungen gemacht werden:
Am zweiten Tag nach Erreichen der Schlupfreife und nach dem Zusatz von Trockenfutter waren bereits 39 (57,3 %) Jungfische geschlüpft. Am dritten Tag schlüpften 6 (8,8 %), am vierten sowie fünften Tag keiner und am siebten Tag schließlich noch ein

3.2 Beschallte Embryonen

einzelner Jungfisch (1,4 %). Die verbleibenden 7 (14,7 %) Embryonen, die bis dahin nicht geschlüpft waren, überlebten zunächst alle bis zum siebten Tag, starben jedoch innerhalb einer weiteren Woche im Ei ab, erkennbar anhand der Eintrübung der embryonalen Gewebe und schließlich des gesamten Eies.

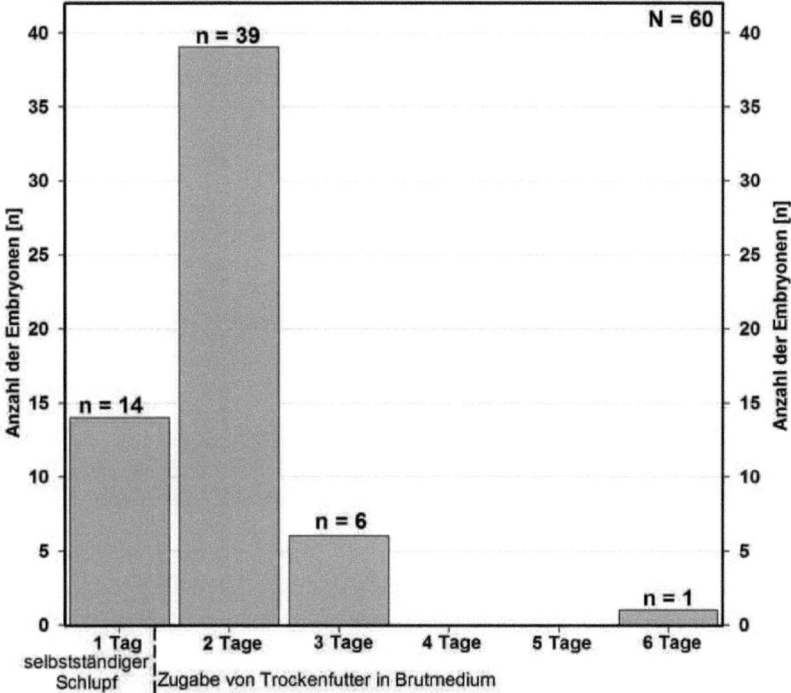

Abb. 31: Die Anzahl erfolgreich geschlüpfter Jungfische in Bezug zu den Tagen nach Erreichen des Entwicklungstadiums V+. Der Großteil der Embryonen war am folgenden Tag, nach der Zugabe von Trockenfutter ins Brutmedium, geschlüpft. In dieser Abbildung werden nur jene Embryonen erfasst, bis zum sechsten Tagen nach der Trockenfutterzugabe schlüpften.

3.2 Beschallte Embryonen

Es wurden Embryonen in den drei Embryonalstadien Ia, II sowie IV+/V- beschallt. Dabei wurden die Stoßwellen auf 105 Embryonen im Stadium Ia, auf 378 im Stadium II und auf 387 im Stadium IV+/V- appliziert. Folglich wurden insgesamt 870 Eier beschallt. Zur Erinnerung die kurzen Charakteristika der beschallten Entwicklungsstadien:

- Im Stadium Ia bestand der Keim aus einer Keimscheibe ohne erkennbare Differenzierungen. In diesem Stadium wurde der Dotter vom kortikalen Dotterzytoplasma (DZ) umgeben.

- Im Stadium II umspannte der Embryonalschild in der Organogenese die halbe Dotterkugel. Es waren 14 Somiten, die Anlagen des ZNS und der Augen sowie das Herz mit ersten Kontraktionen und zwei Dottergefäße (linker und rechter Ductus cuvieri) erkennbar.

- Im Stadium IV/V+ war die Gewebedifferenzierung weit fortgeschritten und der Embryo fast schlupfreif.

Mit den jeweils unterschiedlichen Beschaffenheiten dieser drei Entwicklungsstadien waren entsprechend unterschiedliche Beschallungseffekte zu erwarten. Dass grobmorphologische Veränderungen nach den Versuchen vorlagen, ließ sich bereits mit blossem Auge direkt nach den Beschallungen erkennen und bei einer mittleren Vergrößerung eines Stereomikroskops differenziert diagnostizieren. Aufgrund dessen, dass sowohl unversehrte als auch geschädigte Versuchsembryonen zu beobachten waren, wurden diese in zwei Gruppen unterteilt:

1. Alle Versuchsembryonen, an denen keinerlei grob morphologische Veränderungen zu erkennen waren, wurden als "Embryonen ohne Befund" (EoB) definiert. Die EoB durchliefen eine normale Entwicklung bis zum erfolgreichen Schlupf.

2. Die zweite Gruppe, an denen direkt nach einer Beschallung unter dem Stereomikroskop grob morphologische Veränderungen jeglicher Art zu beobachten waren, wurden als "Embryonen mit Befund" (EmB) definiert. Das beschallte Entwicklungsstadium wurde in Klammern hinter die Abkürzung gehängt: EmB(Ia), EmB(II) oder EmB(IV+/V-).

Während 497 beschallte Embryonen keine nachweislichen Beschallungschäden erlitten, traten bei 373 beschallten Embryonen deutliche Schäden auf (Abb. 32). Das Stadium Ia war gegenüber den Beschallungen am empfindlichsten. Hier war der Anteil der EmB(Ia) größer als der Anteil der EoB(Ia). Das Stadium II war unempfindlicher als Stadium Ia: Der Anteil der EoB(II) war größer als der Anteil der EmB(II). Das Stadium IV+/V- erwies sich gegenüber den anderen beiden Stadien in den Beschallungen am unempfindlichsten, mit dem geringsten Anteil an EmB(IV+/V-). Allgemein konnte

3.2 Beschallte Embryonen 71

eine Abnahme der relativen Anteile an EmB bei fortschreitender Embryonalentwicklung beobachten werden. Der relative Anteil der EmB(Ia) betrug 58,1 %, der EmB(II) 44,4 % und der EmB(IV+/V-) 37,2 %. Aufgrund der unterschiedlichen Empfindlichkeiten werden die beschallten Stadien mit ihren Beschallungseffekten und deren Folgen einzeln abgehandelt.

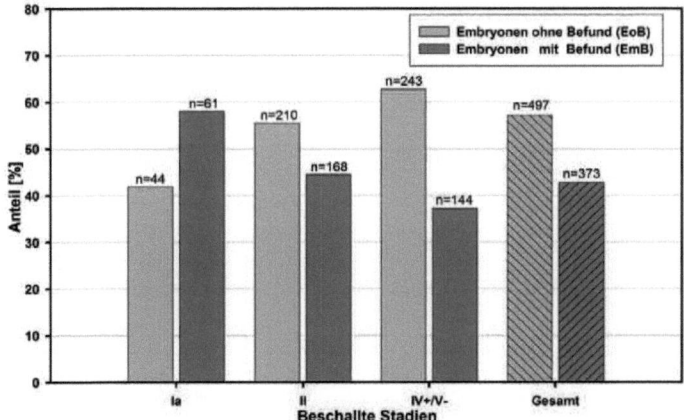

Abb. 32: Relative Anteile der EoB und EmB bei den drei Stadien Ia, II, IV+/V- und aller Stadien nach den Beschallungen. n =Anzahl.

3.2.1 Beobachtungen an beschallten Stadien Ia

Um die etwaige Auswirkungen der Stoßwellen leicht erkennen zu können, wurden frühe Entwicklungsstadien Ia beschallt. Sichtbare Veränderungen nach den Beschallungen waren hier einheitlich und werden im folgenden Abschnitt detailliert beschrieben.

3.2.1.1 Zellsphäre

Bei EmB(Ia) waren keine Dotterkugeln mehr sichtbar (Abb. 33). Die Reste der veränderten Keime schwammen in gelblich transparenter Perivitellarflüssigkeit. Es liegt nahe, das es sich hierbei um ein Gemisch aus ursprünglich klarer Perivitellarflüssigkeit und Dotter handelte. Die Keimscheiben, die vor der Beschallung wie eine Mönchskappe flächig auf dem Dotter lagen, waren zu mehr oder weniger kugelförmigen Strukturen kollabiert. Die so verbliebenen Zellkugeln erinnerten an Zellsphären in einer Kulturlösung, wonach dieser Beschallungseffekt benannt wurde. Zwischen Zellsphäre und verbliebener Ölkugel war die in sich "zusammengeschnurrte" Dottermembran als strukturlose Masse zu erkennen. Durch die Auftriebskraft der Ölkugel wurde die Ausrichtung der Zellsphäre bestimmt, in dem sich die Ölkugel bei Aufsicht durch das Stereomikroskop stets dem Betrachter zuwandte. In diesem Zustand konnten die Zellsphären ein bis zwei Wochen unverändert weiter existieren. Während dessen fand keinerlei Weiterentwicklung statt. Letztendlich wurde das Ei vollständig eingetrübt.

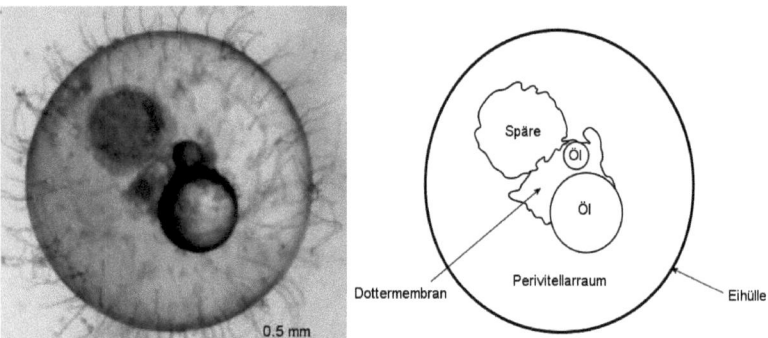

Abb. 33: Zellsphäre nach der Beschallung des Stadien Ib. Die Dottermasse hat sich mit der Perivitellarflüssigkeit vermischt. Die Dottermembran ist zu einer strukturlosen Masse und die Keimscheibe ist zu einer Zellsphäre kollabiert. $Öl = Öltröpfchen$

Von 105 beschallten Stadien Ia, waren 44 (41,9 %) Embryonen ohne Befund. Die Anzahl der EmB(Ia) mit den jeweiligen Zellsphären betrug 61 (58,1 %).

Zusammenfassung aus den Beschallungen von Embryonalstadien Ia:

- *Es fand keine Weiterentwicklung bzw. erkennbare Differenzierung bei den Zellsphären statt.*

- *Die Zellsphären konnten unverändert ein bis zwei Wochen weiterexistieren. Das endgültige Absterben zeigte sich durch Eintrübung oder einer Verpilzung.*

- *Die relative Häufigkeit der EoB(Ia) war mit 41,9 % niedriger als die der EmB(Ia) mit 58,1 %*

3.2 Beschallte Embryonen

3.2.2 Beobachtungen an beschallten Stadien II

Um differenziertere Rückschlüsse aus dem Einfluss extrakorporaler Stoßwellen zu ziehen, war es erforderlich, Eier zu beschallen, bei denen zwar alle Organe angelegt, aber noch nicht differenziert waren. Dazu wurden die Embryonalstadien II herangezogen, bei denen durch die einsetzende Organogenese diese Bedingungen erfüllt waren (vgl. S. 50).

Mit der ausgeprägteren Differenzierung der Gewebeanlagen ließ sich im Vergleich zu den EmB(Ia) auch eine höhere Vielfalt an Beschallungsphänomenen bei den EmB(II) beobachten. Abweichungen von der Normalentwicklung zeigten sich allgemein in einer Verzögerung oder Stagnation der Embryonalentwicklung. Trotz oft schwerer Schädigungen entwickelten sich 44 EmB(II) von 72 EmB(II) mindestens über ein bis zwei Tage weiter. Diese willkürlich anmutenden Entwicklungsverzögerungen waren mit einer Vielzahl an Symptomen kombiniert, die stereo-, licht- und elektronenmikroskopisch ausgewertet und auf Seite 79ff im Detail beschrieben wurden.

3.2.2.1 Entwicklungsverzögerung - und Stagnation bei EmB(II)

In den Entwicklungsdiagrammen wurde, für eine bessere Übersicht, die Einheit "Tage" nach der Beschallung für die Zeitachse verwendet. Da die Beobachtungen der fortschreitenden Entwicklung ab dem Nachmittag des Versuchstages – also vier bis fünf Stunden nach dem Versuch – ca. alle 24 Stunden stattfand, wurden die Koordinaten der aufgetragenen Entwicklungsstadien mit der entsprechenden zeitlichen Verschiebung zur Einheit "Tag nach der Beschallung" dargestellt.

Die Entwicklungsstadien lagen als rang-basierte Werte vor. Somit wurden in der Auswertung für die beschreibende Statistik die Mediane der mittleren Entwicklungsgeschwindigkeit ermittelt. Die mittleren Entwicklungsgeschwindigkeiten der 3 Gruppen (Kontrolle, EoB(II), EmB(II)) wurden zur Übersicht in den Diagrammen 35 bis 37 in dafür üblicherweise zu verwendenden "Box-Whisker-Plots" dargestellt.

Zur Erläuterung:

- Die Box umfasst 50% der Daten (Abb. 34). Die Querlinie, die die Box teilt, ist der Median.

- Die untere Linie der Box ist das 25%-, die obere das 75%-Perzentil.

- Das Mass für die Streuung ist der Abstand zwischen dem unteren Extrem- oder 2,5%-Wert und dem 25%-Perzentil, auch unterer Whisker genannt. Gleiches gilt für den oberen Whisker als Mass für die Streuung zwischen dem 75%-Perzentil und dem oberen Extrem- oder 97,5%-Wert. Folglich befinden zwischen dem oberen und unteren Extremwert 95% der Daten.

- Die Ausreißer werden als große schwarze Punkte dargestellt.

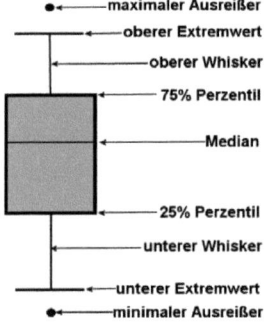

Abb. 34: Schematische Darstellung eines Box-Whisker-Plots.

Die Häufigkeiten der Embryonen in den entsprechenden Entwicklungsstadien sind in den Diagrammen als **n** über den Box-and-Whisker-Plots angegeben. Insbesondere die Häufigkeiten der Kontrollen innerhalb der einzelnen Entwicklungsstadien wiesen sehr geringe bis gar keine Schwankungen auf. Deshalb fielen hier die Extremwerte z.B. häufig mit dem unteren oder oberen Quartil zusammen, wodurch der Eindruck entstand, die Extremwerte oder die Whisker seien nicht dargestellt worden. Traten überhaupt keine Schwankungen der Werte auf, fielen alle Werte zusammen und der Box-Plot erscheint nur als Linie in dem Diagramm, wie am 11. und 12. Tag in Abb. 35.

3.2 Beschallte Embryonen

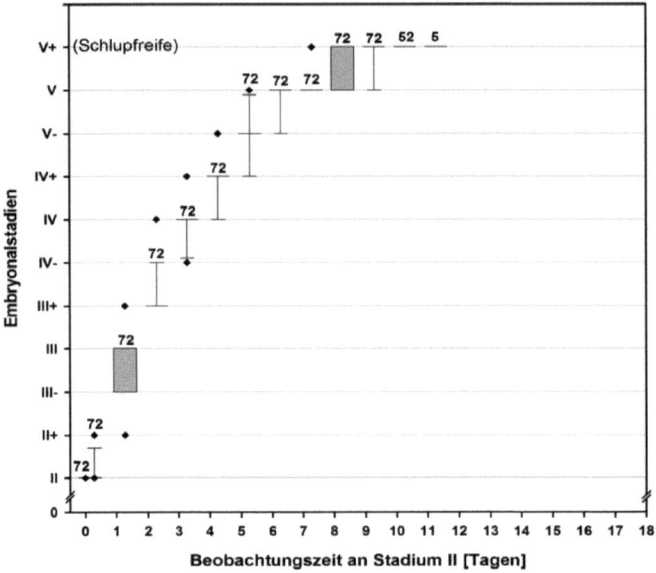

Abb. 35: Box-and-Whisker-Plot der mittleren Entwicklung von Kontrollembryonen

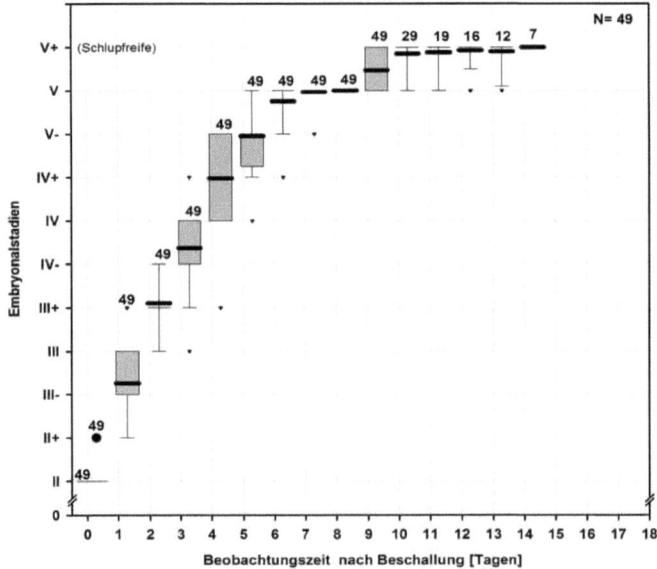

Abb. 36: Box-and-Whisker-Plot der mittleren Entwicklung von EoB(II), beschallt im Stadium II.

3.2 Beschallte Embryonen

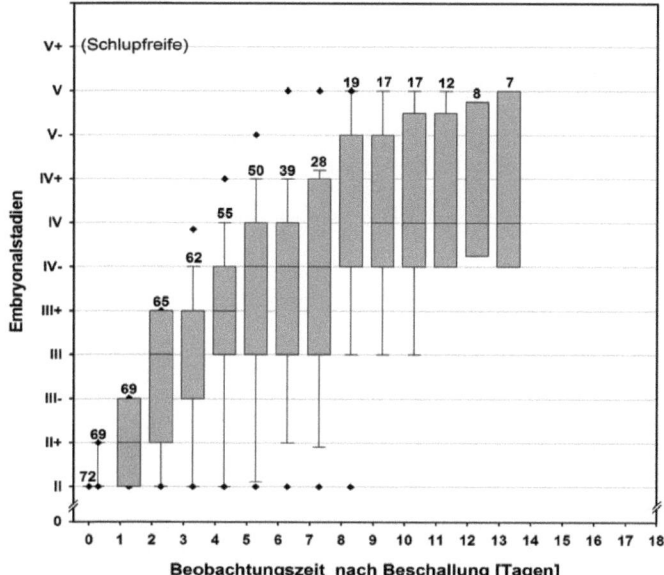

Abb. 37: Box-and-Whisker-Plot der mittleren Entwicklung von EmB(II), beschallt im Stadium II. Es überlebten lediglich 2 Individuen mehr als 13 Tage nach der Beschallung. Deshalb sind keine Boxplots mehr ab dem 14. Tag nach der Beschallung dargestellt.

Durch den Vergleich von Medianen der Entwicklungsstadien sollte geklärt werden, ob sich die mittleren Entwicklungsgeschwindigkeiten der EmB(II) oder EoB(II) jeweils von denen der Kontrollen signifikant unterschieden (Abb. 38):

- Die mittlere Entwicklungsgeschwindigkeit der EoB(II) verlief bis zum 8. Tag nach den Versuchen bzw. bis zum fortgeschrittenen Stadium V hauptsächlich parallel zu der Entwicklungsgeschwindigkeit der Kontrollen. Die Kontrollen erreichten das Stadium V+ (Schlupfreife) im Mittel einen Tag eher als die EoB(II). Ungeachtet der sehr leichten Entwicklungsverzögerung der EoB(II) von 24 Stunden beendeten die ungeschädigten Versuchsembryonen ihre Entwicklung mit einem erfolgreichen Schlupf.

- Hingegen unterschied sich die mittlere Entwicklungsgeschwindigkeit der EmB(II) aufgrund zahlreicher Entwicklungsverlangsamungen sowie -Stagnationen deutlich von den Kontrollen und den EoB(II). Schon am Folgetag nach der Beschallung zeigte sich eine deutliche Verlangsamung der Entwicklungsgeschwindigkeit.

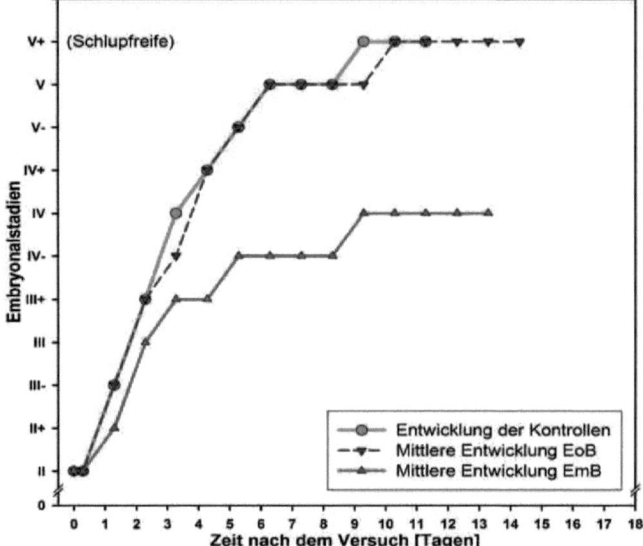

Abb. 38: Die Entwicklungsgeschwindigkeit von Kontrollen im Stadium II verglichen mit EoB(II) und EmB(II). Die Entwicklung der EoB(II) verläuft bis zur Schlupfreife, mit leichter Verzögerung bei t_4, fast parallel zu den Kontrollen. Die EmB(II) sind deutlich in ihrer Entwicklungsgeschwindigkeit beeinträchtigt.

Um die Unterschiede zwischen den Entwicklungsgeschwindigkeiten auf Signifikanz zu prüfen, wurden die Mediane der Entwicklungsstadien der EoB(II) und EmB(II) zu den entsprechenden Beobachtungszeitpunkten mit den Kontrollen unter Anwendung des Mann-Whitney-U-Testes verglichen und in Tab. 3 zusammengefasst: Sowohl am Nachmittag des dritten Tages (t_4) als auch am Nachmittag des achten und neunten Tages (t_9 und t_{10}) nach der Beschallung ergaben sich rechnerisch signifikante Verzögerungen in der Entwicklungsgeschwindigkeit der EoB(II) im Vergleich zu den Kontrollen. Diese Verzögerung vom achten Tag war so gering, dass sie, wenn auch signifikant, sich nicht auf den Median auswirkte und deshalb in Abb. 38 nicht darstellbar war. Bei den EmB(II) konnte bereits ab dem am Nachmittag des Folgetages der Versuche (Beobachtungszeitpunkt t_2) eine signifikante Verlangsamung der Entwicklungsgeschwindigkeit nachgewiesen werden.

3.2 Beschallte Embryonen

Tab. 3: Ergebnisse der jeweiligen Signifikanztests (Mann-Whitney-U-Tests). Die Nullhypothese ist die Annahme, dass sich die EoB(II) und EmB(II) in der jeweiligen Entwicklungsgeschwindigkeit von der der Kontrollen unterscheiden. P ist die Irrtumswahrscheinlichkeit.

Beobachtungs-zeitpunkte	EoB(II) signifikant	P	EmB(II) signifikant	P
t_1	nein	0,752	nein	0,967
t_2	nein	0,091	ja	< 0,001
t_3	nein	0,705	ja	< 0,001
t_4	ja	< 0,001	ja	< 0,001
t_5	nein	0,737	ja	< 0,001
t_6	nein	0,770	ja	< 0,001
t_7	nein	0,333	ja	< 0,001
t_8	nein	0,501	ja	< 0,001
t_9	ja	< 0,030	ja	< 0,001
t_{10}	ja	< 0,001	ja	< 0,001
t_{11} bis t_{14}	nein	0,211	ja	< 0,001

Ergänzend sei erwähnt, dass der rechnerisch signifikante Unterschied zwischen EoB(II) und den Kontrollen an den zwei Beobachtungszeitpunkten t_4 und t_{10} kritisch betrachtet werden sollte. Prinzipiell entwickelten sich die EoB ohne weitere Störungen bis zum erfolgreichen Schlupf und Geschlechtsreife.

Zusammenfassung zu den Entwicklungsgeschwindigkeiten:

- *Die Entwicklung der EoB(II) verlief, bis auf eine offenbar unbedeutende Verzögerung, bis zum erfolgreichen Schlupf parallel zu den Kontrollen und damit normal.*

- *Grundsätzlich waren die EmB(II) in ihrer Entwicklung stark beeinträchtigt, dass – bis auf eine Ausnahme – kein erfolgreicher Schlupf beobachtet werden konnte.*

3.2.2.2 Grob morphologische Symptome der EmB(II)

Alle Veränderungen die direkt nach der Beschallung und während der folgenden mehr oder weniger fortschreitenden Entwicklung an den Emb(II) mit dem Stereomikroskop beobachtet wurden, galten als grob morphologische Symptome und wiesen jeweils typische Charakteristika auf. Nach dem Entwicklungsabbruch bzw. Absterben wurden die EmB(II) licht- und elektronenoptisch untersucht, um die Feinstruktur dieser Symptome zu ergründen.

3.2.2.3 Entwicklungsabbruch mit Verpilzung

In den folgenden Detailbeschreibungen der Symptome wird häufig auf einen Entwicklungsabbruch durch eine Verpilzung Bezug genommen, die nur bei geschädigten EmB(II) regelhaft in Erscheinung trat. Um die Bedingungen dieses Entwicklungsabbruchs nachvollziehen zu können, wurde die Beschreibung der Verpilzung an dieser Stelle den Symptombeschreibungen vorgezogen.

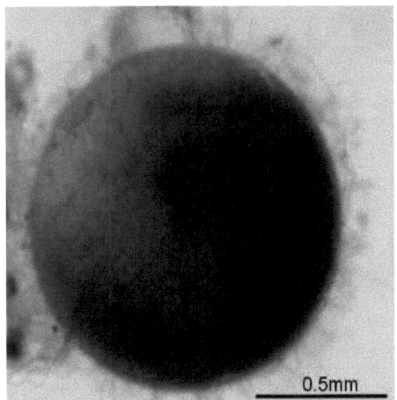
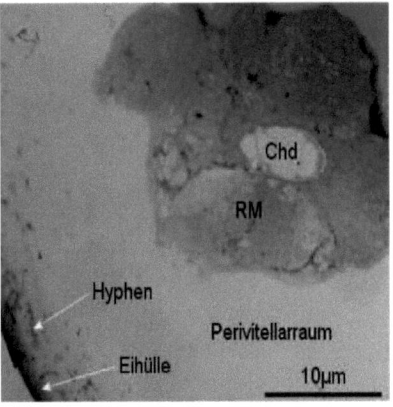

Abb. 39: Getrübtes Ei bei Entwicklungsabbruch. Die fädigen Strukturen an der Eihülle sind Haftfäden. Die Trübung erschien im Durchlicht dunkel, im Auflicht milchig weiß.

Abb. 40: Lichtmikroskopie einer Verpilzungen an der Eihülle eines EmB(II). Links ist eine beginnende Verpilzung mit einer dünnen Hyphenschicht an der Innenseite der Eihülle erkennbar. Embryonale Gewebe sind hier von der Verpilzung nicht betroffen. Chd = Chorda dorsalis; RM = Rückenmark

An den Eiern der EmB(II) konnte nach unterschiedlichen Überlebenszeiten, unabhängig vom erreichten Entwicklungsstadium, eine Trübung festgestellt werden (Abb. 39). Diese betraf stets zuerst die Innenseiten der Eihüllen. Innerhalb von einem Tag verlor das gesamte Ei seine Transparenz und zeigte eine milchig weiße Trübung, wobei die Struktur der äußeren Eihüllen bei der Betrachtung durch das Stereomikroskop unverändert schien. Durch die Trübung waren keine weiteren Entwicklungsbeobachtungen möglich. Die Präparation und Fixierung der Embryonen erfolgte deshalb bei ersten Anzeichen einer Trübung. Ursache für diese Trübung war eine wattige Schicht an der Innenseite der Eihüllen. Die Embryonen konnten, abgesehen von den Beschallungssymptomen, unbeschädigt und lebend aus den getrübten Eiern frei präpariert werden (Abb. 40). Die Gewebeanlagen wiesen jene gewohnte Transparenz auf, wie vor der Eintrübung.

3.2 Beschallte Embryonen

Wurde aber die Präparation erst zwei bis drei Tage nach Trübungsbeginn durchgeführt, waren die Embryonen abgestorben. Es waren keine Herzkontraktionen erkennbar. Zusätzlich waren die embryonalen Gewebeanlagen selbst eingetrübt und deshalb für die histologische Aufarbeitung nicht mehr zu verwenden.

Lichtmikroskopisch stellte sich heraus, dass es sich um Hyphen eines nicht taxierten Pilzes handelte, die sich erst an der Innenseite der Eihülle schichtartig ausbreiteten (Abb. 41 links) und diese infiltrierten (Abb. 41 rechts). Die Hyphen drangen innerhalb von 2 Tagen bis zur Mitte des Eies vor und infiltrierten dabei Embryo und Dotter.

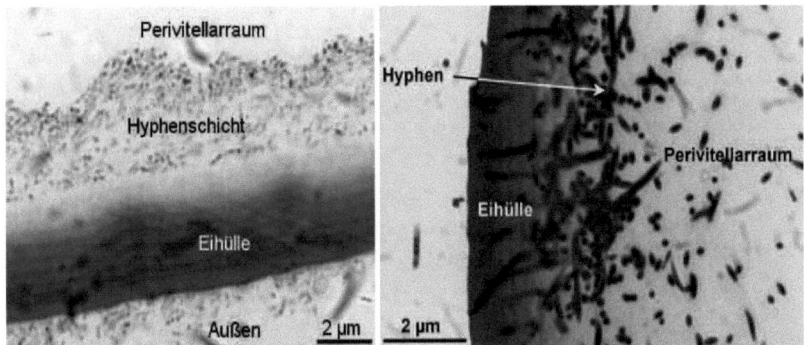

Abb. 41: Lichtmikroskopie einer fortgeschrittenen Verpilzung an der Eihülle eines EmB(II). Links zeigt den Zustand ca. zwei Tage nach Beginn der Trübung. Desweiteren sind auch Hyphen an der Außenseite der an dieser Stelle intakten Eihülle erkennbar. Hingegen wird rechts die Infiltration der Eihülle mit Hyphen dargestellt.

Zusammenfassung zur Verpilzung:

- *Die Verpilzungen der EmB (II) zeigten sich als milchig weiße Trübungen an der Hüllen-Innenseite. Damit waren weitere Beobachtungen des Embryos unmöglich.*

- *Frühestens zwei Tage nach Verpilzungsbeginn waren mikroskopisch auch Hyphen an den Außenhüllen der Eier zu finden.*

- *Die Hyphen drangen als wattige Schicht innerhalb von drei Tagen bis zum Embryo vor. Spätestens beim Erreichen der embryonalen Gewebe war der Keim abgestorben.*

3.2.2.4 Dotterverlust

Nach einer Beschallung trat als häufigstes Schadphänomen an den EmB(II) die Verkleinerung der Dotterkugel in Erscheinung. Ein Dotterverlust entstand grundsätzlich während der Beschallung und war bei der ersten stereomikroskopischen Sichtung direkt nach den Versuchen anhand der typisch verkleinerten Dotterkugel und des vergrößerten Perivitellarraums zu erkennen. Charakteristisch war eine leicht wäßrig-gelbliche Färbung der normalerweise farblosen Perivitellarflüssigkeit. Offenbar hatte die Dotterkugel Dottermasse verloren. Das Ausmass des Dotterverlustes war unterschiedlich groß. Deshalb wurde zwischen zwei Kategorien des Dotterverlustes unterschieden:

A) Kleiner Dotterverlust:
Bei einem kleinen Dotterverlust verlor die Dotterkugel soviel Dottermasse, dass sich der Dottersackdurchmesser um max. $1/3$ der ursprünglichen Größe verringerte (Abb. 42). Bei EmB(II) mit kleinem Dotterverlust verlief die Entwicklung innerhalb der ersten 4 Tage nach der Beschallung normal. Die Entwicklung wurde meist durch eine einsetzende Verpilzung beendet. So auch in dem Fallbeispiel eines typischen Entwicklungsverlaufs mit kleinem Dotterverlust (Abb. 44), bei dem eine Verpilzung im Stadium IV einsetzte.

B) Großer Dotterverlust:
Die Verkleinerung des Dottersackdurchmessers um mehr als $1/3$ bis zu einer fast vollständigen Entleerung des Dottersackes (Abb. 43), definiert den großen Dotterverlust. Bei diesem Symptom waren meist Verlangsamungen und Stagnationen der Entwicklungsgeschwindigkeiten zu beobachten (Abb. 43). Unabhängig vom Ausmass des Dotterverlustes blieben die Ölkugeln auch bei sehr schweren Beschallungsschäden vollständig im verbleibenden Dotterrest erhalten.

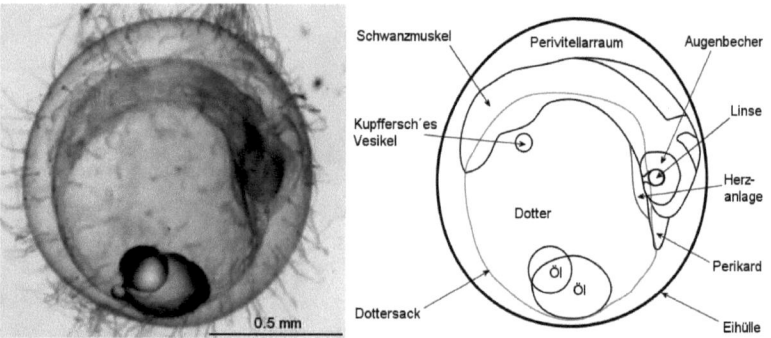

Abb. 42: EmB(II) mit kleinem Dotterverlust im Stadium II+. $\"Ol$ = Öltröpfchen.

3.2 Beschallte Embryonen

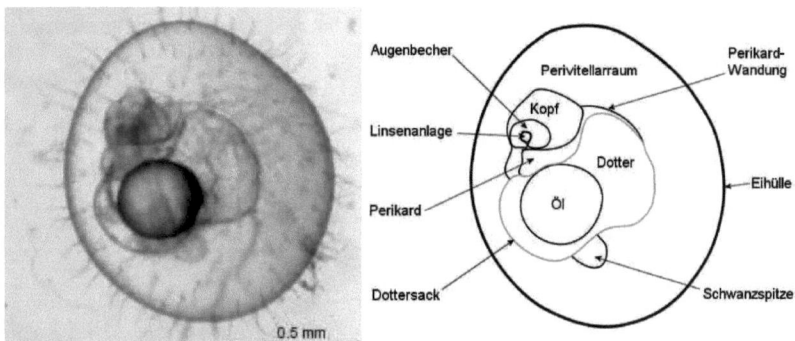

Abb. 43: EmB(II) mit großem Dotterverlust wenige Minuten nach der Beschallung. Der größte Teil der Dottermasse vermischte sich mit der Perivitellarflüssigkeit. *Kopf = Kopfanlage; Öl = Öltröpfchen.*

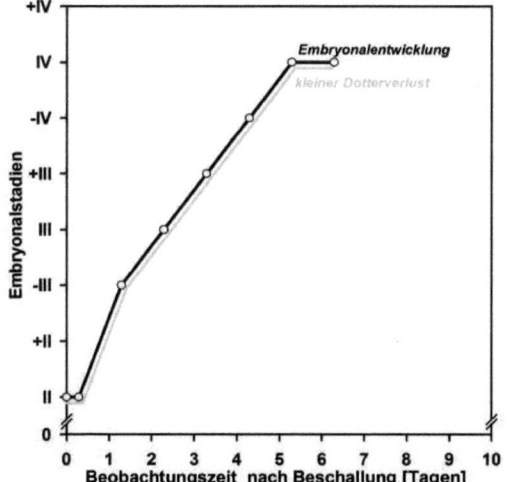

Abb. 44: Entwicklungsdiagramm eines EmB(II) mit kleinem Dotterverlust im Stadium IV.

Der Ausfluss von Dottermasse als Vorgang ließ sich während der Beschallungen mit blossem Auge nicht beobachten. Zum Zeitpunkt der ersten Beobachtungen nach den Versuchen hatten sich die verkleinerten Dotterkugeln bereits jeweils in ihrem Zustand stabilisiert, denn es floss keine weitere Dottermasse aus. Infolgedessen waren die Embryonalschilder um die verkleinerte Dotterkugeln stark gekrümmt. Daraus resultierten bei den EmB(II) jeweils sehr individuelle Entwicklungsverläufe, begleitet von ebenso individuell verlaufenden Symptomen (Abb. 45), die in den folgenden Abhandlungen näher beschrieben werden.

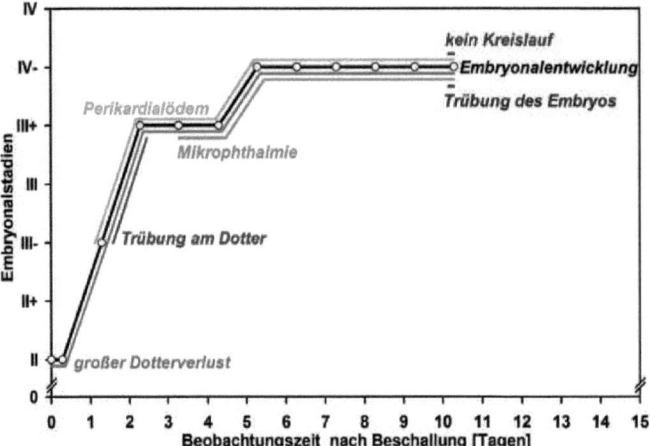

Abb. 45: Entwicklungsdiagramm eines EmB(II) mit großem Dotterverlust. Charakteristisch ist das Auftreten diverser Symptome in unterschiedlicher Ausprägung.

Es stellte sich die Frage, wie bei einer Beschallung Dotter aus dem Dottersack entweichen konnte. Da an den betroffenen Eihüllen keinerlei Lecks vorhanden waren, muss das Dottermaterial in den Perivitellarraum ausgetreten sein, was auch die gelbliche Färbung der Perivitellarflüssigkeit erklären würde. Demzufolge musste sich während der Beschallung die Dottersackwandung geöffnet und anschließend wieder verschlossen haben. Bis auf ein Individuum, bei dem nach dem Versuch erst ein kleiner und am folgenden Tag ein großer Dotterverlust festgestellt wurde, blieb der Zustand des Dottersackes über die verbleibende Entwicklungszeit der EmB(II) stabil. Das erreichen höherer Entwicklungsstadien bis kurz vor Schlupfreife war allerdings selten zu beobachten.

Im Entwicklungsstadium II bestand die Dottersackwandung aus dem DS und dem, zum Perivitellarraum hin abschließenden, periblastischen Ektoderm, das infolge der Epibolie den Dotter bedeckte (vgl.: Abschnitt 3.1, S. 52). In der lichtmikroskopischen Darstellung betrug die Dottersackwandung der Kontrollen an der dünnsten Stelle ca. 1,5 μm bis 2 μm (Abb. 46). Sehr wahrscheinlich war das dünne DS zusammen mit dem noch nicht fertig ausdifferenzierten periblastischem Ektoderm bei einer mechanischen Beanspruchung durch die Beschallung leicht zu verletzen.

3.2 Beschallte Embryonen

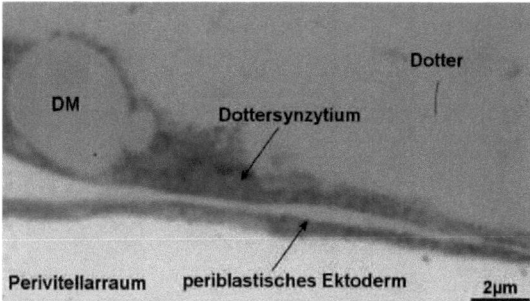

Abb. 46: Semidünnschnitt der Dottersackwandung einer Kontrolle im Stadium II. Deutlich sind periblastisches Ektoderm und das Dottersynzytium von einander zu unterscheiden. Im DS sind große Vesikel aus Dottermaterial erkennbar. *DM = Dottermaterial*.

Weil es nicht möglich war, den Vorgang des ausfließenden Dotters während des Geschehens zu beobachten, konnten die in Frage kommenden Verletzungsbereiche nicht mit Gewissheit bestimmt werden. Jedoch ließen lokale Trübungen an den Dottersackwandungen, die gestreckt oder punktförmig auftraten (Abb. 47, 48), auf mutmaßliche Verletzungen schließen (vgl. Trübung am Dotter, S. 104).

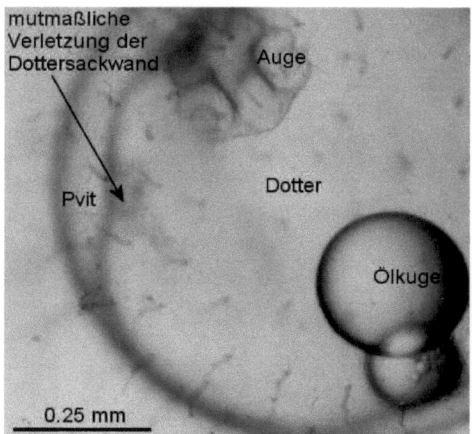

Abb. 47: EmB(II) mit kleinem Dotterverlust 3 Stunden nach einer Beschallung. Die Trübung auf der Dottersackwandung nach dem Versuch stellt einen möglichen Verletzungsbereich dar, durch den während des Versuchs eine kleine Menge an Dottermasse in den Perivitellarraum ausgetreten sein könnte. *Pvit = Perivitellarraum*.

3 Ergebnisse

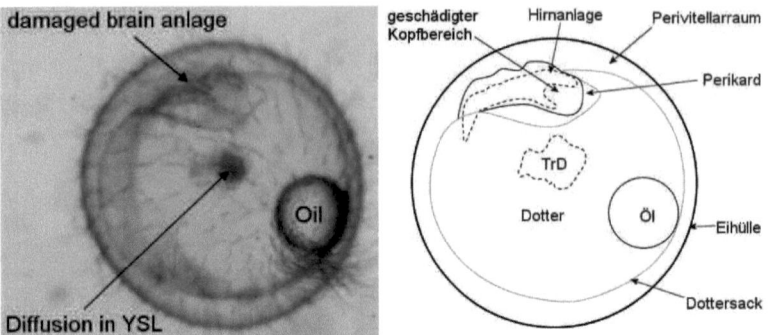

Abb. 48: Ein geschädigter Versuchsembryo im Stadium II direkt nach der Beschallung mit kleinem Dotterverlust. Auf der Dottersackwandung ist eine kleinflächige Trübung als mögliche Verletzung erkennbar. Zusätzlich sind der Kopfbereich inclusive der Augenanlagen schwer geschädigt worden. Öl = Öltröpfchen, TrD = Trübung am Dottersack.

EmB(II) mit erlittenem Dotterverlust erreichten maximal das Stadium V- und damit nie die Schlupfreife. Das Ende der Entwicklung erfolgte entweder durch eine Verpilzung, bei deren ersten Anzeichen die Fixierung durchgeführt wurde, oder durch eine Trübung der embryonalen Gewebe (vgl. S. 113 "Trübung des Embryos"). Von den 72 EmB(II) erlitten 71 (98,6 %) einen Dotterverlust. Bei 14 (19,4 %) der EmB(II) wurde ein kleiner und bei 57 (79,2 %) ein großer Dotterverlust festgestellt.

Zusammenfassung zum Dotterverlust:

- *98,6 % der EmB(II) erlitten einen Dotterverlust. Bei 19,4 % wurde ein kleiner, bei 79,2 % ein großer Dotterverlust festgestellt.*
- *Während der weiteren Entwicklung wurden diverse Symptome mit individuellem Verlauf beobachtet, die im Folgenden näher beschrieben wurden.*
- *Nur wenige EmB(II) mit Dotterverlust erreichten höhere Entwicklungsstadien.*
- *Keiner der Versuchsembryonen mit diesem Symptom erreichte die Schlupfreife.*

3.2.2.5 Kreislaufinsuffizienzen

Ab Stadium II+ war in der Normalentwicklung von *O. latipes* ein erster Blutstrom erkennbar. Anhand der mit dem Blutstrom kursierenden und inzwischen zahlreichen Erythrozyten ließ sich der Blutfluss durch die Ductus cuvieri über den Sinus venosus bis zum Herzen verfolgen (vgl. Stadium II und II+, S. 50 und 52). An EmB(II) konnten

3.2 Beschallte Embryonen

während der fortschreitenden Entwicklung deutliche Verlangsamungen und/oder Stagnationen des Blutflusses beobachtet werden, die allgemein unter dem Begriff Kreislaufinsuffizienzen zusammengefaßt wurden. Kreislaufinsuffizienzen unter dem Stereomikroskop auch bei stark geschädigten EmB(II) mit stagnierender Entwicklung sicher zu diagnostizieren war erst ab dem Folgetag nach den Versuchen (ab Beobachtungszeitpunkt t_2) möglich. Dies läßt sich damit begründen, dass erst ab t_2 Erythrozyten gebildet wurden, anhand deren Drift der Blutstrom überhaupt beobachtet werden konnte.

Dotterkreislauf und embryonaler Körperkreislauf konnten überraschenderweise unterschiedliche Fließverhalten aufweisen. Eine Verlangsamung oder Stagnation des Dotterkreislauf hatte nicht zwingend auch eine Verlangsamung oder einen Zusammenbruch des embryonalen Körperkreislaufs zur Folge. Jedoch war erwartungsgemäß bei einer Verlangsamung bzw. Stagnation des Körperkreislaufs ebenso im gleichen Maße der Dotterkreislauf betroffen. Dies veranlasste zur Unterscheidung zwischen:

A) Insuffizienz des Dotterkreislaufs:
   Eine Verlangsamung oder Stagnation in mindestens einem der drei Dottergefäße.
B) Insuffizienz des Kreislaufes:
   Eine Verlangsamung oder Stagnation des gesamten Kreislaufs, bestehend aus Körper- und Dotterkreislauf. Eine Stagnation des Blutstroms bei Insuffizienz des Kreislaufs wurde auch als Kreislaufzusammenbruch bezeichnet.

A) Insuffizienz des gesamten Dotterkreislaufs:
Eine Verlangsamung/Stagnation des Dottersackkreislaufs an beschallten Embryonalstadien II konnte anhand der mit dem Blutstrom driftenden Erythrozyten einzelnen oder allen drei Dottergefäßen gleichzeitig beobachtet werden. Meist war der linke und/oder rechte Ductus cuvieri betroffen, seltener die Vena vitellina.

Dotterkreislaufinsuffizienzen traten während der weiteren Entwicklung häufig nur über begrenzte Zeiträume auf und konnten sich oft wieder zurückbilden (Abb. 49). Insgesamt konnten an 17 EmB(II) Dotterkreislaufinsuffizienzen beobachtet werden. Allerdings wurden aus den Zeitpunkten der erstmaligen Beobachtungen grundsätzlich keine Gesetzmäßigkeiten ersichtlich. Im Stadium II trat bei einem EmB(II) eine Verlangsamung des Dotterkreislaufs bis zum Entwicklungsabbruch in Erscheinung. Bei 11 EmB(II) bis zum Erreichen der Stadien III, IV und V traten Verlangsamungen des Dotterkreislaufs auf, die innerhalb von 24 Stunden verschwunden waren.

B) Insuffizienz des gesamten Kreislaufs:

Der embryonale Körperkreislauf ließ sich auch hier anhand der mit dem Strom driftenden Erythrozyten durch die Aorta ventralis, den Aortenbögen, den Aortenwurzeln, der Aorta dorsalis und der Bauchvene unter dem Stereomikroskop verfolgen. Meistens folgten Kreislaufstagnationen erwartungsgemäß einer vorher beobachteten Kreislaufverlangsamung. Letzteres wird in einem Entwicklungsdiagramm exemplarisch an einem Fallbeispiel gezeigt (Abb. 50). Es sei darauf hingewiesen, dass trotz eines Kreislaufstillstandes der Herzschlag als sichtbare Muskelkontraktion oft unvermindert weiter lief, jedoch die Pumpleistung des Herzens offenbar sehr schwach bis gar nicht vorhanden war.

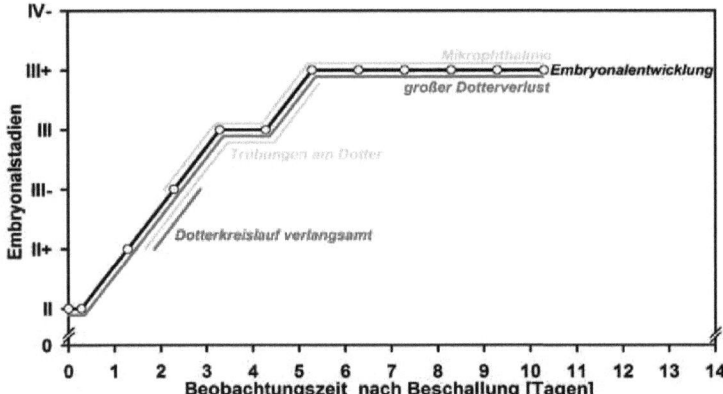

Abb. 49: Entwicklungsdiagramm eines EmB(II), der im Entwicklungsstadium III+ fixiert wurde. Bei diesem Fallbeispiel konnte eine Verlangsamung des Dotterkreislaufs am 3. Tag nach der Beschallung beobachtet werden. Sie bildete sich innerhalb von 24 Stunden wieder zurück. Im Folgenden noch zu beschreibende Symptome werden blass-grau dargestellt.

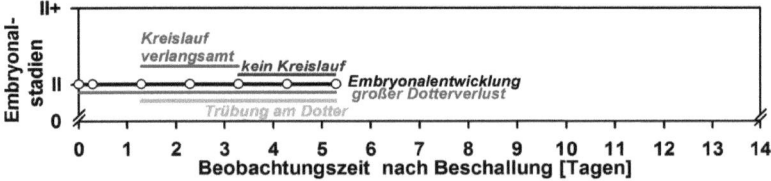

Abb. 50: Entwicklungsdiagramm eines EmB(II) mit einem Übergang eines verlangsamten Kreislaufs in einen Kreislaufzusammenbruch bei stagnierender Entwicklung. Das im Folgenden noch zu beschreibende Symptom wird blass-grau dargestellt.

3.2 Beschallte Embryonen

Licht- und Elektronenmikroskopie von EmB(II) mit Kreislaufinsuffizienz:

Histologisch konnten allgemein nur wenige Auffälligkeiten bei den EmB(II) mit Kreislaufinsuffizienzen beobachtet werden. Lichtmikroskopisch (Abb. 51) waren keine pathologisch auffälligen Unterschiede zwischen der Herzwand einer Kontrolle und der eines EmB(II) mit Kreislaufinsuffizienz (Verlangsamung des Kreislaufs) zu beobachten. Nur die Erythrozyten der EmB(II) zeigten eine deutliche Veränderung im Vergleich zu denen der Kontrolle:

Die Erythrozyten der EmB(II) waren annähernd spindelförmig mit Faltungen der Erythrozytenmembranen. Das Zytoplasma wirkte koaguliert, was anhand der intensiveren Toluidinblaufärbung im Vergleich zu den Kontrollen ersichtlich wurde.

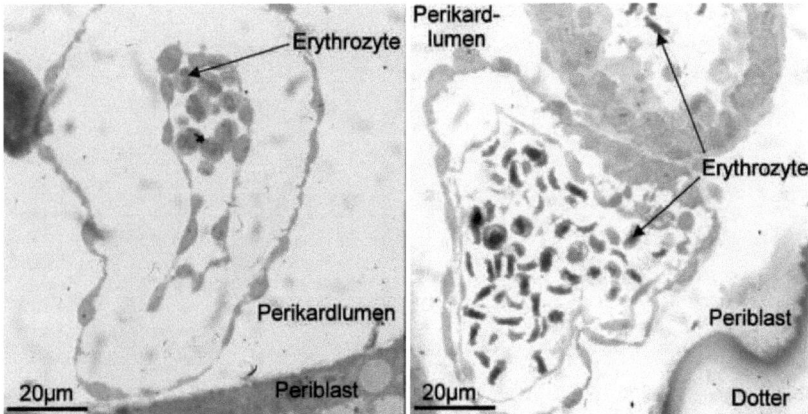

Abb. 51: Lichtmikroskopischer Vergleich zwischen Gewebe von Gefäßen aus dem Herzbereich einer Kontrolle (links) und einem EmB(II) mit Kreislaufinsuffizienz (rechts), beide im Stadium II. An der Herzwand sind keine Unterschiede, wohl aber bei den Erythrozyten, erkennbar. Im Gegensatz zu den normal entwickelten runden Erythrozyten mit deutlich sichtbaren Zellkernen sind die Erythrozyten des EmB(II) geschrumpft. Das Zytoplasma ist offensichtlich koaguliert.

Im elektronenmikroskopischen Vergleich von Erythrozyten aus dem Perikard einer Kontrolle zu Beginn des Stadiums V und einem EmB(II) zum Ende des Stadiums IV wurden erhebliche Unterschiede im Zytoplasma der Erythrozyten deutlich:
Die äußere Form der Erythrozyte der Kontrolle zeigte sich leicht oval und erwartungsgemäß mit glatter Zellmembran. Im Zytoplasma (Abb: 52) waren mehrere orthodoxe Mitochondrien mit differenziert sichtbaren Cristae sowie ein Zellkern zu sehen.

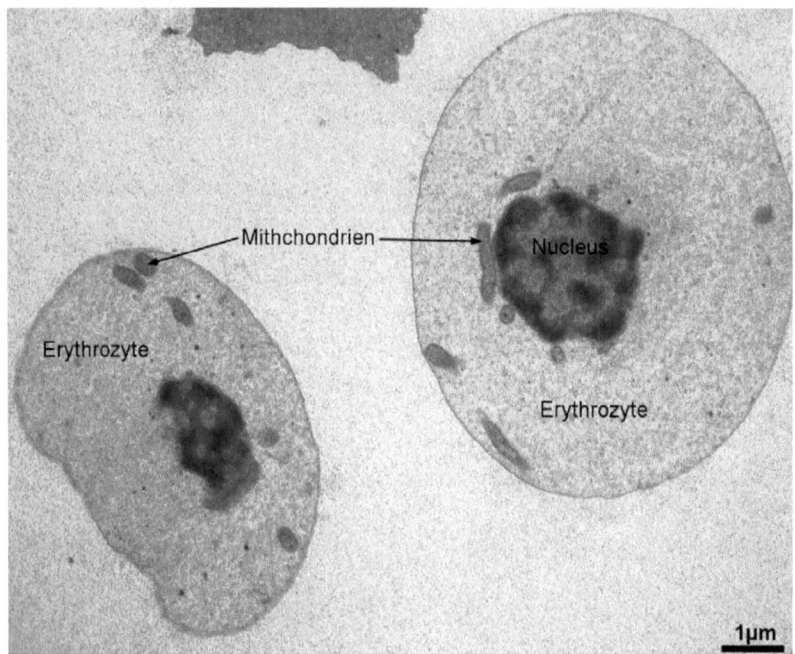

Abb. 52: Elektronenmikroskopie einer Erythrozyte aus dem Dottergefäß einer Kontrolle zu Beginn des Stadiums V. Das Zytoplasma ist gleichmäßig dicht mit Ribosomen durchsetzt. Neben dem Kern sind jeweils mehrere Mitochondrien mit Cristae deutliche zu erkennen.

Im Vergleich dazu waren die Erythrozyten des EmB(II) in ihrer äußeren Form unregelmäßig und polymorph (Abb: 53); entsprechend der obigen lichtmikroskopischen Darstellung. Das Zytoplasma wirkte durch seine hochgradige Elektronendichte koaguliert. Jeweils ein Mitochondrium mit kaum erkennbaren Crista-Strukturen war in den jeweiligen Erythrozyten nur mühsam erkennbar.

Ob die Form und Oberflächen- bzw. Membranstruktur eine Ursache für eine Kreislaufinsuffizienz darstellten oder zumindest daran beteiligt waren, müsste gesondert untersucht werden. Jedenfalls wurden derartig veränderte Erythrozyten regelhaft in den Gefäßen der EmB(II) nachgewiesen, die mit dem Symptom Kreislaufinsuffizienz fixiert wurden.

Start und Ende der Zeiträume, in denen Verlangsamungen oder Stagnationen des Kreislaufs zu beobachten waren, ließen sich nicht vorhersagen. Es zeigte sich, dass von 30

3.2 Beschallte Embryonen

EmB(II) mit Insuffizienzen des gesamten Kreislaufs, 29 (44,6 %) einen Dotterverlust während der Beschallung erlitten hatten. Damit ließen sich Auswirkungen des Dotterverlustes auf den Kreislauf im Zusammenhang nicht ausschließen.

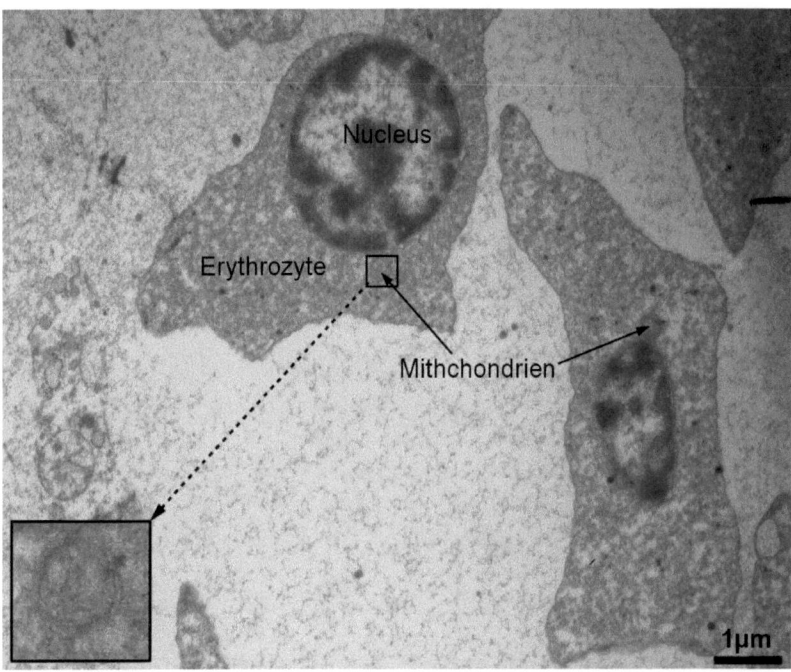

Abb. 53: Elektronenmikroskopie einer Erythrozyte aus einem Perikard eines EmB(II) zum Ende des Stadiums IV. Die Zellmembranen der Erythrozyten sind unregelmäßig und die Umrisse polymorph. In dem koagulierten, elektronendichten Zytoplasma sind kaum differenzierte Strukturen, bis auf den Kern und einem Mitochondrium in den jeweiligen Erythrozyte erkennbar. Eines der Mitochondrien ist in dem Detailausschnitt unten, links vergrößert dargestellt.

An 11 EmB(II) (16,9 %) konnte eine Verlangsamung des Kreislaufs und bei 26 EmB(II) (40,0 %) eine Stagnation festgestellt werden. Zusammenfassung zur Kreislaufinsuffizienz:

- *Eine Kreislaufinsuffizienz umschreibt die Beeinträchtigung des Dotter- und/oder Embryonalkreislaufes und zeigte sich als Verlangsamung oder Stagnation des Blutstroms. Kreislaufstagnationen folgten meist einer vorher beobachteten Verlangsamung.*

- *Trotz Dotterkreislaufinsuffizienz, insbesondere bei Stagnation des Dotterkreislaufs, pulste das Blut dennoch durch den embryonalen Kreislauf, oft mit norma-*

ler Geschwindigkeit. Bei Insuffizienzen des embryonalen Kreislaufs, ob Verlangsamung oder Stagnation, war erwartungsgemäß auch der Dotterkreislauf entsprechend betroffen.

- Verlangsamungen des Dotterkreislaufs bildeten sich meist innerhalb von 24 Stunden zurück.

- Kreislaufinsuffizienzen wurden unterteilt in: Insuffizienzen des Dotterkreislaufes (bei 17 EmB(II); 22,2 %) und Insuffizienzen des gesamten Kreislaufs (bei 30 EmB(II); 46,2 %).

- Die Dotterkreislaufinsuffizienzen teilten sich ihrerseits in Verlangsamungen bei 15 EmB(II) (23,1 %)und Stagnation des Dotterkreislaufs bei 2 EmB(II) (3,1 %) auf.

- Insuffizienzen des gesamten Kreislaufs verteilten sich wie folgt:
An 11 EmB(II) (16,9 %) konnte eine Verlangsamung und bei 27 EmB(II) (41,5 %) eine Stagnation des gesamten Kreislaufs festgestellt werden. 63 EmB(II) (96,9 %) starben bei Entwicklungsabbruch bzw. Tod mit einer Kreislaufinsuffizienz ab.

3.2.2.6 Mikrophthalmie

Bei den Kontrollen konnte im Stadium III ein verstärktes Wachstum des Augenbechers mit beginnender Pigmentierung beobachtet werden, was nach Durchlauf des Stadium 4 abgeschlossen war. Im Gegensatz dazu stagnierte bei den meisten EmB(II) mit Dotterverlust das Wachstum der Augenbecher. Die Folge war ein um ca. $1/3$ kleinerer Augenbecherdurchmesser, mit ca. 0,2 mm, als bei den Kontrollen, mit ca. 0,3 mm, ab dem Entwicklungsstadium IV+ (Abb. 54).

Die Linse schien auf den ersten Blick von der Wachstumsstagnation nicht betroffen zu sein, denn Ihr Durchmesser entsprach in etwa einer normalen Entwicklung. Dieses Symptom, geprägt durch die relativ kleinen Augenbecher, wurde als Mikrophthalmie definiert. Eine Rückbildung der Mikrophthalmie konnte nicht beobachtet werden.

3.2 Beschallte Embryonen

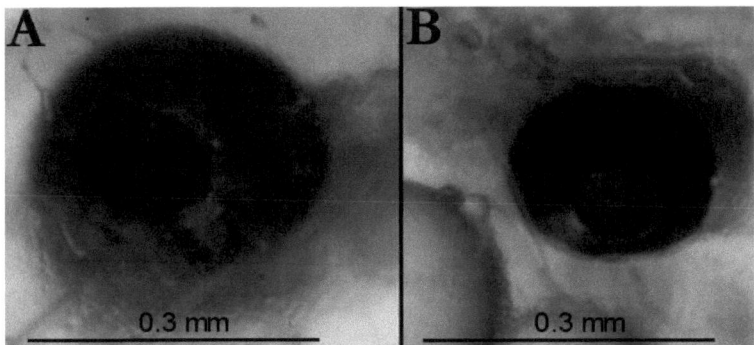

Abb. 54: Ein normal entwickeltes Auge einer Kontrolle im Stadium IV+ (A) mit einem Durchmesser von ca. 0,3 mm, im Vergleich mit einem mikrophthalmen Auge eines EmB(II) im gleichen Stadium (B) mit einem Durchmesser von 0,2 mm.

Lichtmikroskopisch ließen sich in den Augenanlagen von Kontrollen im Stadium IV die zukünftigen Schichtungen der noch nicht ausdifferenzierten Retina erahnen (Abb. 55, links). Desweiteren waren die vordere Augenkammer und der Raum für den Glaskörper zwischen der intensiv blau gefärbten, massiven Linse und der Retina deutlich sichtbar ausgebildet. Dagegen war bei den mikrophthalmen EmB(II) eine Schichtung der Retinaanlage nur angedeutet und das Gewebe deutlich undifferenzierter (Abb. 55, rechts).

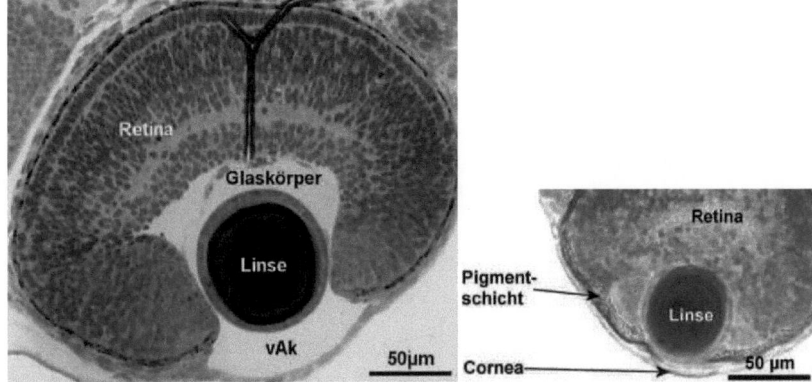

Abb. 55: Lichtmikroskopie der Augenanlage einer Kontrolle (links) und eines mikrophthalmen Auges, jeweils im Stadium IV (rechts). Die Retinaanlage der Kontrolle läßt zukünftige Schichtungen erahnen. Ein Raum für den Glaskörper sowie die vordere Augenkammer sind bereits entwickelt. Die Anlagen der Retinaschichten im mikrophthalmen Auge (rechts) sind kaum erkennbar. Die Linse scheint mit ihren benachbarten Geweben verwachsen zu sein. *vAk = vordere Augenkammer.*

Die Linse besaß auf den ersten Blick zwar eine vergleichbar massive Struktur, wie bei den Kontrollen, doch schien sie mit benachbarten Gewebeanlagen verwachsen zu sein. Raum für den Glaskörper oder die vordere Augenkammer wurden nicht ausgebildet. Unter dem Elektronenmikroskop war bei der Kontrolle ein einlagiges Pigmentepithel mit zahlreichen Melanosomen zu erkennen (Abb. 56). Die benachbarte Gewebeschicht, aus deren Zellen sich die zukünftigen Lichtsinneszellen entwickeln sollten, bestand aus relativ großen undifferenzierten Zellen, in denen orthodoxe Mitochondrien sowie raumfüllende Zellkerne sichtbar waren. Im Vergleich zur Kontrolle waren bei dem EmB(II) die Pigmentepithelzellen teilweise ruptiert und damit nekrotisch (Abb. 57). Im angrenzenden Gewebe der Retinaanlage war ein Großteil der Kerne polymorph mit auffälligen Kerninvaginationen.

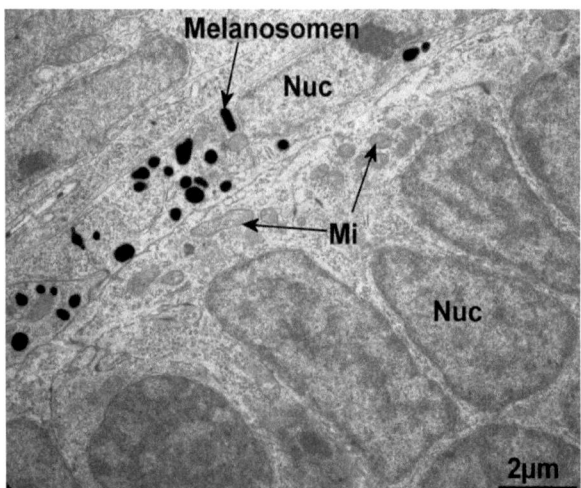

Abb. 56: Elektronenmikroskopie der Augenanlage einer Kontrolle im Stadium III im Bereich des einlagigen Pigmentepithels mit ihren Melanosomen. Das Nachbargewebe ist ein geschlossener Geweberverband aus Zellen mit raumfüllenden Zellkernen. *Mi* = Mitochondrium; *Nuc* = Nucleus; *Nucl* = Nucleolus..

3.2 Beschallte Embryonen

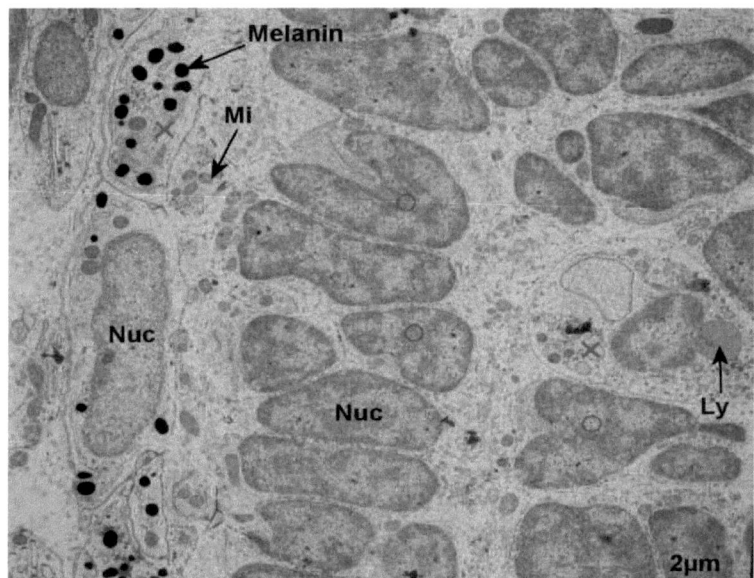

Abb. 57: Elektronenmikroskopie der Pigmentepithelzellen sowie Zellen der Retinaanlage eines EmB(II) im Stadium III. Die obere Pigmentepithelzelle (×) ist aufgerissen. Die Kerne der Retinaanlage sind polymorph mit ausgeprägten Kerninvaginationen (○). Ly = Lysosom; Mi = Mitochondrien; Nuc = Nucleus.

Bereits in der Lichtmikroskopie war erkennbar, dass das Pigmentepithel des mikrophthalmen Auges im Stadium IV breiter und unregelmäßiger war, als bei normal entwickelten Augen (Abb. 55, vgl. S. 93).

In den Ultradünnschnitten von Kontrollen im Stadium IV war die Melanosomendichte in den Pigmentzellen höher, als bei EmB(II) im gleichen Stadium. Zudem waren Areale mit Vakuolisierungen unterschiedlicher Größe zu sehen (Abb. 58). Die Form der Kontrollmelanosomen war hauptsächlich oval, die der EmB(II) eher rund mit unregelmäßigen Rändern. Diese schienen aufgrund einer fehlenden Membranbegrenzung "tintenklecks"-artig zu zerlaufen. Dass es sich dabei tatsächlich um Melanosomen handelte, zeigten die Melaninstapel im Detail-Ausschnitt (a).

Mitochondrien aus der Augenanlage des EmB(II) waren deutlich größer als bei den Kontrollen. Die intracristalinen Räume der Mitochondrien waren hier vesikulär verändert. Zu dem waren Areale mit zahlreichen Vakuolisierungen im Zytoplasma unterschiedlicher Größe zu sehen.

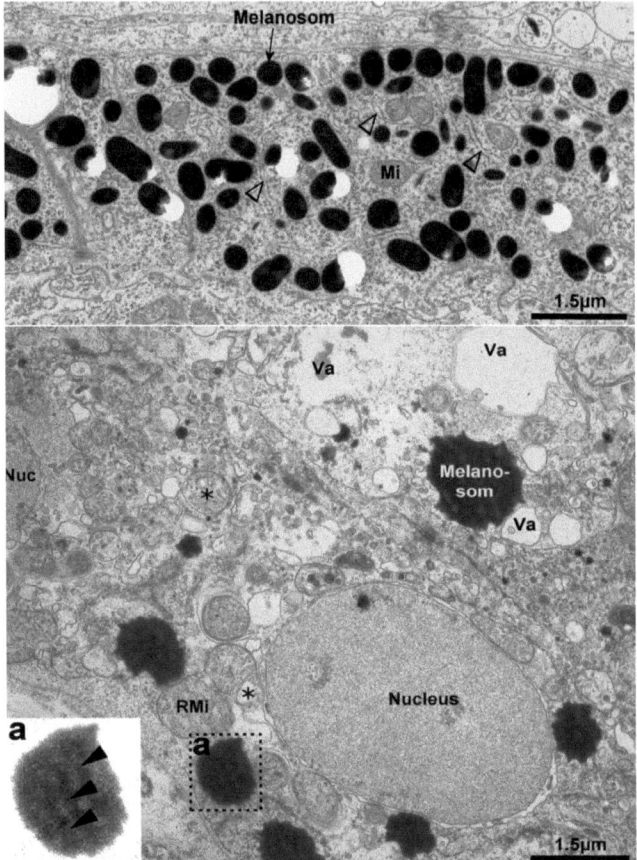

Abb. 58: Elektronenmikroskopie von Pigmentepithelzellen aus der Augenanlage einer Kontrolle (oben) und eines EmB(II) (unten) im Stadium IV. Die ovalen Melanosomen der Kontrollen sind jeweils von einer Membran begrenzt. Membranbegrenzungen um die Melanosomen der EmB(II) sind nicht zu erkennen. Der Detailausschnitt eines membranlosen Melanosoms (a) zeigt Reste der charakteristischen Melanin-Stapelstruktur (▲). Die Cristae der vergrößerten Mitochondrien des EmB(II) (unten) sind vesikulär verändert (∗).
RMi = hypertrophiertes Riesenmitochondrium; Nuc = Nucleus; Va = Vakuolisierung.

In Abbildung 59 wird die fast fertig ausdifferenzierte Retina einer Kontrolle (links) mit der eines mikrophthalmen EmB(II) (rechts) im Stadium V verglichen. Von der obersten Lage beginnend, umgaben die Pigmentzellen teilweise die differenzierten Lichtsinnes-

3.2 Beschallte Embryonen 97

zellen. Die äußere Körnerschicht mit Zellkernen der Lichtsinneszellen wurde durch eine dünne Faserschicht, die äußere plexiforme Schicht, von dem breiten Streifen der inneren Körnerschicht abgegrenzt. An diese nun folgende innere plexiforme Schicht schloss sich die Ganglionschicht an. Den Abschluss bildete die sehr dünne Nervenfaserschicht.

Im allgemeinen Überblick ließen sich diese Schichtungen auch beim EmB(II) nachvollziehen (Abb. 59, rechts). Das Gewebe befand sich allerdings in einem schwammartigen Zustand. Insbesondere die Schicht der Sehzellen, der untere Bereich der äußeren Körnerschicht und die innere Körnerschicht waren nekrotisch und hochgradig von Vakuolisierungen geprägt. Die Linse schien auch auch hier mit der Ganglionschicht und den noch verbliebenen Strukturen der Nervenfaserschicht verwachsen zu sein.

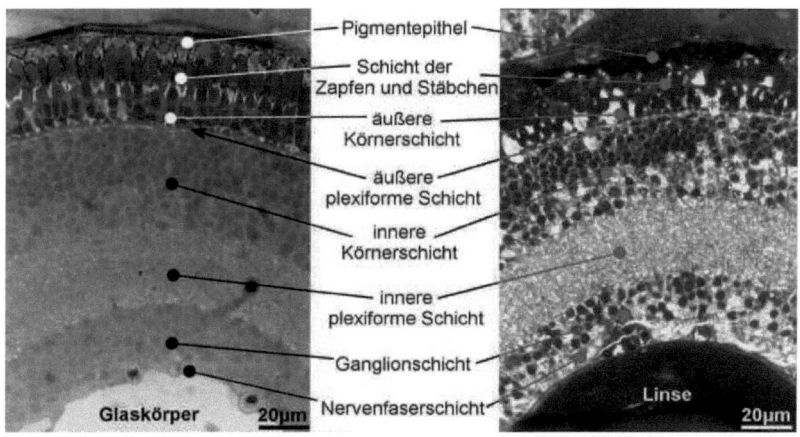

Abb. 59: Lichtmikroskopie der Schichtungen von Retinen einer Kontrolle (links) und eines mikrophthalmen EmB(II) (rechts) im Stadium V. Die Retina des EmB(II) war nekrotisch, erkennbar an den Vakuolisierungen (∗) der Lichtrezeptoren und der inneren und äußeren Körnerschicht. Im Gegensatz zur Kontrolle bestand kein Zwischenraum zwischen Retina und Linse, typisch für die Mikrophthalmie.

Ein Ausschnitt aus den Ultrastrukturen der Retina einer Kontrolle mit den ersten vier Schichtungen wurde in Abb. 60 dargestellt. Von oben beginnend, waren Melanosomen in den Fortsätzen der Pigmentepithelzellen erkennbar, deren Ausläufer sich in Interzellularräume zwischen den Außengliedern der Sehzellen erstreckten. Die fein schraffiert wirkenden Außenglieder bestanden aus kompakt angeordneten Membranstapeln.

Der Inhalt der Innenglieder paarweise gruppierter Lichtsinneszellen, den Ellipsoiden, bestand nur aus lückenlos aneinander gedrängten Mitochondrien. Es folgte die äußere Körnerschicht als Bestandteil der Lichtrezeptoren, mit den osmiophilen Zellkernen. Es schloss sich die dünne äußere plexiforme Schicht mit Axonen und einer teilweise sichtbaren Faserstruktur an. Der untere Bildbereich zeigt den Beginn der relativ breiten inneren Körnerschicht mit den Zellkernen bipolarer Nervenzellen.

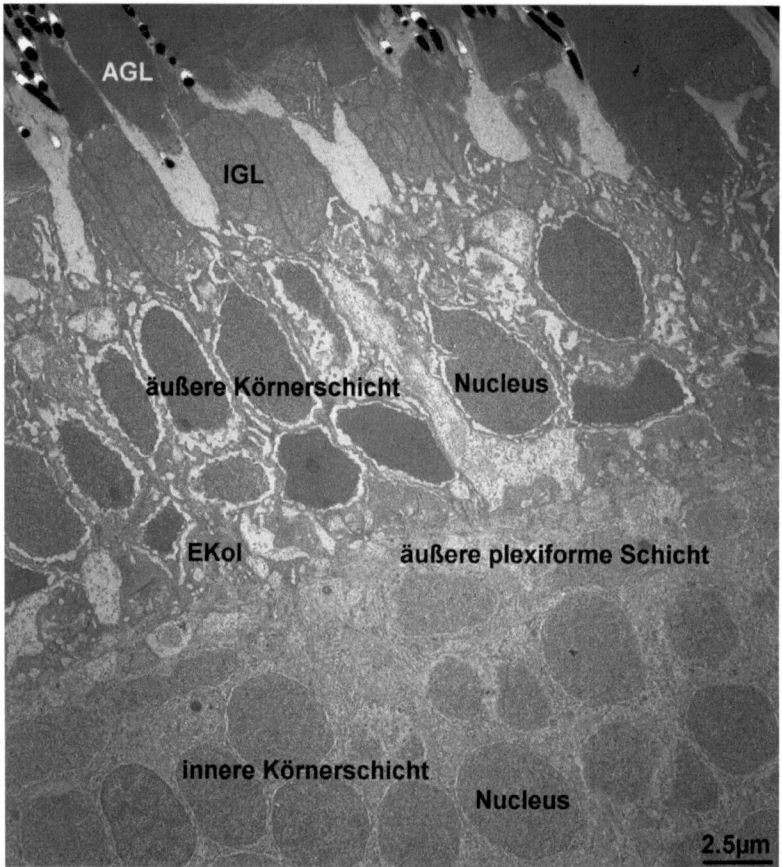

Abb. 60: Elektronenmikroskopie eines Retinaausschnittes im Bereich der Lichtsinneszellen, der äußeren Körnerschicht und äußeren plexiformen Schicht einer Kontrolle im Stadium V. *EKol = Endkolben Lichtsinneszellen; AGL = Außenglied der Lichtsinneszellen; IGL = Innenglied der Lichtsinneszellen.*

Im Vergleich zur Kontrolle waren die Ultrastrukturen der Retina des mikrophthalmen EmB(II) im Stadium V nekrotisch verändert (Abb. 61), was aus folgenden Kriterien hervor ging:
Auf den ersten Blick fiel auf, dass die Pigmentepithelzellen eine eher runde Form ohne Ausläufer in die interzellulären Räume der Lichtsinneszellreste hatten. Im Gegensatz

3.2 Beschallte Embryonen

zum vorhergehenden Fallbeispiel wiesen die Melanosomen zwar grundsätzlich intakte Strukturen auf, jedoch enthielten die Pigmentepithelzellen relativ große Lipidtröpfchen, was auf eine schwere Zellschädigungen hinwies.

Das Gewebe war allgemein geprägt von Vakuolisierungen, die dem schwammartigen Eindruck aus dem Semidünnschnitt (vgl. Abb. 59, rechts) entsprachen. Die Vakuolisierungen waren in den Außengliedern der Lichtsinneszellen, insbesondere zwischen Membranstapeln zu finden. Die Membranstapelstrukturen bildeten deutlich lockerere und ungleichmäßige Strukturen im mikrophthalmen Auge aus. In den Zellkernen waren verklumptes, kondensiertes Chromatin sowie fein granuläre Einschlüsse erkennbar. Die Cristae der Mitochondrien aus den Ellipsoiden waren bis zur Unkenntlichkeit verändert.

Elektronenmikroskopisch bestanden zwischen den Ultrastrukturen normal entwickelter Linsen und denen eines mikrophthalmen Auges ebenfalls auffällige Unterschiede: Bei einer normal entwickelten und ausdifferenzierten Linse in Stadium V- waren die Linsenfaserzellen von einer einschichtigen Zelllage umhüllt, dem Linsenepithel (Abb. 62). In ihnen waren jeweils zahlreiche Mitochondrien und ein großlumiger Zellkern zu sehen. Die Linsenfaserzellen des massiven Linsenkörpers waren spindelförmig und dicht mit elektronendichten Granula gefüllt. Aufgrund dessen waren Organellen kaum oder gar nicht erkennbar.

Hingegen waren die Linsenepithelzellen mikrophthalmer Augen des EmB(II) unregelmäßig und mehrlagig ineinander geschoben (Abb. 63). Der Gewebeverband der Linsenfaserzellen schien aufgrund von Interzellularen und Vakuolisierungen des Zytoplasmas gelockert. In der Verwachsungszone zwischen Retina und Linsenepithelzellen war Zelldebris zu erkennen. Allgemein machte dieser Bereich den Eindruck zu zerreißen und unter starker Zugspannung zu stehen.

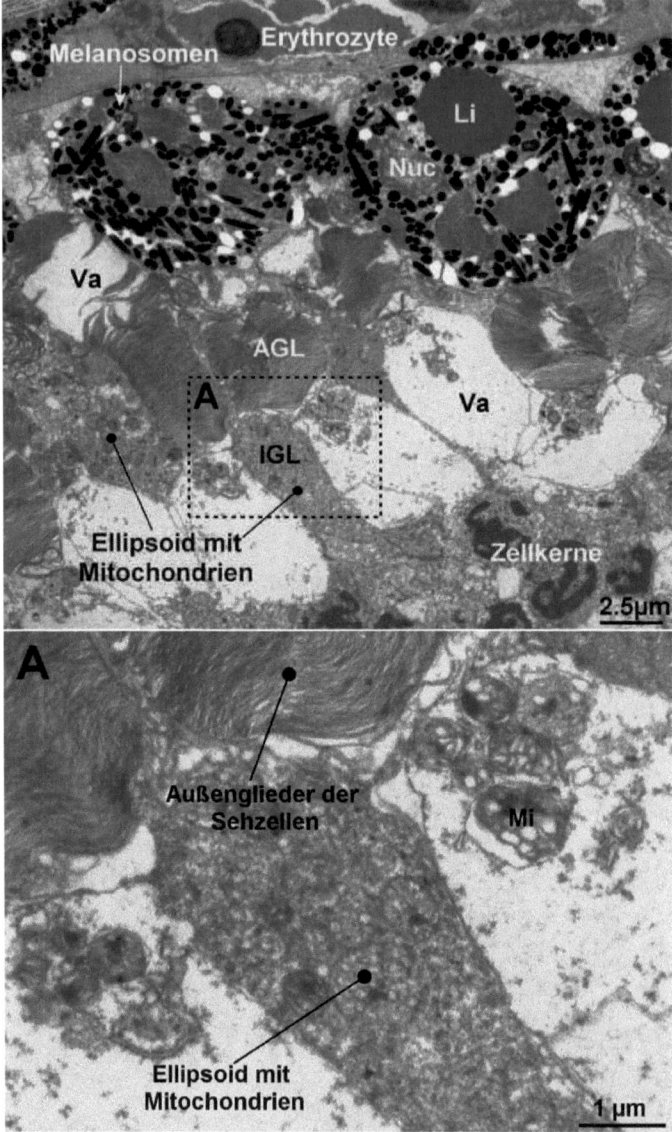

Abb. 61: Elektronenmikroskopie der nekrotischen Retina (oben) eines mikrophthalmen EmB(II) im Stadium V und einem Innenglied im Detail (A, unten). In den Lichtsinneszellen waren die Membranstapel der Außenglieder (◊) deutlich lockerer angeordnet als bei den Kontrollen. Die Zellkerne enthalten Einschlüsse und verklumptes Chromatin. In den Mitochondrien sind die Cristae vesikuläre verändert (Detailausschnitt A). Li = Lipid; Mi = Mitochondrium; Va = Vakuolisierung; AGL = Außenglied der Sehzellen; IGL = Innenglied der Sehzellen.

3.2 Beschallte Embryonen

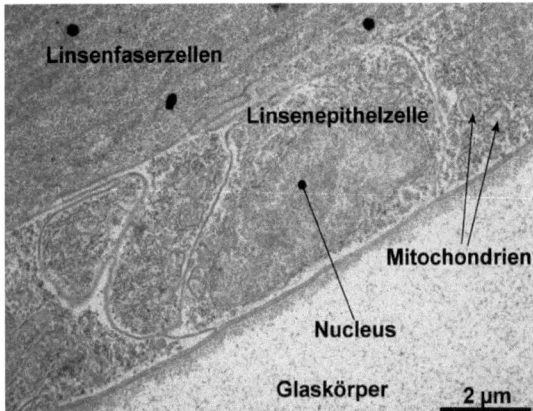

Abb. 62: Elektronenmikroskopie eines normal entwickelten Linsenrandes im Stadium V-. Die Linsenepithelzellen bedecken als einlagige Zellschicht die spindelförmigen Linsenfaserzellen. Deutlich sind orthodoxe Mitochondrien erkennbar.

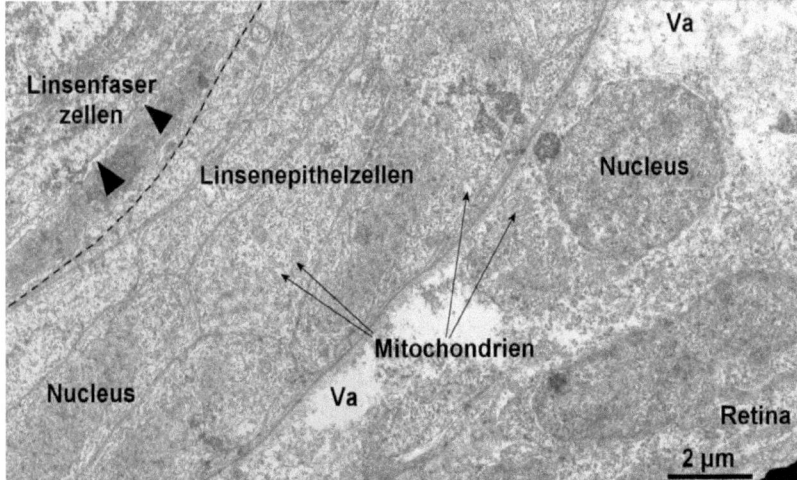

Abb. 63: Elektronenmikroskopie des Linsenrandes eines mikrophthalmen Auges eines EmB(II) im Stadium V. Mit der gestrichelten Linie wird die Grenze zwischen Linsenepithel und Linsenfaserzellen markiert. Die Linsenepithelzellen sind mehrlagig angeordnet. Zwischen den Linsenfaserzellen befinden sich Interzellularen (▲). Die Verwachsungszone von Linse und Retina ist mit Zelldebris ausgefüllt und erweckt den Eindruck unter starker Zugspannung zu stehen. Va = Vakuolisierung

Zusammenfassung zur Mikrophthalmie:

- Mikrophthalmie beschreibt einen verkleinerten Augenbecher im Vergleich zu normal entwickelten Augen, wobei die Linsendurchmesser augenscheinlich denen der Kontrollen entsprachen. Es waren stets beide Augen betroffen.

- Das Symptom konnte frühestens im Stadium III- und spätestens im Stadium III+ an den EmB(II) festgestellt werden.

- Mikrophthalmie trat bei allen betroffenen EmB(II) in Kombination mit einem großen Dotterverlust auf. Keines der EmB(II) regenerierte Mikrophthalmie.

- Lichtmikroskopisch waren bei betroffenen EmB(II) in fortgeschrittenen Entwicklungsstadien die Retinaanlagen schwammartig, wobei die Zellen der Anlagen undifferenzierter als bei den Kontrollen waren.

- Elektronenmikroskopisch zeigten sich in den Retinaanlagen mikrophthalmer Augenbecher Anzeichen nekrotischer Gewebeschädigungen. Die Lichtsinneszellen in den betroffenen Gewebeanlagen waren hochgradig vakuolisiert. Die Zellen des Linsenepithels waren, im Gegensatz zu den Kontrollen, mehrlagig und spindelförmiger. Die Anlage der Linsenfaserzellen war durch Interzellularen und Vakuolisierungen des Zytoplasmas aufgelockert.

- Bei 36 (53,4 %) von 72 EmB(II) wurde eine Mikrophthalmie festgestellt.

3.2.2.7 Perikardialödem

Nach den Beschallungen sowie während der weiteren Entwicklung der EmB(II) konnten oft auffällige Auftreibungen der Perikardlumina unter dem Stereomikroskop beobachtet werden, die sich, vom jeweiligen Embryonalschild ausgehend, über große Teile des Dotters erstreckten (Abb. 64). Der Zeitpunkt des Auftretens dieses Symptoms war unvorhersehbar und seine weitere Entwicklung in Ausdehnung oder Rückbildung individuell. Während der normalen Embryonalentwicklung von *O. latipes*, auch in den fortgeschrittenen Stadien, lag das Herz mit Atrium und Ventrikel leicht eingebettet auf dem Periblast.

3.2 Beschallte Embryonen

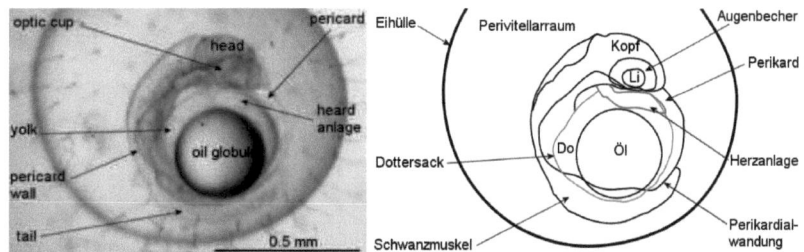

Abb. 64: EmB(II) mit großem Dotterverlust und Perikardialödem im Stadium II, zum Beobachtungszeitpunkt t_3. Das Perikard ist aufgetrieben und ummantelt weitlumig den größten Teil des verbliebenen Dotters. $Do = Dotter; Li = Linse; Öl = Öltröpfchen$.

Bei einem Perikardialödem durchzog das Herz ab Stadium III+ schlauchartig und losgelöst vom Periblast das Lumen des Perikards (Abb. 65). Dabei war die Pumpleistung trotz unverminderter Herzkontraktionen deutlich beeinträchtigt.

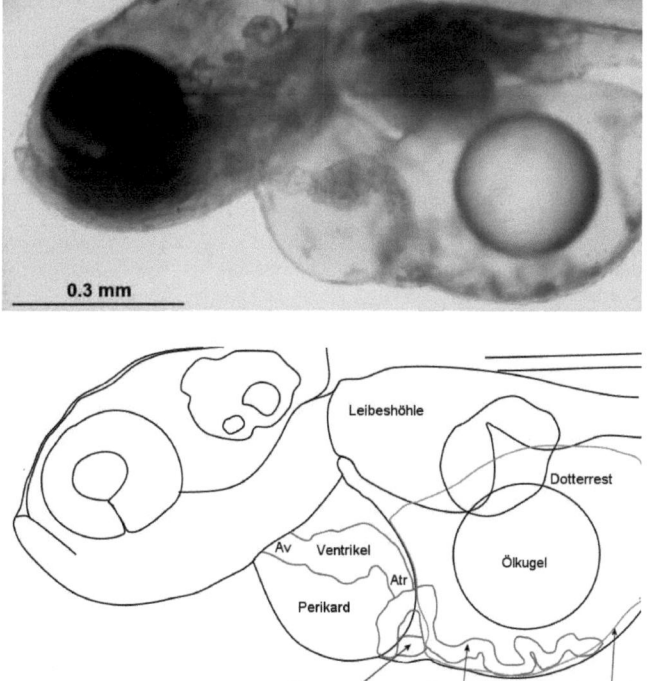

Abb. 65: EmB(II) mit Perikardialödem im Stadium V-, aus der Eihülle präpariert. Die verminderte Pumpeffizienz führte zu einer Verlangsamung des gesamten Kreislaufs. $Atr = Atrium; Av = Aorta\ ventralis$.

Das Blut oszillierte lediglich zwischen Sinus venosus und Aorta ventralis hin und her, wobei im günstigsten Fall ein nur äußerst geringer Blutfluss erzeugt wurde. Dies führte zu Verlangsamungen des gesamten Embryonalkreislaufes und zu Kreislaufzusammenbrüchen.

Zusammenfassung zum Perikardialödem:

- *Perikardialödeme traten als deutliche Auftreibungen des Perikards auf.*

- *Perikardialödeme konnten sowohl unmittelbar nach einer Beschallung als auch während der weiteren Entwicklung auftreten. Der Zeitpunkt der ersten Beobachtung, Ausdehnung oder Rückbildung des Symptoms waren nicht vorhersehbar und individuell.*

- *29 von 72 EmB(II) (40,4 %) erlitten ein Perikardialödem. Bei 7 EmB(II) (9,7 %) wurde das Symptom direkt nach der Beschallung und bei 22 EmB(II) (30,6 %) während der weiteren Entwicklung beobachtet.*

- *Eine Rückbildung des Perikardialödems war möglich. Bei 12 EmB(II) (16,7 %) regenerierte sich das Perikardialödem, und bei 3 EmB(II)(4,2 %) trat es, nach erstmaliger Regeneration, erneut auf.*

3.2.2.8 Trübung am Dotter

Direkt nach den Beschallungen waren im Auflicht erst milchig-weiße Trübungen an verschiedenen Stellen auf der Dottersackoberfläche der EmB(II) zu beobachten (vgl. 50, S. 88) und später, während der weiteren Entwicklung, großflächige Trübungen als weiteres Erscheinungsbild. Oft trat eine Trübung des Dotters bei EmB(II) in Kombination mit einer stagnierenden Entwicklung auf. Es liegt nahe, dass es sich bei den Symptomen um Veränderungen des DS und/oder periblastischen Ektoderms handelte. Zur Erinnerung: Das DS umgibt bei der Normalentwicklung im Stadium II als nicht zelluläre dünne Schicht die Dottermasse, die in den lichtmikroskopischen Darstellungen eine Schichtdicke von ca. 10 μm bis 20 μm aufwies (Abb. 66). Nach der Epiboly grenzt das periblastische Ektoderm über dem DS den Dottersack zum perivitellinen Raum hin ab (vgl. Abb. 46, S. 85).

Vor der Beschreibung von Trübungen der Dottersackwandungen bei EmB(II), wird zuerst ein normal entwickeltes DS einer Kontrolle beschrieben, um die Abweichungen bei den EmB(II) besser verstehen zu können.

3.2 Beschallte Embryonen

Mikroskopie der normal entwickelten Dottersynzytiumschicht bei Kontrollen im Stadium II:

Nach gängiger Auffassung, werden in der frühen Entwicklung der Knochenfische die Zellkerne aus dem Rand der Keimscheibe in das kortikale Dotterzytoplasma (DZ) ausgelagert (vgl. S. 40). Damit befinden sich diese Randkerne im Umkreis der Keimscheibe im Dotterzytoplasma, wodurch es zu einem Synzytium wird. Eine mögliche Aufgabe jener Kerne könnte die Steuerung der Aufarbeitung und Assimilation des Dotters sein, was die Ernährung des Embryoschildes - und später des Embryos - gewährleistet.

Innerhalb der hier untersuchten Dottersynzytien waren grundsätzlich keine Synzytiumkerne nachzuweisen, insbesondere bei fortgeschrittenen Entwicklungsstadien. Allerdings konnten bei Kontrollen im Stadium II Kerne beobachtet werden (Abb. 66), die, von einer relativ kleinen Menge Zytoplasma umgeben, in gleichmäßigen Abständen dem Periblast aufgelagert waren. Das DS der untersuchten Embryonen bestand, der gängigen Auffassung entsprechend, aus zwei Schichtungen:

A) Dotterlysezone,
B) zytoplasmatische Zone.

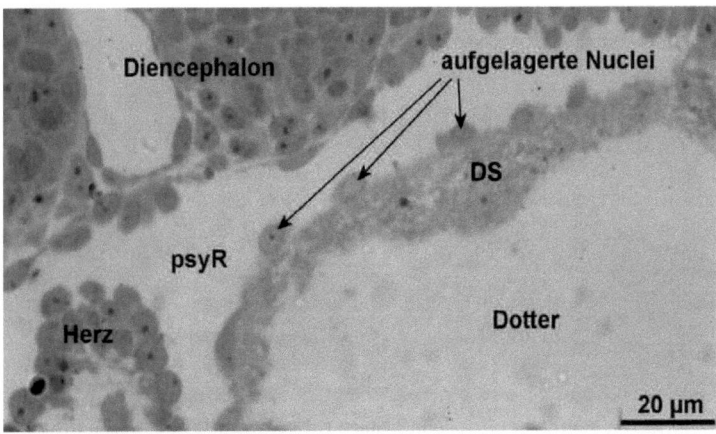

Abb. 66: Lichtmikroskopie des Dottersynzytiums – genaue des Periblasts – einer Kontrolle mit aufgelagerten Zellkernen. *psyR = perisynzytieller Raum; DS = Dottersynzytium bzw. Periblast.*

Von der Dotterlysezone wurde Dottermasse in Form relativ großer Vesikel pinozytiert. Diese Vesikel waren jeweils von einer Membran umgeben. Sie entsprachen also Nahrungsvakuolen im Zytoplasma und wurden in der vorliegenden Arbeit als Dottervakuolen bezeichnet. Typischerweise waren Dottervakuolen von vielen Lysosomen umgeben, von denen einen Teil bereits mit ihnen fusioniert waren und ihren Inhalt bereits in das Lumen der Dottervakuolen entließen (Abb. 67, A).

In der zytoplasmatischen Zone war eine Vielzahl an Mitochondrien und parallel verlaufender Zisternen rauhen endoplasmatischen Retikulums (rER) zu sehen (Abb. 67, B). Die Übergänge zwischen Dotterlysezone und zytoplasmatischer Zone verliefen im normal entwickelten DS fließend.

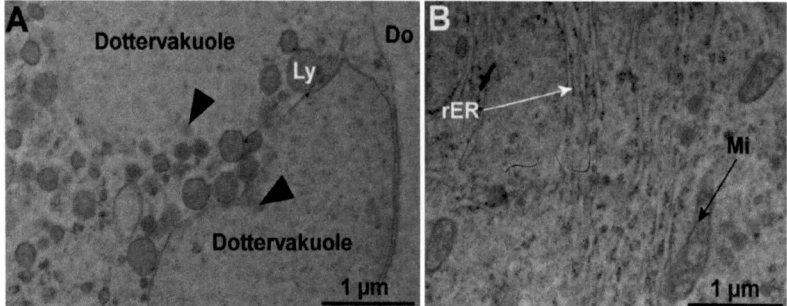

Abb. 67: Detailaufnahme der normal entwickelten Dotterlysezone mit Dottervakuolen (A) und der zytoplasmatischen Zone mit rER und Mitochondrien (B). Lysosome verschmelzen mit der Dottervakuole (▲). Do = Dotter; Ly = Lysosom; Mi = Mitochondrium.

Mikroskopie der Dottersynzytiumschicht von beschallten Embryonen mit Befund im Stadium II

Trübungen am Dotter, die direkt nach den Versuchen beobachtet werden konnten, beschränkten sich auf lokal scharf begrenzte Stellen an beliebiger Position in der Dottersackwandung. Sie traten langgestreckt (vgl. Abb. 47, S. 85) oder punktförmig (vgl. Abb. 48, S. 86) und mit unterschiedlicher Ausprägung in Erscheinung. Im Durchlicht des Stereomikroskops erweckten sie einen abgedunkelten Eindruck, im Auflicht einen milchig weißen. Ein möglicher Zusammenhang dieser Trübungen an der Dottersackwandung mit dem Symptom Dotterverlust wurde auf S. 84 bereits abgehandelt.

Die Elektronenmikroskopie eines DS-Abschnittes von einem EmB(II) mit einer Trübung am Dotter, der direkt nach dem Versuch fixiert wurde, waren folgende Strukturen erkennbar:
Im DS war eine Vielzahl von mit Membranen umgebenen Vakuolisierungen unterschiedlicher Formen zu beobachten, in deren Inneren sich Membranreste bzw. Doppelmembranreste befanden. Diese erinnerten an Reste von Cristae von Mitochondrien. Die Zugehörigkeit anderer kreisrunder und inhaltsleerer Vakuolisierungen im Zytoplasma

3.2 Beschallte Embryonen

des DS ließ sich nicht mehr mit Sicherheit zuordnen. Da der Durchmesser dieser Strukturen für dilatierte ER-Zisternen, im Vergleich zu dem dargestellten ER-Abschnitt, zu groß erschien, handelt es sich sehr wahrscheinlich um Mitochondrien-Reste mit vollständig aufgelöster bzw. nicht mehr erkennbarer Cristae. (Abb. 68).

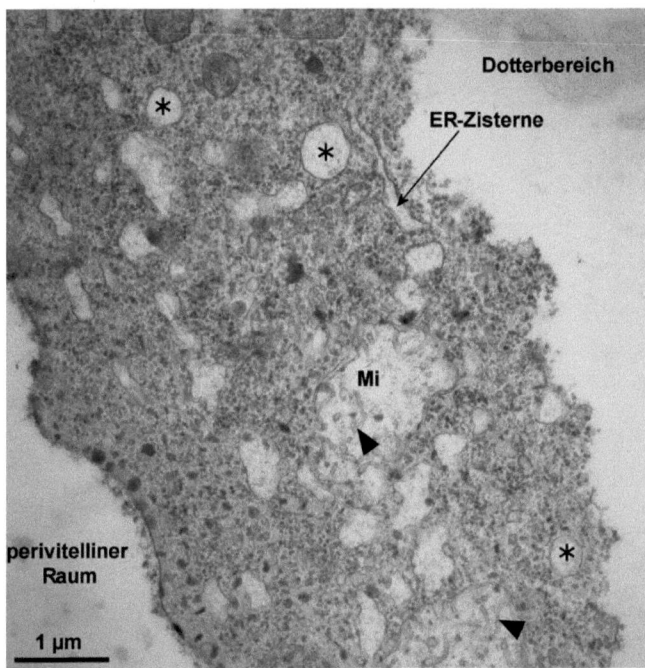

Abb. 68: Elektronenmikroskopie des DS-Abschnittes eines EmB(II) direkt nach der Beschallung. Gehäuft treten hier geschwollene Mitochondrien auf, deren Cristae (▲) stark degeneriert sind. Bei den inhaltslosen Strukturen (∗) könnte es sich um Mitochondrienreste ohne Cristae handeln. *Mi =Mitochondrium*.

Trübungen am Dotter, die ab dem Beobachtungszeitpunkt t_2 festgestellt wurden, waren zunehmend großflächig und besaßen eine grobkörnige bis blasige Struktur. Bei dem unten gezeigten Fallbeispiel wurde die Aufnahme zwei Tage nach der Beschallung gemacht (Abb. 69, oben), wobei der EmB(II) weitere drei Tage überlebte ohne sich weiterzuentwickeln. Meist dehnten sich Trübungen dieser Art progressiv über die Dottersackwandung aus, die sich nicht mehr rückbildete. Im vorliegenden Fall hatte sich die Trübung über vier Tage bis zum Absterben weiterentwickelt, was aus dem dazu gehörigen Entwicklungsdiagramm (Abb. 69, unten) ersichtlich wurde.

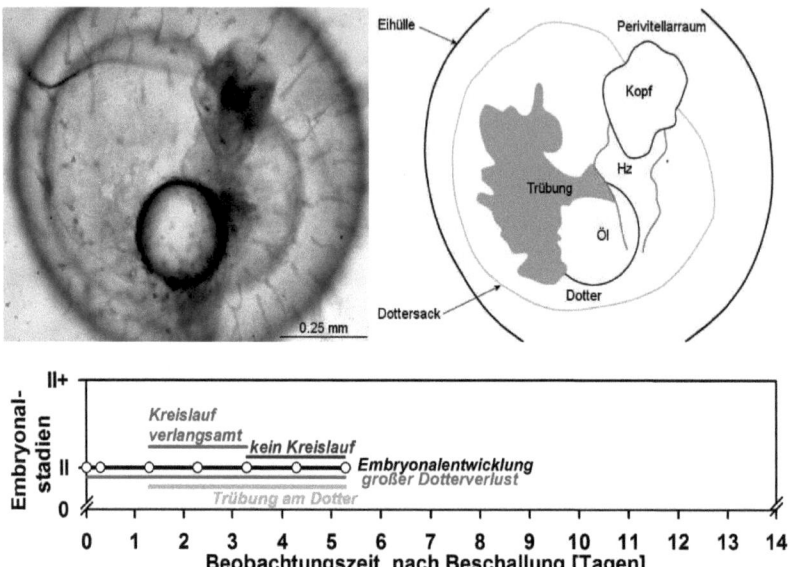

Abb. 69: EmB(II) zwei Tage nach der Beschallung im Stadium II mit Trübung am Dotter (oben) mit dazugehörigem Entwicklungsdiagramm (unten). Der EmB(II) hat sich nicht weiterentwickelt. Ab dem Beobachtungszeitpunkt t_2 trat die Trübung am Dotter auf, begleitet von einer Verlangsamung und anschließender Stagnation des Kreislaufs. Die Trübung ist bis zum Absterben zu beobachten gewesen. Hz = Herzanlage.

Lichtmikroskopisch waren bei EmB(II) im Stadium III war die Dottermasse mit Vesikeln durchsetzt, die offenbar Zytoplasma- und Organellanteile des DS enthielten (Abb. 70, links). Als mutmaßlich optisch wirksame Flächen waren sie sehr wahrscheinlich für eine Trübung innerhalb des Dotters verantwortlich.

Bei entsprechender elektronenoptischer Betrachtung der dargestellten Einschlüsse (Abb. 70, rechts) erwiesen sich die Inhalte der Vakuolisierungen innerhalb des Dotters als Überreste rER-typischer Zisternen, auch lamelläre Körpern (= "Fingerprint-Bodies" oder Myeloid-Körper) genannt. Die Detailaufnahme (Abb. 71) verdeutlichte, dass diese Strukturen aus rER-Anteilen hervorgingen. Das Zentrum beider lamellärer Körper war dilatiert und angefüllt mit osmiophilen Organellresten und -Trümmern, den Residualkörperchen.

3.2 Beschallte Embryonen

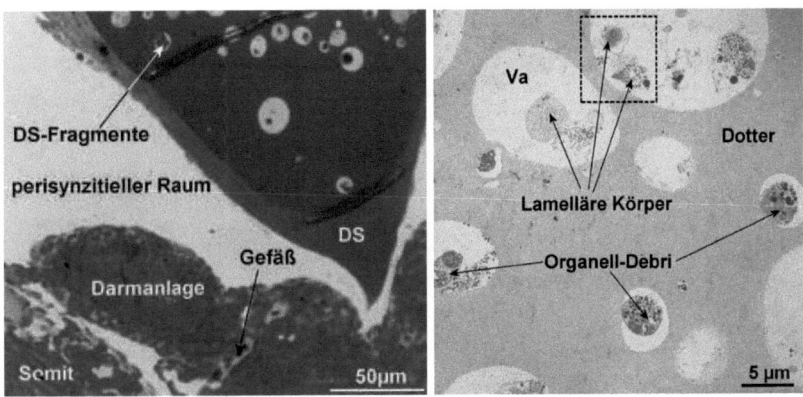

Abb. 70: Vakuolisierungen im Dotter eines EmB(II) im Stadium III, lichtmikroskopisch (links) und elektronenmikroskopisch (rechts). Die Vakuolisierungen bilden potentiell optisch wirksame Oberflächen. Der Gestrichelte Kasten verweist auf die Detailabb. 71. *DS = Dottersynzytium, Va = Vakuolisierung.*

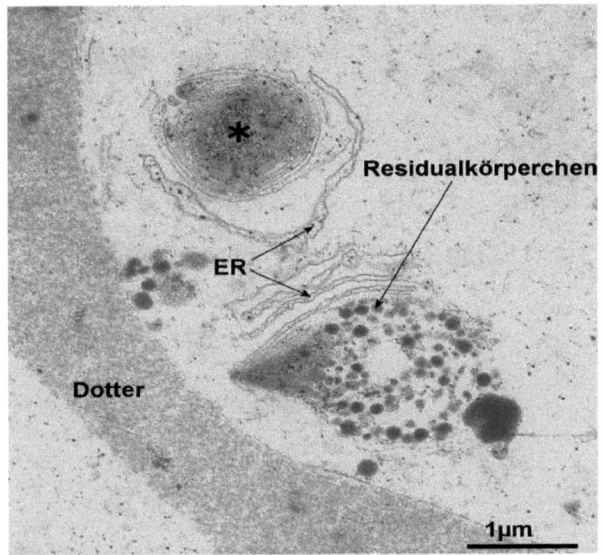

Abb. 71: Elektronenmikroskopie der lamellären Körper (= Fingerprint-Bodies oder Myeloidkörper) (∗) sowie Residualkörperchen im Zentrum der Strukturen.

In weiteren lichtmikroskopischen Aufnahmen aus DS-Abschnitten von EmB(II) im Stadium III und IV mit Trübungen am Dotter charakterisierten hochgradige Vakuolisierungen des DS-Zytoplasmas das Bild (Abb. 72). In beiden Abbildungen waren keine Schichtungen der Dottersynzytiumschicht erkennbar. In diesem Fall waren sehr wahrscheinlich die Vakuolisierungen ursächlich für den Trübungseffekt.

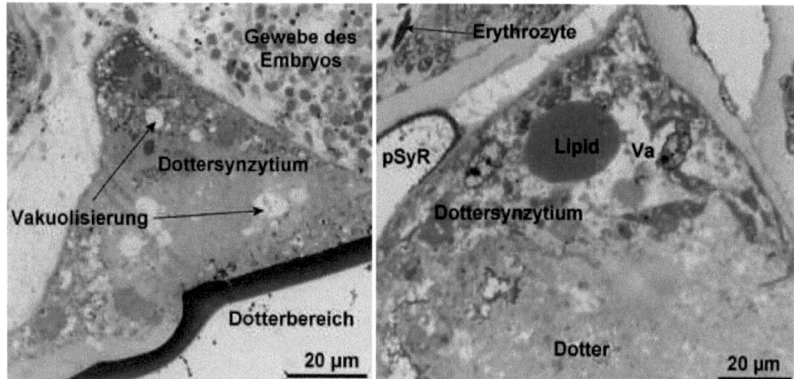

Abb. 72: Lichtmikroskopische Aufnahmen von Vakuolisierungen im DS eines EmB(II) im Stadium III (links) und Stadium IV (rechts). Die Vakuolisierungen bilden potentiell optisch wirksame Oberflächen. Lipide im Zytoplasma zeugen von irreparablen Schädigungen des DS. pSyR = perisynzytieller Raum; Va = Vakuolisierung.

Die elektronenmikroskopische Untersuchung ergab folgendes Bild: Durch die Vakuolisierungen wurde der abgebildete DS-Abschnitt auf ein Mehrfaches seiner ursprünglichen Schichtdicke aufgetrieben (Abb. 73, oben). Mit Hilfe der Detaildarstellung (Abb. 73, unten) konnte gezeigt werden, dass sich in den vakuolisierten Bereichen eine große Anzahl an Mitochondrien befanden, bei denen die Cristae verändert waren. In Einzelfällen waren nur noch die Membranhüllen ohne Inhalt vorhanden, oder es war nur ein homogener Inhalt erkennbar. Desweiteren war das periblastische Ektoderm aufgerissen, erkennbar an dem blind endenden Ektodermabschnitt.

3.2 Beschallte Embryonen

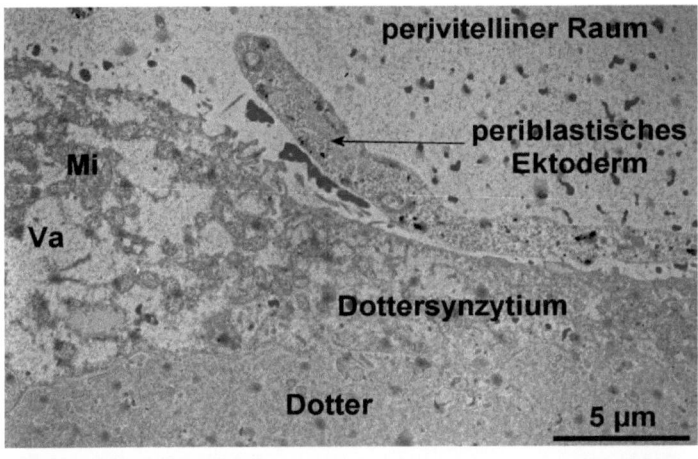

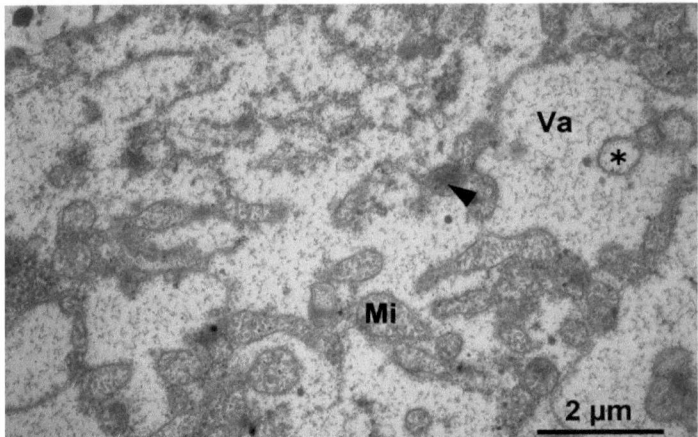

Abb. 73: Elektronenmikroskopie des DS-Abschnittes eines EmB(II) im Stadium IV mit einer Trübung am Dotter im Überblick (oben) und im Detail (unten). In dem dargestellten Abschnitt sind zahlreiche Mitochondrien zu sehen, umgeben von ausgeprägten Vakuolisierungen des Zytoplasmas. Im Detail sind sowohl orthodoxe als auch geschädigte Mitochondrien erkennbar, in denen die Cristae granulär verändert, aufgelöst (∗) oder homogenisiert (▲) sind. Mi = Mitochondrium; Va = Vakuolisierung.

Die Individualität der licht- und elektronenmikroskopischen Strukturen erschwerten die Auswertung erheblich. Jedoch konnte grundsätzlich davon ausgegangen werden, dass die Trübungen auf Dichteunterschiede im Zytoplasma des DS und/oder der Zellen des periblastischen Ektoderms zurückzuführen waren. Ursächlich waren vesikuläre

Veränderungen im Zytoplasma oder in den Organellen, z.B. durch Vakuolisierungen. Aufgrund jener Vakuolisierungen waren u.a. Vergrößerungen intrakristaliner Räume in Mitochondrien nachzuweisen, die sehr wahrscheinlich derartige Dichteunterschiede verursachten. Je ausgeprägter und zahlreicher vesikuläre Veränderungen und Vakuolisierungen vorhanden waren, desto mehr optisch wirksame Flächen brachen das einfallende Licht, streuten es und wurden somit als Trübung sichtbar.

Von 72 geschädigten Versuchsembryonen konnten bei 29 Individuen (40,3 %) eine "Trübung am Dotter" diagnostiziert werden. Bei einem EmB(II) ohne Dotterverlust zeigte sich nach dem Versuch eine Trübung am Dotter als einziger Befund. Dieser EmB(II) regenerierte sich von der Trübung und war ab Beobachtungszeitpunkt t_4 ohne Befund. Dieser Versuchsembryo ist der einzige EmB(II), der sich bis zum erfolgreichen Schlupf weiter entwickeln konnte.

Zusammenfassung zu Trübungen am Dotter:

- *Trübungen am Dotter direkt nach den Versuchen zeigten sich als kleine milchig lokal begrenzte Stellen auf der Dotteroberfläche, die rückgebildet werden konnten.*

- *Ab dem Folgetag nach der Beschallung auftretende Trübungen waren großflächiger, grobkörniger, entwickelten sich progressiv und wurden nicht mehr rückgebildet.*

- *Trübungen am Dotter wurden vermutlich durch Veränderungen des DS verursacht, bei der vermehrt optisch wirksame Flächen das einfallende Licht streuten. Diese optisch wirksamen Oberflächen ließen sich mutmaßlich mit Vakuolisierungen im Zytoplasma und in Organellen begründen.*

- *Von 72 EmB(II) erlitten 29 (40,3 %) eine Trübung am Dotter. Bei 7 (9,7 %) EmB(II) war das Symptom direkt nach der Beschallung zu beobachten, bei 22 (30,6 %) trat es erst im Laufe der weiteren mehr oder weniger fortschreitenden Entwicklung auf. Die Entwicklung brach bei 16 EmB(II) (22,2 %) mit diesem Symptom ab.*

3.2 Beschallte Embryonen

3.2.2.9 Trübung des Embryos

In den embryonalen Gewebeanlagen waren ebenfalls Trübungen in unterschiedlichen Ausprägungen und Ausdehnungen erkennbar. Trübungen, die direkt nach der Beschallung (Beobachtungszeitpunkt t_0 und t_1) lokal begrenzt außerhalb der Kopfregion auftraten, konnten rückgebildet werden. Hingegen waren Trübungen, die während der weiteren Entwicklung im Gewebe auftraten (ab Beobachtungszeitpunkt t_2), grobkörnig und progressiv. Das Auftreten zweier Trübungsqualitäten erforderte getrennte Beschreibungen dieser Trübungsphänomene, die in den folgenden Abschnitten durchgeführt wurden.

Trübungen zum Beobachtungszeitpunkt t_0

Trübungen direkt nach den Beschallungen waren in allen davon betroffenen Embryonen auf eine Körperstelle begrenzt. So waren bei den jeweiligen EmB(II) Bereiche am Kopf, am vorderen oder hinteren Schwanzbereich getrübt. Im folgenden Fallbeispiel war eine Trübung an der ventralen Seite im hinteren Drittel des Schwanzes sichtbar (Abb. 74). Erschwert wurde hier die Dokumentation durch die Kombination mit einer Veränderung des Dotters infolge der in den Dotter eingedrungenen Perivitellarflüssigkeit.

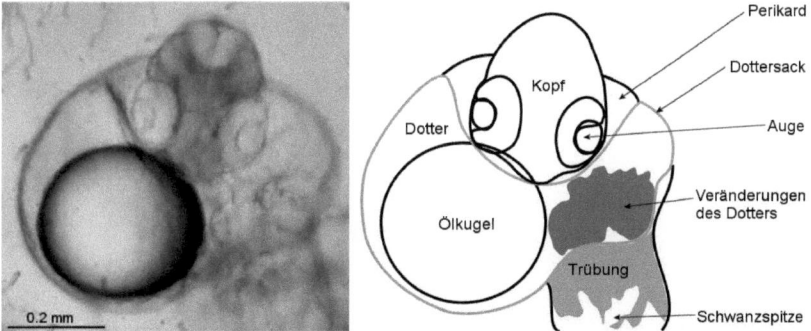

Abb. 74: EmB(II) direkt nach der Beschallung zum Beobachtungszeitpunkt t_0. Neben auffälligen Veränderungen am Dotter durch Eindringen von Perivitellarflüssigkeit in den Dottersack und dem Dotterverlust ist an der Unterseite des hinteren Schwanzabschnittes eine Trübung des Gewebes sichtbar.

Genaueren Aufschluss boten die mikroskopischen Untersuchungen der Augenanlagen im Vergleich zu den Kontrollen: Im Semidünnschnitt einer Kontrolle im Stadium II durch die Retina- und Linsenanlage (Abb. 75, links) waren einheitlich geschlossene Zellverbände der jeweiligen Gewebeanlagen sichtbar. Dagegen traten bei einer Trübung im Kopfbereich des EmB(II) hochgradige Auflockerungen des Zellverbandes mit ausgeprägten Interzellularräumen in Erscheinung (Abb. 75, rechts). Die dargestellten Gewebeanlagen des EmB(II) wiesen Merkmale einer Koagulationsnekrose auf: Insbesondere war das Zytoplasma der Zellen verdichtet und koaguliert (s. 196, S. 196).

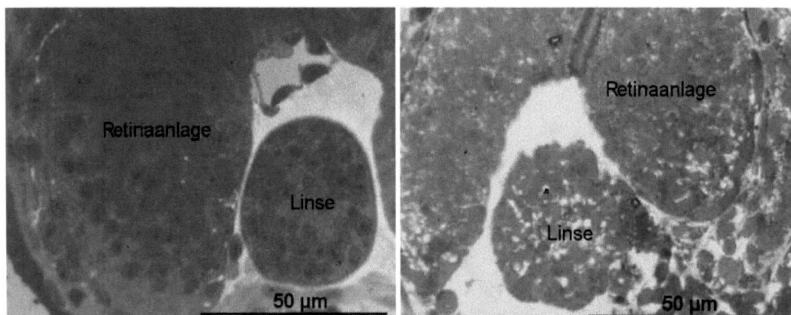

Abb. 75: Die Augenanlage einer Kontrolle (links) im Vergleich zu der eines EmB(II) ca. zwei Stunden nach einer Beschallung (rechts). Das geschädigte Gewebe erscheint infolge der Interzellularen hochgradig schwammartig.

Der Geweberverband der noch nicht ausdifferenzierter Linsenepithelzellen bei einer Kontrolle im Stadium II wies elektronenmikroskopisch einen lückenlosen Zell-Zell-Kontakt (Abb. 76) auf. Problemlos ließen sich Mitochondrien, Nuclei, Zell- und Kernmembran erkennen.

3.2 Beschallte Embryonen

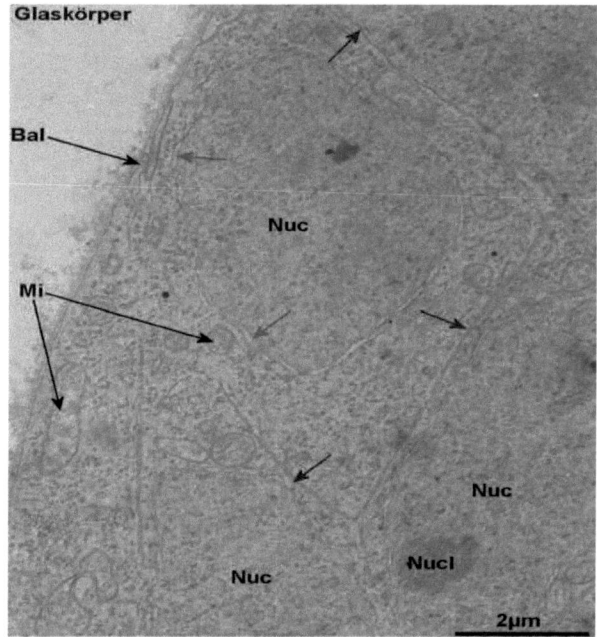

Abb. 76: Ultrastrukturen der Linsenepithelzellen einer Kontrolle im Stadium II. Deutlich sind Zell- (↗) und Kernmembranen (↗) sowie orthodoxe Mitochondrien sichtbar. *Bal = Basallamina; Mi = Mitochondrium; Nuc = Nucleus; Nucl = Nucleolus.*

Im Vergleich zu den obigen Darstellungen schien der Zustand der Linsenepithelzellen eines getrübten EmB(II) dramatisch verändert (Abb. 77). Die betroffenen Zellen trugen sowohl die Charakteristika einer Koagulationsnekrose als auch einer Apoptose. Als kurze Erläuterung sei erwähnt: Nekrose ist ein passives Absterben der Zellen aufgrund noxischer Einflüsse. Apoptose umschreibt den von der Zelle selbst induzierten Zelltod. Für eine Koagulationsnekrose sprach, dass in größeren zusammenhängenden Gewebebereichen das Zytoplasma hochgradig koaguliert war und deshalb enthaltene Organellen mühsam bis gar nicht erkennbar waren. Als gängige Merkmale der Apoptose gelten geschrumpfte Zellen sowie schwer bis gar nicht erkennbare Mitochondrien. Nach gängiger Auffassung treten osmiophile Verdichtungen des Zytoplasmas, wie in der Abbildung zu sehen, sowohl bei Koagulationsnekrose als auch Apoptose auf.

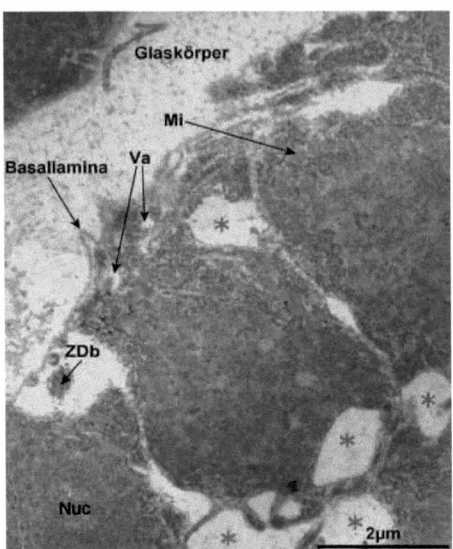

Abb. 77: Elektronenmikroskopie der Linsenepithelzellen eines EmB(II) mit einer Trübung am Kopf zum Beobachtungszeitpunkt t_1. Organellen sind äußerst schwer erkennbar. Der hochgradig aufgelockerte Zellverband vermittelt durch Interzellularen (∗) einen schwammartigen Zustand. Va = Vakuolisierungen; Mi = Mitochondrium; ZDb = Zelldebris.

Letztendlich ließ sich nicht mit Gewissheit bestimmen, ob hier die eine oder andere Form des Zelluntergangs vorlag. Dabei galt es zu bedenken, dass im obigen Fallbeispiel die Fixierung nach ca. 4 bis 5 Stunden nach der Beschallung zum Beobachtungszeitpunkt t_1 (mit Eintreffen der Proben im Labor) stattfand. Es stellte sich die Frage, ob in dieser Frist genügend Zeit für die Kaskade einer Apoptose zur Verfügung gestanden hatte.

Begleitet von einer grob gemessenen und geschätzten Volumenverkleinerung um ca. 45% verloren die Zellen ihren Kontakt untereinander, und es entstanden jene ausgeprägten Interzellularräume, die den schwammartigen Eindruck im Semidünnschnitt aus Abb. 75 (S. 114, rechts) verursachten. Durch die Interzellularen waren außerdem an den Grenzen der Zellen/Interzellularen Dichtesprünge und damit optisch wirksame Oberflächen vorhanden.

3.2 Beschallte Embryonen

Trübung des Embryos, die ab dem Folgetag nach der Beschallung auftreten

Auch bei Trübungen des Embryos, die während der fortlaufenden Entwicklung auftraten, waren anfänglich meist begrenzte Regionen der Gewebeanlagen betroffen. Während des weiteren Verlaufs breitete sich die Trübung auf sämtliche Gewebe des Embryos aus, wobei die Gewebeanlagen offensichtlich ihre Differenzierungen einbüssten. Die Zeitspanne betrug ein bis vier Tage. Im folgenden Fallbeispiel (Abb. 78) wurde nach der Beschallung eine Trübung am Dotter und im Gewebe des vorderen Schwanzbereiches festgestellt. Beide Trübungen entwickelten sich kontinuierlich weiter und dehnten sich jeweils über den Dotter und Embryo bis zum Kopf aus.

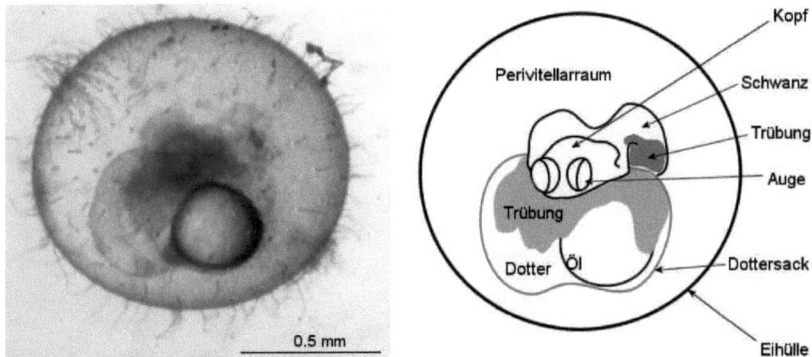

Abb. 78: EmB(II) im Stadium II mit großem Dotterverlust, Trübung am Dotter und einer Trübung des Embryos im Schwanzbereich 6 Tage nach einer Beschallung (Beobachtungszeitpunkt t_7). Dieser Embryo entwickelte sich nicht mehr weiter und war zwei Tage nach dieser Aufnahme total getrübt (vgl. Abb. 79). Öl = Öltröpfchen.

Im Endstadium der Trübung, bei dem der Embryo nur noch als abgestorben eingestuft werden konnte, erschien das Gewebe stereomikroskopisch grob zellulär und undifferenziert (Abb. 79). Unter diesen Bedingungen waren keinerlei Lebensfunktionen, wie Flossenbewegungen, Blutzirkulation oder Herzschlag zu beobachten.

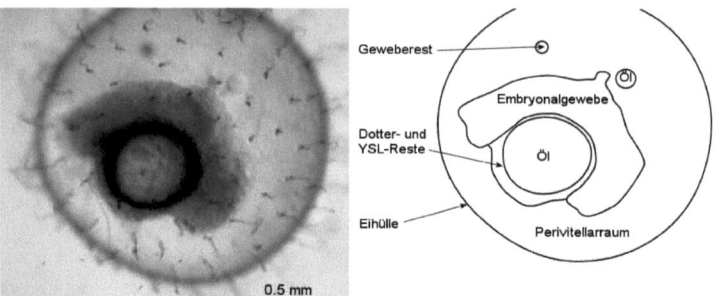

Abb. 79: Totale Trübung eines EmB(II), zwei Tage nach der ersten Beobachtung des Symptoms. Im Gegensatz zur vorherigen Abbildung sind keinerlei Gewebestrukturen erkennbar. Der Embryo ist abgestorben. Öl = Öltröpfchen, DS = Dottersynzytium.

Bei der mikroskopischen Untersuchung der betroffenen Gewebe, waren vermehrt Hohlräume als auch Verdichtungen zu beobachten, die im Folgenden detailliert und im Vergleich zu normal entwickelten Gewebeanlagen erläutert werden:

Trübungen im Kopfbereich in der Mikroskopie

Gesunde embryonale Hirnanlagen der Kontrollen im Stadium II bestanden erwartungsgemäß aus kompakten, lückenlosen Zellverbänden. Wie am Beispiel einer normal entwickelten Anlage eines Diencephalons im Stadium II dargestellt wird (Abb. 80), beinhalten die Zellen relativ großlumige Kerne mit einer intensiveren Toluidinblaufärbung als das sie umgebende Zytoplasma.

Die Elektronenmikroskopie einer Kontrolle bestätigte, trotz blass ausgefallener Kontrastierung, den lichtmikroskopischen Eindruck eines lückenlosen intakten Geweberbandes im Zustand eines geschlossenen Zell-Zell-Kontakts (Abb. 81). Neben raumfüllenden Zellkernen waren eindeutig orthodoxe Mitochondrien erkennbar.

Hingegen war das Gewebe der Hirnanlage eines EmB(II) im Stadium II von intensiv blauen Sprenkeln durchsetzt (Abb. 82 und 83), die auf geschrumpfte, apoptotische Zellen (apoptotische Körperchen) zurück zu führen waren. Oft bildeten sich Ansammlungen apoptotischer Körperchen an den Grenzflächen von Geweben bzw. Gewebefaltungen.Infolgedessen lockerte sich der Zusammenhalt der betroffenen Zellverbände, und es entstanden Gewebelücken und große, teils zusammenhängende, Interzellularräume innerhalb der Gewebeanlagen. Im folgenden Fallbeispiel waren an den Grenzen des Diencephalons und entlang am Rand der Augen- und benachbarten Prosencepha-

3.2 Beschallte Embryonen

lonanlage gehäuft apoptotische Körperchen zu beobachtet (Abb. 83).

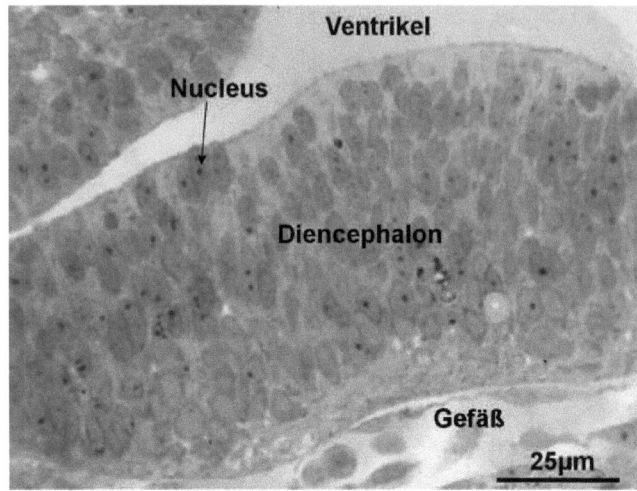

Abb. 80: Lichtmikroskopie der Diencephalonanlage einer Kontrolle im Stadium II. Das Gewebe ist kompakt, bestehend aus Zellen mit großlumigen Zellkernen.

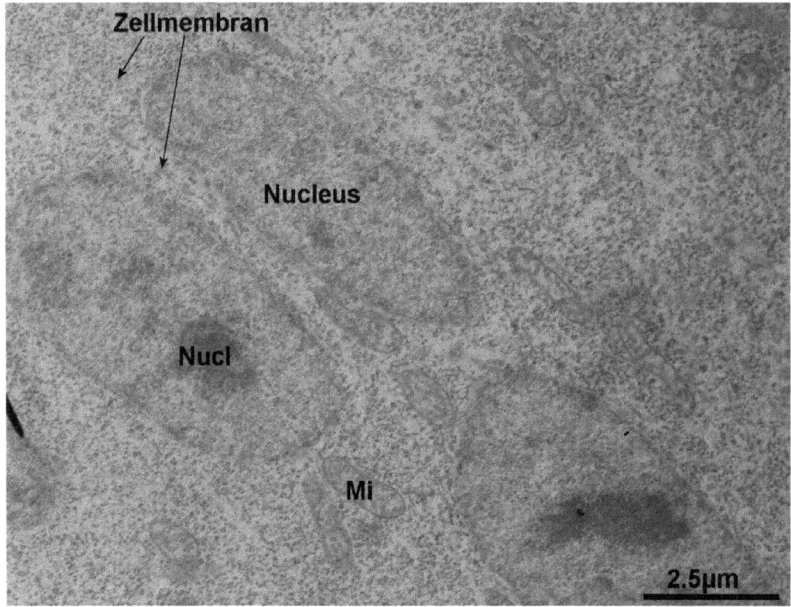

Abb. 81: Elektronenmikroskopie der Gewebeanlage des Diencephalons einer Kontrolle im Stadium II. Zellkerne sowie orthodoxe Mitochondrien sind deutlich erkennbar. Mi = Mitochondrium, $Nucl$ = Nucleolus.

3.2 Beschallte Embryonen

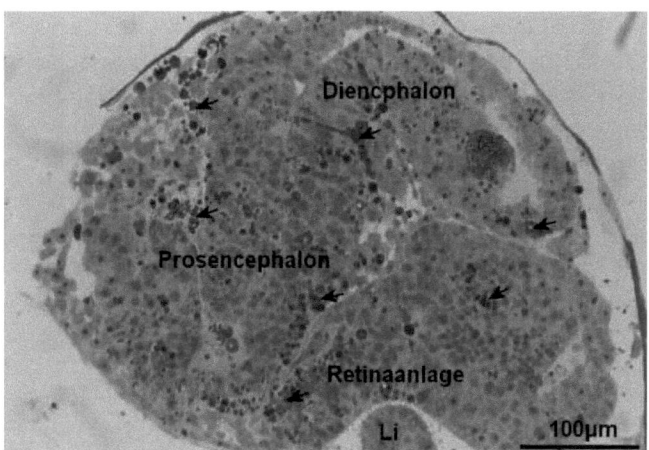

Abb. 82: Li = Linsenanlage.

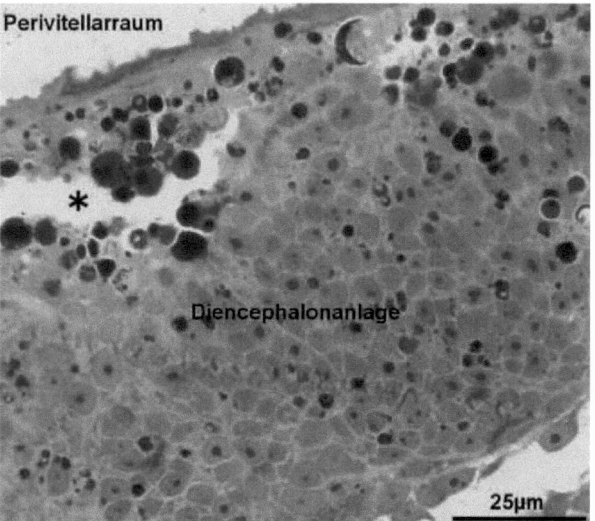

Abb. 83: Vergrößerung der geschädigten Hirnanlage eines EmB(II) aus der vorhergehenden Abbildung. Die Zellen zeigen dunkelblau abgesetzte apoptotische Körperchen. Größere Gewebebereiche sind zerstört (↑). Es haben sich Gewebelücken (∗) gebildet.

Elektronenmikroskopisch waren im Zytoplasma apoptotischer Zellen sowie Vakuolisierungen in Kombination mit verdichteten, osmiophilen Strukturen zu erkennen (Abb. 84). Typisch waren verkleinerte (pyknotische) Kerne, z.T. mit Lipideinschlüssen. Letztere konnten durch abgebaute Phospholipide aufgelöster Membranen entstanden sein. Andere Kerne zeigten eine für die Apoptose charakteristische Halbmondform, bei der die Zisternen der Kernmembranen deutlich dilatiert waren. Desweiteren waren Zellauflösungen (Zytolyse) als Endstadium der Apoptose zu sehen (Abb. 85). Typisch für diesen Prozess waren Kernauflösungen, homogenisiertes Chromatin sowie Organelldebris (Residualkörperchen). Organellen, wie Mitochondrien oder ER, waren nicht mehr erkennbar.

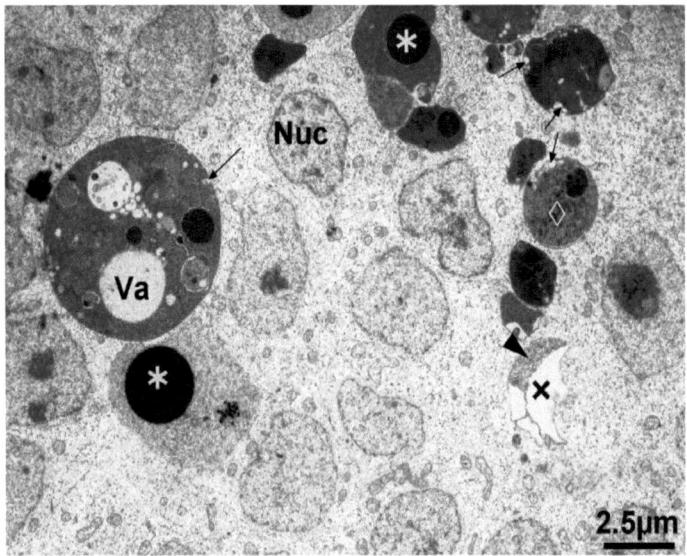

Abb. 84: Elektronenmikroskopie typischer Stadien der Apoptose in der Hirnanlage eines EmB(II) im Stadium II mit einer Trübung zum Beobachtungszeitpunkt t_2. Pyknotische Kerne enthalten Lipidtröpfchen (∗). Innerhalb dieser Kerne unterliegt das Chromatin einer fortschreitenden Homogenisierung (◊). Eine Kernmembranzisterne (×) ist zu einer Vakuolisierung dilatiert und umgibt halbmondförmig homogenisiertes Chromatin (▲). An den Rändern der apoptotischen Körperchen sind vesikelartige Auflösungserscheinungen (↑) zu beobachten. *Nuc = intakter Nucleus; Va = Vakuolisierung.*

3.2 Beschallte Embryonen

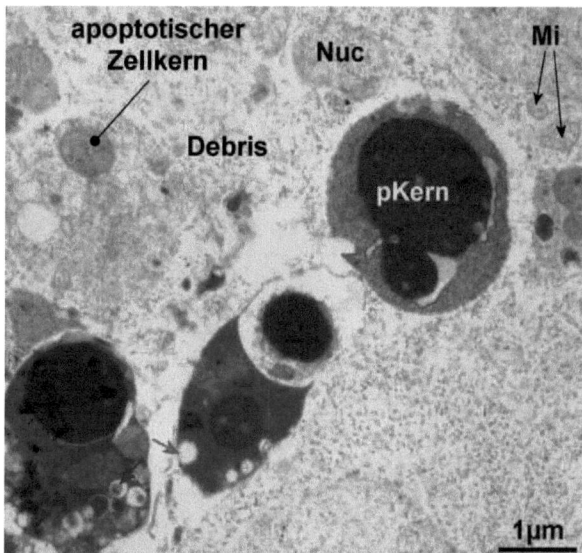

Abb. 85: Elektronenmikroskopie apoptotischer Zellen eines EmB(II) im Stadium II aus der Gewebeanlage des Diencephalons. Es liegen hier pyknotische Kerne, Vakuolisierungen mit Einschlüssen (↑), geschlossene und teilweise bereits offene Vakuolisierungen vor (↑). Im oberen linken Bildbereich ist eine Zytolyse im Endstadium dargestellt, bei der nur noch ein apoptotischer Kern und Zelldebris erkennbar sind. *pKern = pyknotischer Kern*

In der folgenden Abbildung wurde ein Semidünnschnitt durch den Kopfbereich, Hirn und Augenbecher einer Kontrolle im Stadium IV dargestellt (In Abb. 86). Hier waren die Gewebe fortgeschritten differenziert. In dem Ausschnitt mit optischem Lobus, Diencephalon und Ventrikel konnten dunkelblau gefärbten Bereiche der Zellkerne und die Bereiche der Ganglien links vom optischen Lobus sowie zwischen Diencephalon und optischen Lobus aufgrund ihrer homogenen Färbung deutlich von einander unterschieden werden. Das normal entwickelte Auge selbst wurde bereits in Abb. 55 (vgl. S. 93) detailliert beschrieben.

War der EmB(II) vollständig getrübt, befanden sich alle Organanlagen in einem nekrotischen Zustand (Abb. 87). Hier konnte nur mit Hilfe von Licht- und Elektronenmikroskop eindeutig eine Nekrosen diagnostiziert werden (Kriterien für Nekrosen: s. S. 196). Die dargestellten Hirnbereiche des EmB(II) bestanden hauptsächlich aus dunkel gefärbten untergehenden Zellen in einem stark gelockertem Verband. Eine Differenzierung der Zellen war nicht mehr erkennbar. So waren die im Normalfall spindelförmige

124 _____ **3 Ergebnisse**

Linsenfaserzellen bei dem Emb(II) hochgradig vergrößert, polymorph und als solche nicht mehr erkennbar. Zwischen Linsenfaserzellen und Linsenepithel war keine Differenzierung möglich.

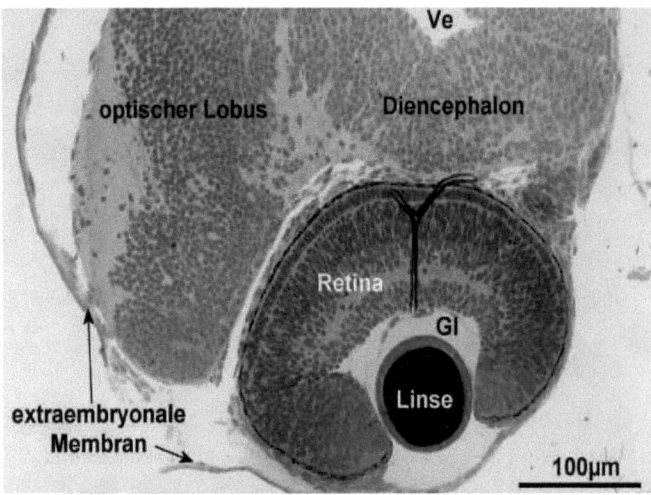

Abb. 86: Augen- und Hirnanlage einer Kontrolle im Stadium IV. *Gl* = *Glaskörper*; *Ve* = *Ventrikel*.

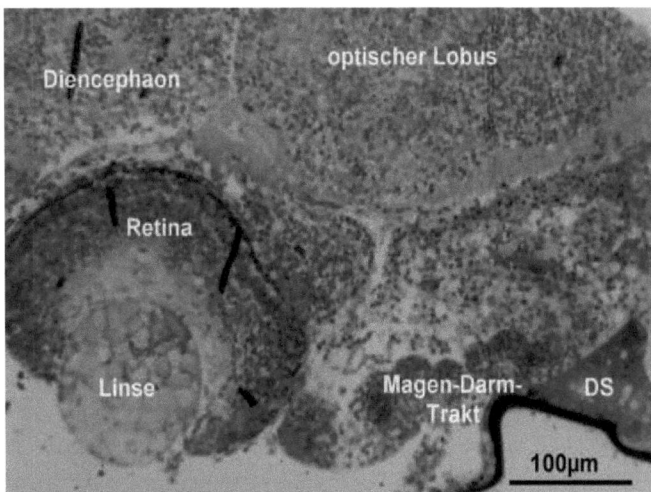

Abb. 87: Lichtmikroskopie der Augenanlage eines EmB(II) im Stadium IV mit totaler Trübung. Der nekrotische Zustand ließ sich in allen Gewebeanlagen beobachten. *DS* = *Dottersynzytiumschicht*.

3.2 Beschallte Embryonen

Elektronenmikroskopisch waren im Gewebe der Loben einer Kontrolle im Stadium IV großlumige Zellkerne und orthodoxe Mitochondrien erkennbar (Abb. 88, oben). Außerhalb des kernhaltigen Bereiches, am fortgeschritten differenzierten Übergang zwischen der grauen und weißen Substanz der Hirnanlage werden in Abb. 88 (unten) Synapsen mit synaptischen Vesikeln detailliert dargestellt.

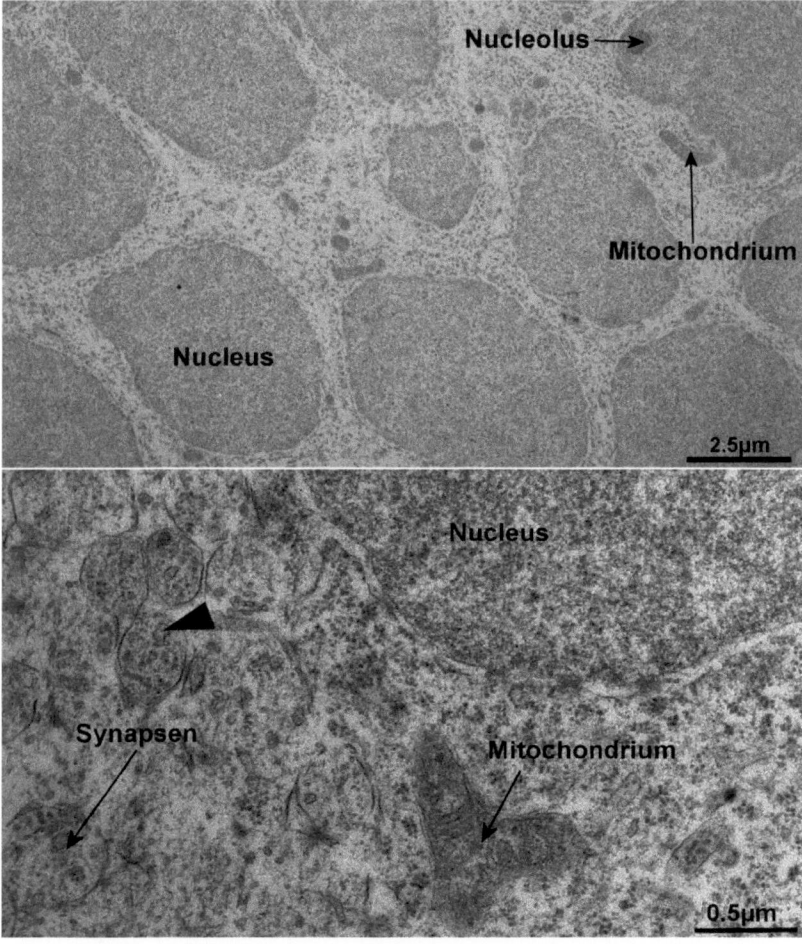

Abb. 88: Elektronenmikroskopie normal entwickelter optischer Loben (oben) und des Übergangs zwischen grauer und weißer Substanz im Detail (unten) einer Kontrolle im Stadium IV. Es sind großlumige Zellkerne und orthodoxe Mitochondrien sichtbar(oben). Außerhalb des kernhaltigen Gewebebereiches (unten) ist eine Vielzahl an Synapsen, angefüllt mit synaptischen Vesikeln (▲), zu erkennen. Das Mitochondrium im unteren Bildrand scheint sich zu teilen.

Im Hirngewebe eines EmB(II) waren elektronenmikroskopisch hochgradige Vakuolisierungen, Dilatationen der Kernmembranen, Degeneration und Auflösungen der Cristae in den Mitochondrien sowie Homogenisierung des Chromatins zu beobachten. Das homogenisierte Chromatin trat stellenweise in die verbleibenden Reste des Zytoplasmas aus. Die ER-Zisternen waren größten Teils dilatiert oder vakuolisiert. Zellgrenzen waren nicht mehr erkennbar. Die Mehrzahl der Mitochondrien war geschwollen und in vielen war keine Cristae mehr vorhanden. Solche elektronenoptischen Eindrücke nekrotischer Hirn- bzw. Augengewebe waren auch in allen anderen Gewebetypen der EmB(II) mit einer totalen Trübung wiederzufinden.

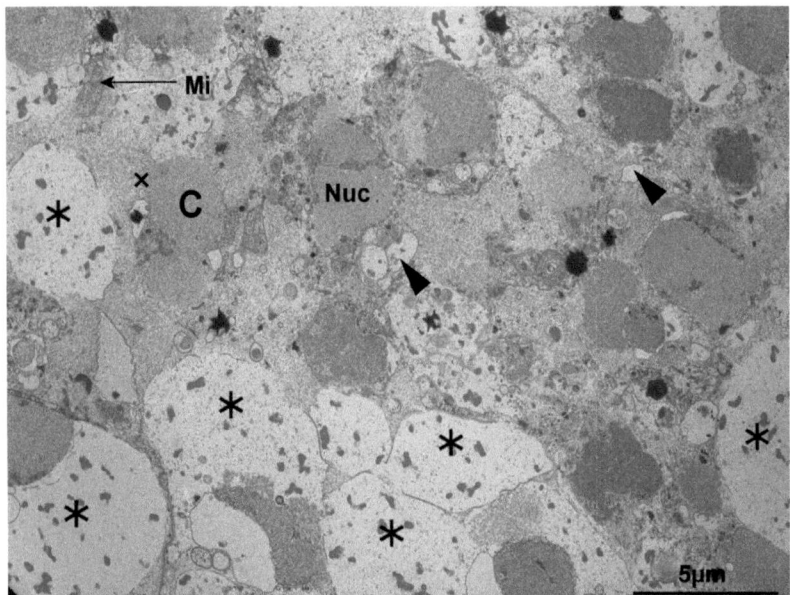

Abb. 89: Elektronenmikroskopie des nekrotischen Hirngewebes aus Abb. 87 eines EmB(II) im Stadium IV. Die Kernmembran-Zisternen (∗) waren hochgradig vakuolisiert. Das Chromatin der meisten Zellen ist vollständig homogenisiert und tritt stellenweise ins Zytoplasma aus (×). Ein Großteil der Mitochondrien ist geschwollen und besitzt keine Cristae mehr (▲). Lipidtröpfchen sind vereinzelt als massiv schwarze Punkte über den Schnitt verstreut. *C = Chromatin; Mi = Mitochondrium; Nuc = Nucleus.*

Trübungen im Schwanzbereich

Lichtmikroskopisch waren im normal entwickelten vorderen Schwanzbereich im Stadium II (Abb. 90) die Anlagen der Chorda, des Rückenmarks, der Somiten sowie Leibes-

3.2 Beschallte Embryonen

höhlenorgananlagen zu erkennen.

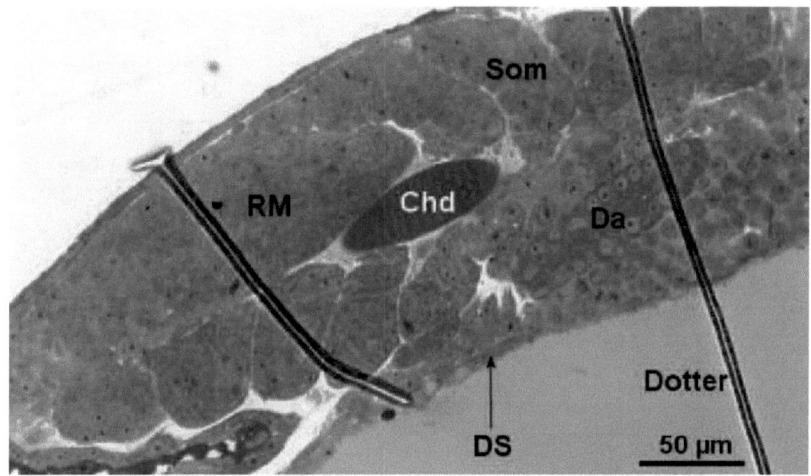

Abb. 90: Semidünnschnitt des Schwanzbereiches einer Kontrolle im Stadium II. Hier sind Somitenanlagen, Chorda und ein kleiner Ausschnitt der Leibeshöhle mit der Anlage des Intestinaltraktes zu sehen. Da = Darmanlage, Chd = Chorda dorsalis, RM = Rückenmark, Som = Somit; DS = Dottersynzytium..

Im Gegensatz dazu waren die Gewebeanlagen zweier Fallbeispiele von EmB(II) im Stadium II weitgehend zerstört (Abb. 91). Bei dem EmB(II), dessen Längsschnitt durch die Schwanzspitze im linken Bild dargestellt wurde, trat die Trübung zum Beobachtungszeitpunkt t_2 in Erscheinung. Desweiteren ließen sich hier Zelluntergänge als apoptotische Körperchen, jeweils in Form dunkel blauer Sprenkel, beobachten. Rückenmark und ventraler Bereich des Schwanzmuskels bestanden hauptsächlich aus nekrotischen Zellen, die sich z.T. bereits in der Zytolyse befanden. Die Zellen der Chorda wichen in ihrer Form größten Teils von normal entwickelten Chordazellen ab. Dabei zeigten sich die Zellgrenzen polymorph. Zusätzlich war keine für Chordazellen typische stapelförmige Anordnung erkennbar.

Im rechten Bild wurde das Gewebe eines EmB(II) dargestellt, der einen Tag nach der Beschallung fixiert wurde. Im Unterschied zum linken Bild konnte sich die Trübung des Embryos vom Versuch bis zum Tod (t_0 bis t_2) weiterentwickeln (Abb. 91, rechts). Hier wurden die Gewebe der Axialorgane von einem ausgeprägten Apoptose-Herd vollständig zerstört. Dieser bestand aus einer massiven Ansammlung apoptotischer Körperchen. Die Somitenanlage um den Apoptoseherd herum hatte sich nicht weiter ausdifferenziert.

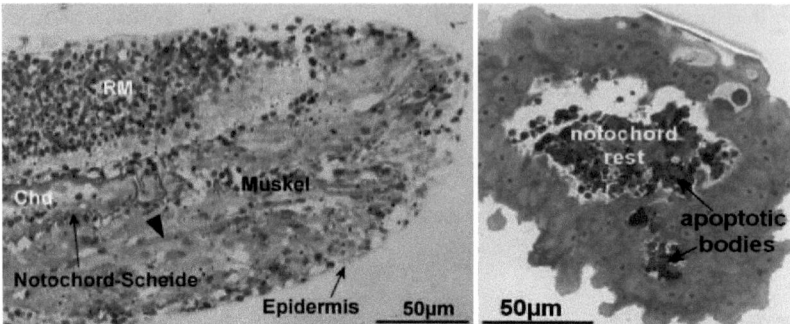

Abb. 91: Lichtmikroskopie bei EmB(II) im Stadium II mit Trübungen des Embryos mit einem Längsschnitt durch die Schwanzspitze (links) und einem Querschnitt durch den mittleren Bereich des Schwanzes (rechts). Beide EmB(II) wurden mit der Trübung zum Beobachtungszeitpunkt t_2 fixiert. Im Gewebe von Chorda-, Rückenmarksanlage und Muskelanlagen sind untergehende Zellen durch Apoptose erkennbar (↑). Einzelne Muskelfasern durchziehen (▲) die restlichen Somitenanlagen. Während links unterschiedliche Gewebeanlagen gerade noch erkannt werden können, sind die ehemaligen Anlagen der Axialorgane (rechts) bis zur Unkenntlichkeit zerstört. Auch die ursprünglichen Somitenanlagen lassen keine Differenzierungen erkennen. *Chd =Chorda dorsalis; RM = Rückenmark.*

Elektronenmikroskopisch wurden die pathologischen Veränderungen noch deutlicher: Zwischen den bereits entwickelten und quergeschnittenen Myofibrillen finden sich in den Muskelzellen Vakuolisierungen (Abb. 92; Detail: Abb. 93). In den Vakuolisierungen waren mögliche Reste aufgelöster Zellstrukturen in Form von Granula erkennbar. An anderen Stellen waren Untergänge von Organellen anhand der Myelinfiguren zu sehen. Nur Andeutungen membranöser Strukturen verblieben innerhalb der membranumhüllten Vakuolisierungen (Abb. 93, Oben). Desweiteren enthielten die Muskelanlagen polymorphe und, zu großen Teilen, kondensierte Mitochondrien (Abb. 93, unten).

3.2 Beschallte Embryonen

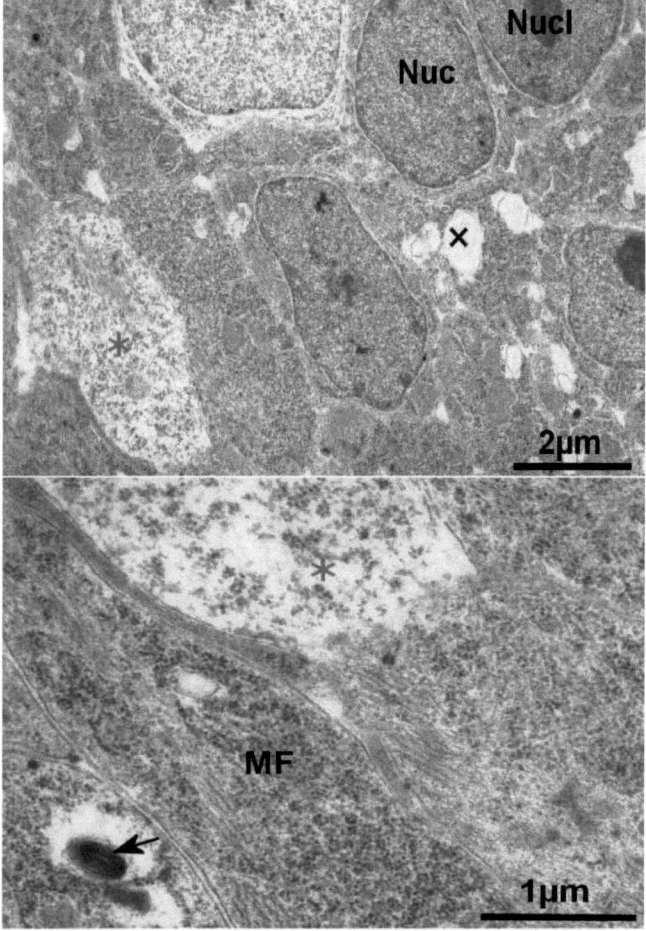

Abb. 92: Elektronenmikroskopische Darstellung der Muskelanlage aus Abb. 91 mit quergeschnittenen (oben) und durch Vakuolisierungen unterbrochenen Myofibrillen im Detail (unten). Die Vakuolisierungen sind leer (×) oder enthalten granulären Inhalt (∗). Ansatzweise sind Myofibrillen zu erkennen, die von sehr dichten osmiophilen Granula umgeben sind. Links unten ist eine Myelinfigur (↑) sichtbar. *MF= Myofibrillen; Nuc = Nucleus; Nucl = Nucleolus.*

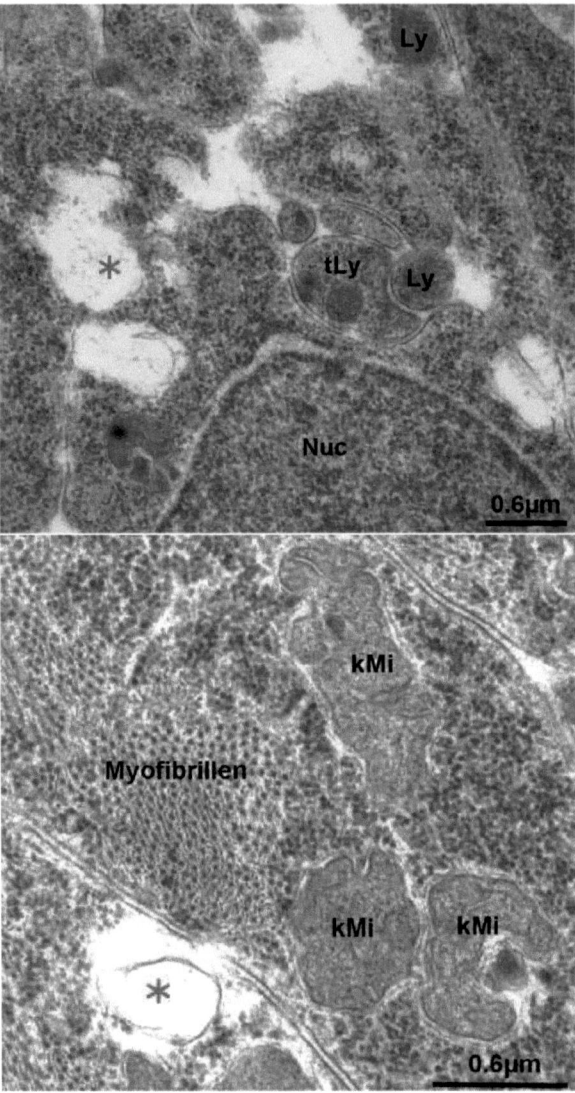

Abb. 93: Elektronenmikroskopischer Ausschnitt aus der Muskelanlage des obigen Fallbeispiels im Detail (oben) und kondensierten, polymorphen Mitochondrien (unten). In den Vakuolisierungen mit Membranhüllen (∗) sind Membranreste erkennbar. kMi= kondensiertes Mitochondrium, Ly = Lysosom; tLy = tertiäres Lysosom.

3.2 Beschallte Embryonen

Allgemein ließen sich in nekrotischen und apoptotischen Gewebeanlagen der EmB(II) einerseits, vergleichbar mit den Trübungen am Dotter, hochgradige Vakuolisierungen und Gewebelücken, andererseits Verdichtungen des Zytoplasmas feststellen. Sowohl Licht- als auch Elektronenmikroskopie ließen die äußeren Begrenzungen jener Vakuolisierungen und Gewebelücken sowie Verdichtungen der apoptotischen Körperchen auf Dichtesprünge zwischen schließen. Derartige Dichtesprünge bildeten damit optisch wirksame Oberflächen dar. Aufgrund dessen wurde das auch hier gestreut, was zu dem Trübungseffekt innerhalb der Gewebeanlagen führte.

Zusammenfassung zur Trübung des Embryos:

- *Eine Trübung des Embryos zeigte sich in Form milchig-weißer Bereiche der embryonalen Gewebeanlagen.*

- *Die Trübungen wurden sehr wahrscheinlich durch Zellschädigungen in Verbindung mit Vakuolisierungen und apoptotischen Körperchen verursacht. Dabei wurde die Differenzierung und Entwicklung der Gewebeanlagen negativ beeinflusst.*

- *Trübungen, die im Laufe der Entwicklung ab Beobachtungszeitpunkt t_2 auftraten, waren progressiv und wurden nicht rückgebildet.*

- *Mikroskopisch waren apoptotische Körperchen sowie nekrotische Zellen zu finden.*

- *Von 72 EmB(II) erlitten 18 eine Trübung am Embryo.*

3.2.2.10 Gewebszerstörung

Gewebszerstörungen konnten eindeutig als sichtbare Strukturschäden bzw. Verletzung embryonaler Gewebe an EmB(II) stereomikroskopisch nach den Beschallungen festgestellt werden. Offenbar wurden die Gewebeanlagen mechanisch durch die Stoßwellenenergien zerrissen und Teile der Gewebe heraus gesprengt (Abb. 94 und 95). In Abb. 94 wurde die Zerstörung der rechten Augenanlage, in Abb. 95 die Zerstörung der extraembryonalen Membran im vorderen Kopfbereich dokumentiert. Hier hatte das Gewebe der Hirnanlage keinen Halt mehr und wölbte sich aus seiner ehemaligen Umhüllung.

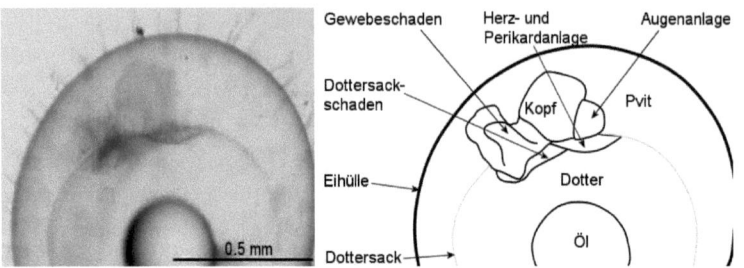

Abb. 94: Frontalansicht auf eine Gewebszerstörung am Kopf eines EmB(II). Die rechte Augenanlage ist zerstört. Kopf = Kopfanlage; Öl = Öltröpfchen; Pvit = Perivitellarraum.

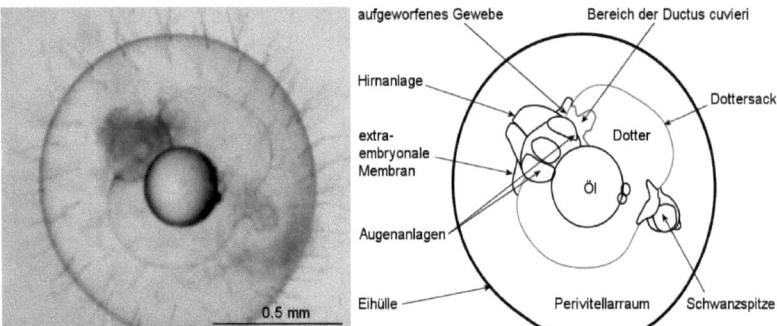

Abb. 95: Gewebszerstörung an einem EmB(II) im Stadium II. Durch die zerstörte extraembryonale Membran und deshalb fehlenden Begrenzung wölben sich linke und rechte Hälfte der Hirnanlage weit auf. Öl = Öltröpfchen.

Für die lichtmikroskopische Betrachtung wurden eine Kontrolle und ein EmB(II) mit Gewebszerstörung in den folgenden Abbildungen dargestellt. Durch die Krümmung der Keime um einen verkleinerten Dotter, konnte sowohl bei der Kontrolle als auch beim EmB(II) sowohl der Kopf- als auch Schwanzbereich annähernd quergeschnitten werden. Die Dotterverkleinerung bei der Kontrolle wurde durch die Präparation für die Fixierung verursacht, die des EmB(II) durch einen Dotterverlust. Deutlich waren bei der Kontrolle die soliden, lückenlosen Strukturen der Gewebeanlagen von Muskel-, Rückenmarks- und Chordaanlage zu erkennen (Abb. 96, links). Hingegen wurden durch die Beschallung die Muskelanlagen des Schwanzes auseinander gerissen und zerstört (Abb. 96, rechts), so dass nur noch Trümmer und Reste der Muskel- und Chordaanlage vorhanden waren.

3.2 Beschallte Embryonen 133

Der Zellverband der Muskelgewebeanlage wurde soweit gelockert, dass sich Zellen und Zelllagen stellenweise voneinander trennten (Abb. 97). Es bildeten sich im Gewebe großräumige Spalten und Lücken. Eine Chordaanlage war nicht mehr zu erkennen.

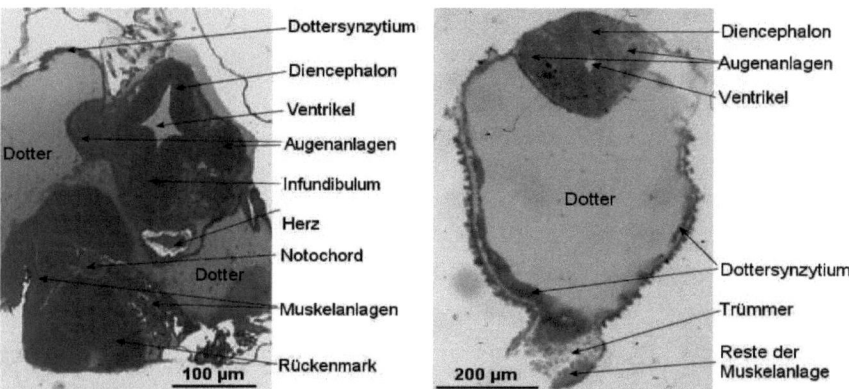

Abb. 96: Lichtmikroskopie eines Kontrollembryos (links) und eines EmB(II) mit einer Gewebszerstörung (rechts) im Stadium II. Beide Embryonen sind aufgrund ihrer Krümmung um den Dotter jeweils im Kopf- und Schwanzbereich annähernd quer geschnitten worden. Im Gegensatz zur Kontrolle mit den soliden Gewebeanlagen, zeigten sich Gewebeanlagen des Schwanzes beim EmB(II) auseinander gerissen. In der folgenden Abbildung 97 sind die Reste der Muskelanlage im Detail dargestellt.

Lediglich die parallele Anordnung der Zellen an der Stelle, wo im Normalfall eine Chordaanlage hätte vorhanden sein müssen, lassen vermuten, dass es sich dabei um Reste der Cordaanlage handelte.

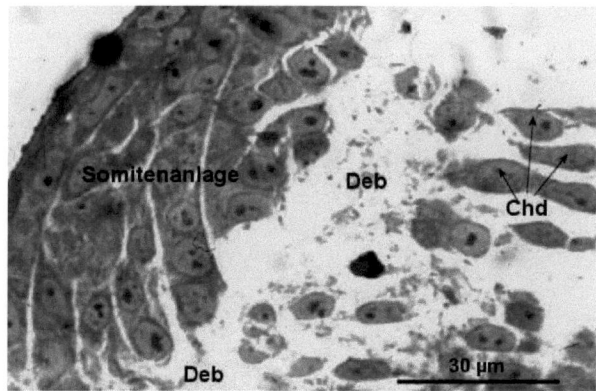

Abb. 97: Lichtmikroskopie der Gewebszerstörung eines EmB(II) im Stadium II. Das Gewebe ist nach einer Beschallung zum Zeitpunkt t_0 fixiert worden. Deutlich ist die Auflockerung bzw. Zerstörung des auseinander gesprengten Gewebeverbandes erkennbar. *Deb = Debris, Chd = mutmaßlicher Chorda-Rest.*

Wie die Elektronenmikroskopischen Aufnahmen zeigen, waren nicht nur die Gewebe, sondern auch der Großteil der Zellen der betroffenen Gewebe massiv geschädigt oder zerstört worden und unterlagen einer Nekrose. Für die Darstellung wurden Somitenanlagen herangezogen:

Bei den Kontrollen im Stadium II waren die ersten Muskelfibrillen (Abb. 98) und im Detail (unten) Zellmembranen, Mitochondrien mit orthodoxen Cristae sowie ER-Zisternen deutlich erkennbar. Hingegen waren die Zellen der Somitenanlagen bei den EmB(II) in unmittelbarer Umgebung der Gewebszerstörung ruptiert (Überblick: Abb. 99). Desweiteren schienen im Schadensherd keine Zellgrenzen zu existieren. Die Zellen verschmolzen zu einem strukturlosen Komplex. In den Detaildarstellungen (Ausschnitte A, B, C und D: Abb. 100 bis 102) waren keine intakten Nuclei erkennbar; vereinzelt war fein granuläres Chromatin nachzuweisen, als einziger Hinweis, dass dort ein Kern vorhanden gewesen sein musste.

In der elektronenmikroskopischen Darstellung einer Gewebszerstörung im Bereich des Dottersynzytiums und den benachbarten Muskelanlagen waren Nekrosen in Form ruptierter Zellen sichtbar. Intrazelluläre Strukturen mit den üblichen Organellen und Membranen waren in den Überblicks- und Detaildarstellungen nicht zu erkennen (Abb. 100, Ausschnitt A). Außerdem wurden Mitochondrien mit vesikulär veränderter Cristae gezeigt (Abb. 101, Ausschnitt B).

3.2 Beschallte Embryonen

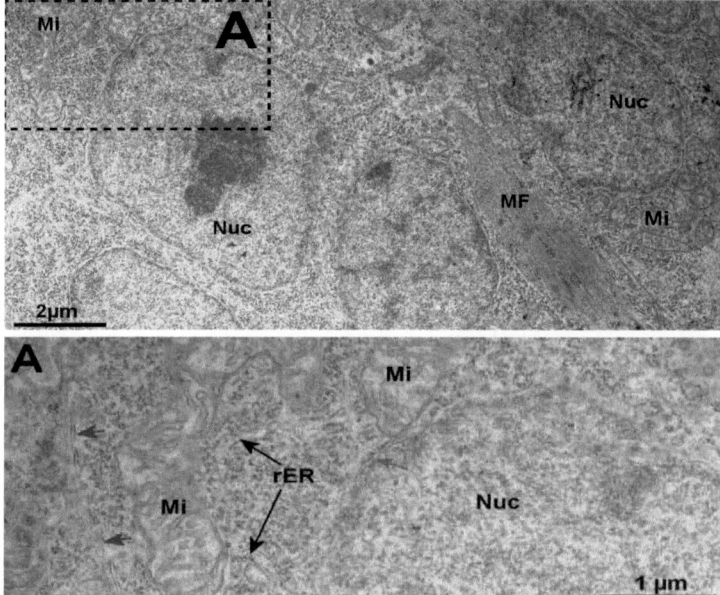

Abb. 98: Elektronenmikroskopie der Muskelanlage einer Kontrolle im Stadium II im Überblick (oben) und aus dem Kasten im Detail (A, unten). Erkennbar sind orthodoxe Mitochondrien, Zell-(↑) und Kernmembranen (↑) sowie erste Anlagen der Muskelfibrillen. Mi = Mitochondrium; MF = Muskelfibrillen; Nuc = Nucleus; rER = rauhes endoplasmatisches Retikulum.

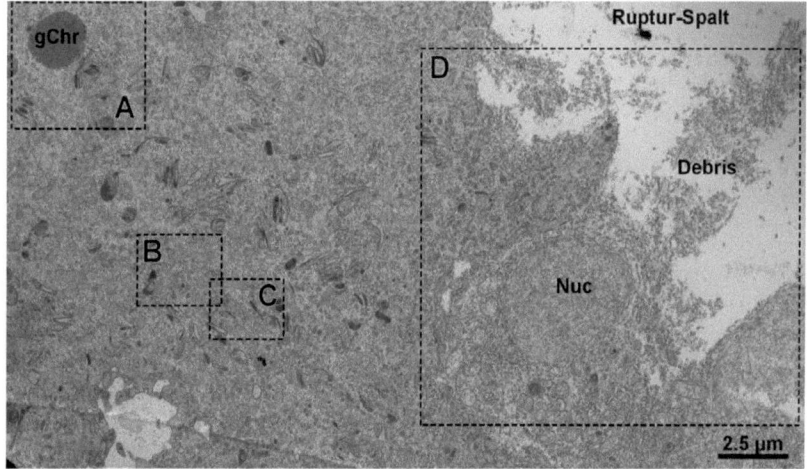

Abb. 99: Ultrastrukturen im nekrotischen Bereich einer Gewebszerstörung im Überblick. gChr = granuläres Chromatin; Nuc = Nucleus;
Detailauschnitte: **A** = Abb. 100, **B** = Abb. 101, **C** = Abb. 102, **D** = Abb. 103.

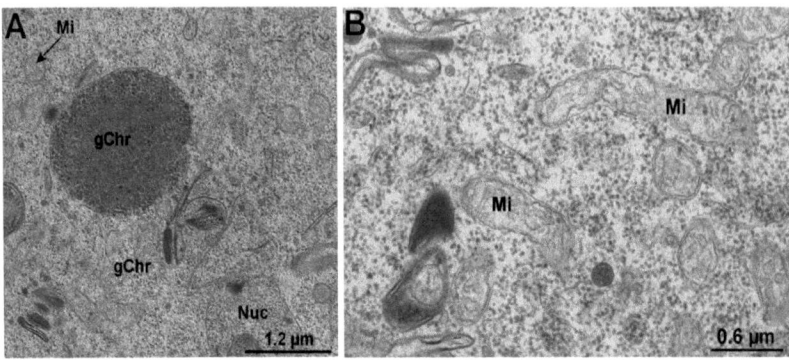

Abb. 100: Detaildarstellung fein granulären Chromatins. gChr = granuläres Chromatin; Mi = Mitochondrium.

Abb. 101: Detaildarstellung der Mitochondrien mit vesikulär veränderten Cristae. Mi = Mitochondrium.

Die Organellen waren bis zur Unkenntlichkeit verändert (Detailausschnitt C: Abb. 102). Dabei reichte das Spektrum von zisternenartigen Strukturen dilatierter ER-Abschnitte bis zu Membranhüllen mutmaßlicher Mitochondrien bei denen keine intrakristallinen Strukturen erkennbar waren.

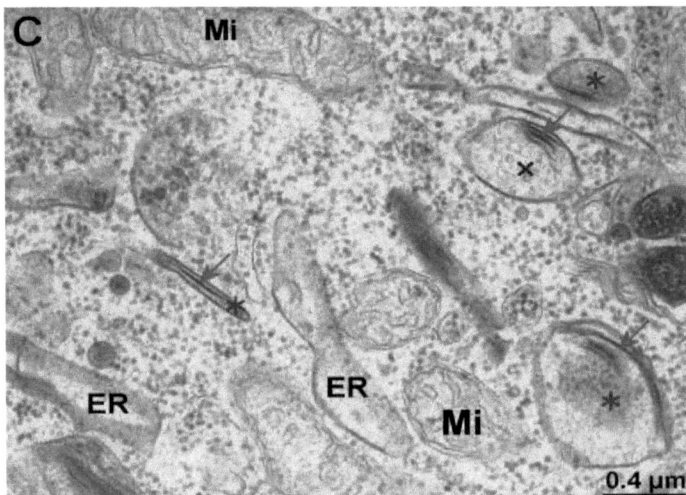

Abb. 102: Schwer geschädigte und zerstörte mutmaßliche geschwollene Mitochondrien und dilatierte ER-Zisternen aus einem nekrotischen Bereich einer Gewebszerstörung. Die Cristae der Mitochondrien fein granulär (∗) und vesikulär (×) verändert. An einigen jener mutmaßlichen Mitochondrienmembranen sind faltenartige Strukturen (↑) erkennbar. Mi = Mitochondrium..

3.2 Beschallte Embryonen

Dass es sich dabei sehr wahrscheinlich um Mitochondrienreste handelte, ließ sich aus den vesikulär veränderten Cristaresten in einem geschädigten Mitochondrium (rechts oben) folgern. Andere Mitochondrienhüllen beinhalteten feine Granula. An den Außenmembranen der mutmaßlichen, geschwollenen Mitochondrien waren faltenartige Strukturen sichtbar. In den Spalten zwischen den auseinandergerissenen Gewebeanlagen und Zellen (Detailausschnitt D: Abb. 103) befanden sich Trümmer und einzelne Organellen der ruptierten Zellen.

Die meisten EmB(II) mit Gewebszerstörung stagnierten in der weiteren Entwicklung, wie aus dem Entwicklungsdiagrammen (104) ersichtlich wird. Durch die starke Schädigung der embryonalen Gewebeanlagen kamen die EmB(II) nicht mehr über das Entwicklungsstadium II hinaus. Es gab vereinzelte Fälle, in denen sich eine leichte Gewebszerstörung scheinbar abheilte. In diesen Fällen konnten die betroffenen Emb(II) höhere Entwicklungsstadien erreichen. Eine Entwicklung bis zu Schlupfreifen gelang jedoch keinem der Emb(II) mit Gewebszerstörung.

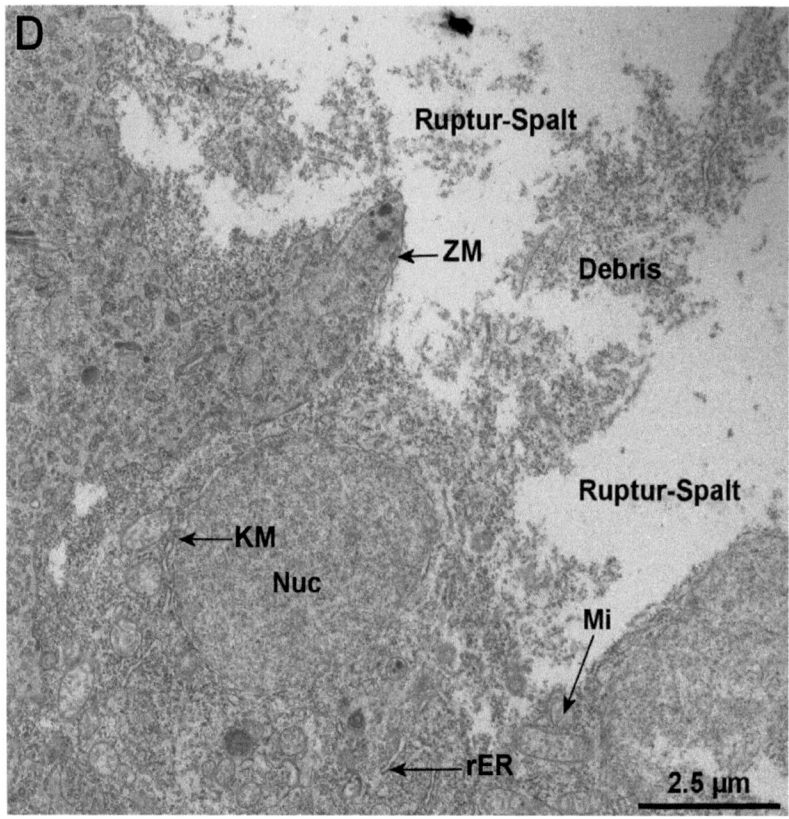

Abb. 103: Detailaufnahme einer ruptierten Zelle. Der Zellinhalt verteilte sich in Zwischenräume, die durch das Zerreißen der Gewebe entstanden sind. KM = Kernmembran; Mi = Mitochondrium; Nuc = Nucleus; rER = rauhes endoplasmatisches Retikulum, ZM = Zellmembran.

3.2 Beschallte Embryonen

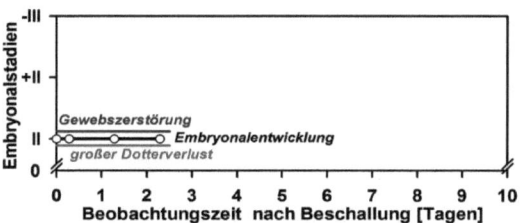

Abb. 104: Fallbeispiel eines Entwicklungsverlaufs eines EmB(II) mit Gewebszerstörung und stagnierender Entwicklung.

Zusammenfassung zur Gewebszerstörung:

- *Gewebszerstörungen traten als offensichtliche Verletzungen direkt nach den Beschallungen in Erscheinung. Das Ausmaß erstreckte sich auf kleine oberflächliche Verletzungen lokal begrenzter Bereiche bis hin zu einem Auseinandersprengen der embryonalen Gewebeanlagen.*

- *Unter dem Lichtmikroskop waren großräumige Spalten in den Gewebeanlagen zu sehen. Elektronenmikroskopisch waren zerrissene Zellen und zerstörte Organellen sowie Zelldebris zu beobachten.*

- *Embryonen mit schweren Gewebszerstörungen entwickelten sich nicht weiter.*

- *In den meisten Fällen führten schwere Gewebszerstörungen zu einem Absterben innerhalb von zwei Tagen nach der Beschallung.*

- *13 EmB(II) erlitten eine Gewebszerstörung. Davon konnte sich 4 EmB(II) regenerieren. Von diesen 4 erreichten 2 EmB(II) das Stadium III und ein EmB(II) das Stadium IV.*

3.2.2.11 Nur licht- und elektronenmikroskopisch sichtbare histologische Schäden bei EmB(II)

In, unter dem Stereomikroskop scheinbar unveränderten bzw. intakten Gewebeanlagen oder Dottersynzytien der EmB(II) konnten erst mit Hilfe der Licht- und Elektronenmikroskopie gravierende Veränderungen im Vergleich zu den Kontrollen erkannt werden. Anhand exemplarischer EmB (II) der Stadien III, IV und V wurde in den folgenden

Absätzen die histologische Situation der DS und Muskelanlagen aus den Schwanzbereichen detailliert beschrieben.

3.2.2.11.1 Zustand des Dottersynzytiums bei EmB(II)

Grundsätzlich wurde das DS an der Grenze zur Dottermasse durch die Beschallung geschädigt, wobei an den Dotter grenzende Bereiche der Dotterlysezone (vgl. S. 105) in zytoplasmatische Bruchstücke zerfielen. Die zytoplasmatischen Bestandteile konnten relativ klein und vesikelartig mit einem Durchmesser von ca. 0.2 μm bis 6 μm sein (Abb. 105, links), oder es lösten sich größere Schollen als ganze Schichtung aus dem DS (Abb. 105, rechts). Im letzteren Fallbeispiel grenzten die embryonalen Gewebeanlagen direkt an die Dottermasse, weil der Periblast (Teil des DS unter dem Embryonalschild) nicht mehr als abgrenzende Schicht vorhanden war.

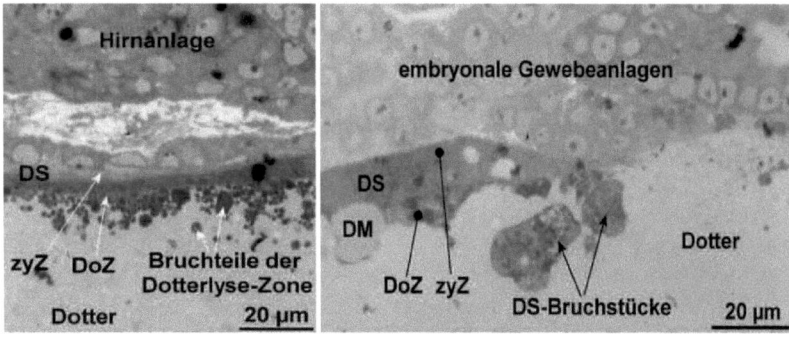

Abb. 105: Lichtmikroskopie des DS zweier EmB(II), direkt nach der Beschallung (Beobachtungszeitpunkt t_0). Das linke Bild zeigt vesikelartig abgeschnürte Anteile der Dotterlyse-Zone im Dotter. Rechts haben sich große DS-Schollen des Periblasts in ihrer gesamten Schichtung herausgelöst. DM = Dottermaterial; DoZ = Dotterlyse-Zone; DS = Dottersynzytium; zyZ = zytoplasmatische Zone.

In der Elektronenmikroskopie waren, im Vergleich zu den Kontrollen (vgl. Abb. 67, S. 106), um die Dottervakuolen der EmB(II) nur sehr wenige Lysosomen gruppiert (Abb. 106, links). Das Zytoplasma des DS war von rER-Zisternen unorganisiert durchzogen, die von einer Vielzahl osmiophiler Granula umgeben waren. Die Detaildarstellung (Abb. 106, rechts) erweckte den Eindruck, die Ribosomen würden sich im Lumen der ER-Zisternen befinden. Wahrscheinlicher war jedoch, dass die Membranumhüllungen dilatierter ER-Zisternen unregelmäßig und stellenweise eingedrückt waren.

3.2 Beschallte Embryonen

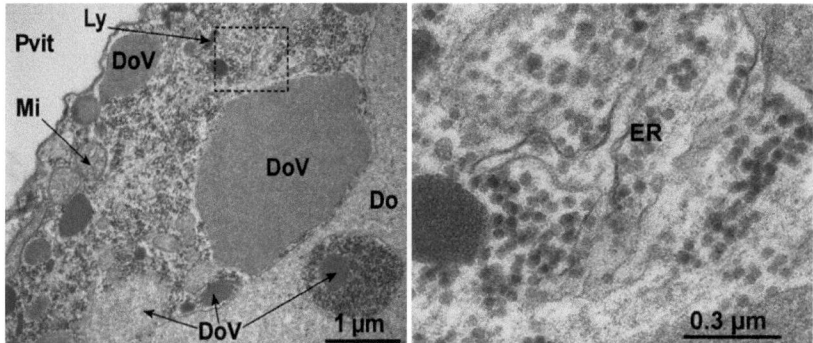

Abb. 106: Elektronenmikroskopie eines DS-Abschnittes eines EmB(II) kurz nach einer Beschallung (Beobachtungszeitpunkt t_0) im Überblick (links) und im Detail (rechts). Um die Dottervakuolen sind keine Lysosomen angeordnet. Das Zytoplasma ist dicht mit osmiophilen Granula angefüllt, die ER-Zisternen sind dilatiert. Do = Dotter; DoV = Dottervesikel; ER = endoplasmatisches Retikulum; Mi = Mitochondrium; Ly = Lysosom; Pvit = Perivitellarraum.

Es ließ sich auch nicht eindeutig klären, was zum Lumen der Zisternen gehörte und was nicht. Infolge solcher Verformungen konnte die Schnittebene durch die ER-Membranen so verlaufen, dass nur die Ribosomen, nicht aber die ER-Membranen selbst sichtbar wurden. Rechts unten in der Übersichtsabbildung ist (Abb. 106, links) ein abgeschnürtes Zytoplasma-Vesikel aus der Dotterlyse-Zone mit einer hohen Dichte an Ribosomen im Dotter sichtbar (vgl. DS-Vesikel: Abb. 105, links). In diesem Vesikel ist eine Dottervakuole und eine hohe Dichte an Granula zu erkennen.

3.2.2.11.2 Veränderungen des DS bei EmB(II) im Stadium III:

Das DS der EmB(II) in diesem Entwicklungsstadium war sehr variabel, es ließen sich jedoch in den Veränderungen charakteristische Muster erkennen. Dazu gehörten insbesondere Akkumulationen von osmiophilen Granula oder allgemeine Ausdünnung des Zytoplasmas von Granula, Organellen, Ribosomen und ER.

Im folgenden Beispiel war das normal entwickelte DS im Stadium III angereichert mit großen und kleinen Dottervakuolen, einer Vielzahl an Lysosomen, Mitochondrien sowie in der Hauptmasse Ribosomen (Abb. 107). Die Ausdehnung des rER ließ auf ein sehr aktives Zytoplasma schließen.

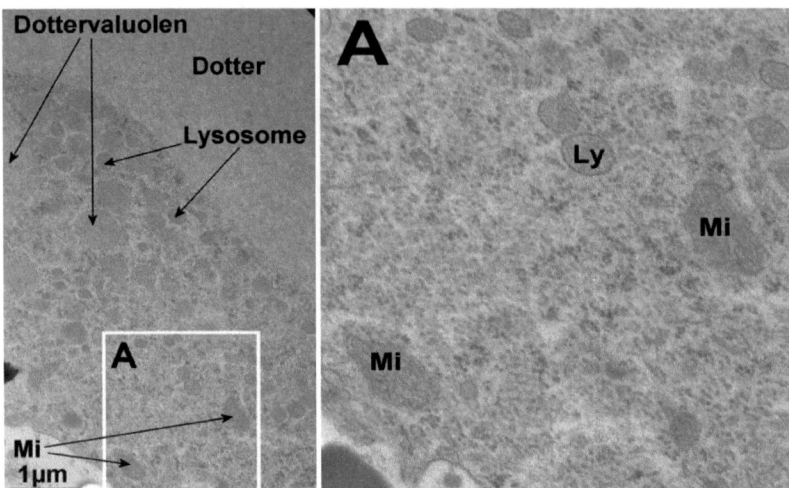

Abb. 107: Elektronenmikroskopie eines DS-Abschnittes einer Kontrolle im Stadium III im Überblick (links) und im Detail (rechts). Das Zytoplasma des DS ist angereichert mit einer Vielzahl an Lysosomen, kleineren Dottervakuolen und Ribosomen. Zwei Mitochondrien sind erkennbar. $Mi = Mitochondrium;\ Ly = Lysosom$.

Im Gegensatz dazu war elektronenmikroskopisch ein gänzlich anderer Zustand bei EmB(II) im Stadium III vorzufinden. Im folgenden Fallbeispiel enthielt das DS eine deutlich geringere Ribosomen- und Organelldichte (Abb. 108). Hier waren chaotisch verlaufende rER-Zisternen sichtbar. Eine relativ kleine Dottervakuole und gleichmäßig im Zytoplasma verteilte Lysosomen waren zu erkennen. Vereinzelte Fortsätze des DS ragten in die Dottermasse hinein.

3.2 Beschallte Embryonen 143

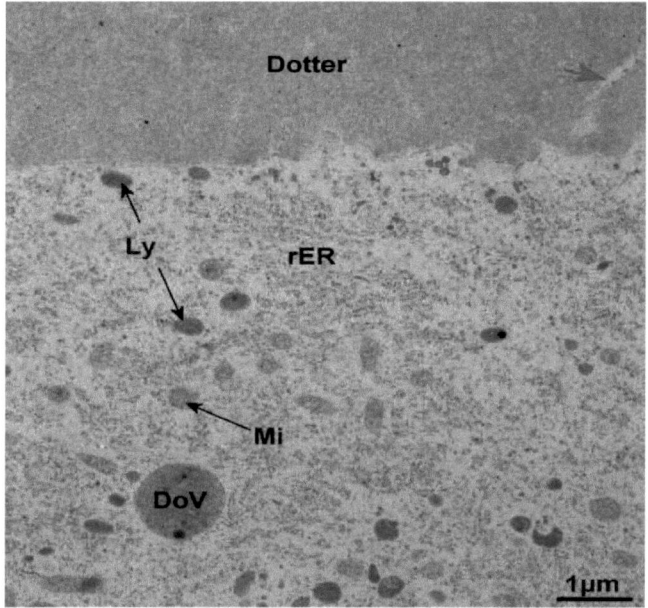

Abb. 108: Elektronenmikroskopie eines organellarmen DS eines EmB(II) im Stadium III. Das DS enthält deutlich weniger Lysosomen, Dottervakuolen und Ribosomen als bei den Kontrollen. *DoV = Dottervakuole; Ly = Lysosom; Mi = Mitochondrium.*

3.2.2.11.3 Veränderungen des DS bei EmB(II) im Stadium IV:

Das DS bei den Kontrollen im Stadium IV trat hier mit unterschiedlicher Beschaffenheit, abhängig von der betroffenen Region und der Schnittebene, in Erscheinung. Es konnte keine scharfe Grenze zwischen der Dotterlyse-Zone und der zytoplasmatischen Zone in dem elektronenmikroskopischen Ausschnitt (Abb. 109) gezogen werden. Kennzeichnend für die zytoplasmatische Zone war der Aufenthaltsbereich der Mitochondrien und für die Dotterlysezone die der Dottervakuole und Lysosomen. Von der zytoplasmatischen Zone ausgehend, erstreckten sich Zytoplasmafortsätze in den perisynzytiellen Raum hinein, dem Endothel entgegen.

In dem Ausschnitt des synzytiellen Periblasts, der Bereich des DS unmittelbar unter dem Embryo, waren auch hier die Dottervakuolen von Lysosomen umgeben (Abb. 110), von denen einzelne sich mit der Dottervakuole vereinigten. Eine Grenze zwischen

Dotterlyse-Zone und zytoplasmatischer Zone konnte hier nicht gezogen werden. Das rER zog sich in diesem Bereich durch die gesamte Zytoplasma-Säule des Dottersynzytiums, wie im Detailausschnitt vergrößert wurde. Im DS war in diesem Bereich eine sehr hohe Dichte an dunkelgrauen Granula erkennbar, bei denen es sich sehr wahrscheinlich um Glycogen handelte.

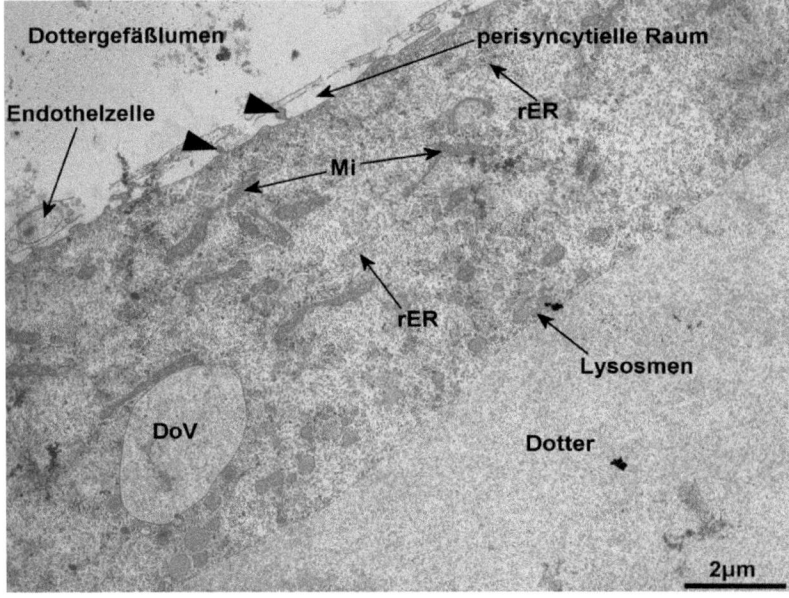

Abb. 109: Lateraler DS-Ausschnitt im Elektronenmikroskop mit einem Dottergefäß bei einer Kontrolle im Stadium IV. Die Dottervakuole ist von Lysosomen der Dotterlyse-Zone umgeben. In der an das Dottergefäß grenzende zytoplasmatische Zone sind insbesondere die Mitochondrien erkennbar. In den perisynzytiellen Raum erstrecken sich Ausläufer der zytoplasmatischen Schicht (▲) dem Endothel des Dottergefäßes entgegen. *DoV = Dottervakuole; Mi =Mitochondrium; rER = rauhes endoplasmatisches Retikulum.*

3.2 Beschallte Embryonen

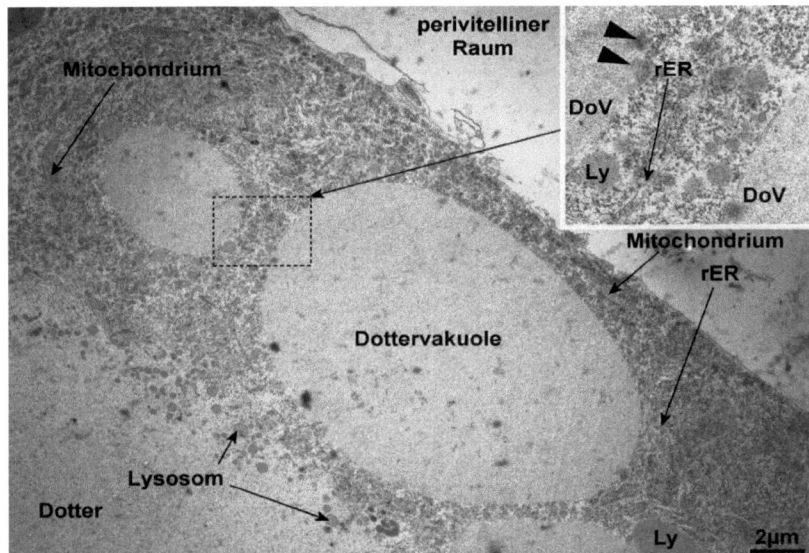

Abb. 110: Elektronenmikroskopie eines DS (Periblast) aus der Kopfregion einer Kontrolle im Stadium IV. Die Dottervakuolen waren auch hier von Lysosomen umgeben. Der gestrichelte Kasten zeigt einen Detailausschnitt, in dem mit der Dottervakuole verschmelzende Lysosome (▲) zu sehen sind. Mutmaßliches Glycogen zeigt sich als dunkelgraue Granula. Zwischen zwei Dottervakuolen zieht sich eine rER-Zisterne. Das rER durchzieht das gesamte DS – vom Dotter bis zur Grenze zum perisynzytiellen Raum. *DoV = Dottervakuole; Ly = Lysosom; rER = rauhes endoplasmatisches Retikulum.*

Das DS der EmB(II) im Stadium IV konnte im Vergleich zu den Kontrollen einerseits sehr arm an Granula und Organellen sein. Dies konnte sich im Extremfall als vollständiges Fehlen von Organellen zeigen. Anderseits war im DS eine so hohe Dichte an Granula zu derkennen, dass die Organellen nur noch schwer sichtbar waren.

Die folgenden zwei Fallbeispiele repräsentieren eine extreme Organellarmut im DS. Dabei waren keine intakten Organellen oder Dottervakuolen zu entdecken (Abb. 111 und 112). Hier waren Dotterlyse- und zytoplasmatische Zone scharf voneinander abgegrenzt. In beiden Fallbeispielen war die Dotterlyse-Zone mit Lipidtröpfchen angereichert, die hauptsächlich auf Bestandteile der angrenzenden Ölkugel aus dem Dotter zurückzuführen waren. Vereinzelt waren auch leere Membranhüllen oder Organellreste erkennbar, die an leere ER-Zisternen erinnerten. Im Detailausschnitt aus Abb. 111 konnte ein vermutlich zerrissenes Mitochondrium, erkennbar an den crista-ähnlichen Strukturen, dargestellt werden. Auch von einer Membran umgebene Residualkörperchen untergegangener Organellen waren in einem weiteren EmB(II) im Stadium IV im DS nachweisbar (Abb. 112).

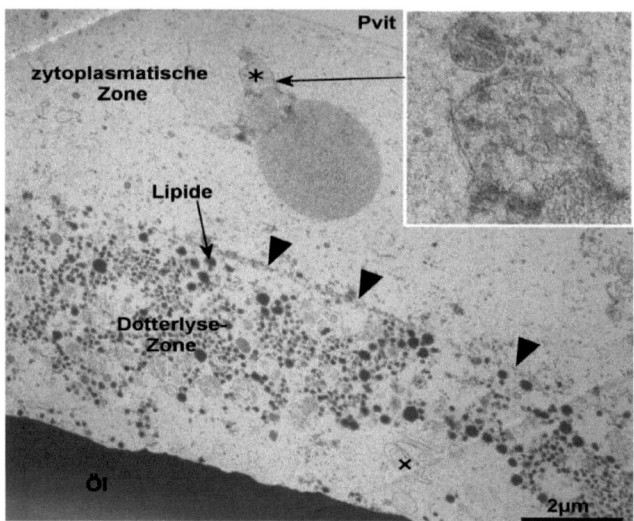

Abb. 111: Elektronenmikroskopie des DS (Periblast) eines EmB(II) im Stadium IV im Bereich der Leibeshöhle. Die Dotterlysezone wird von der zytoplasmatischen Zone scharf abgegrenzt (▲). Es sind lediglich leere Membranen als Reste (×) ehemaliger Organellen zu erkennen. Im Detailausschnitt ist ein offenbar ruptiertes Mitochondrium (∗) zu sehen. Im DS waren Lipidtröpfchen verteilt, die von der benachbarte Ölkugel stammen. Öl = Ölkugel; Pvit = Perivitellarraum.

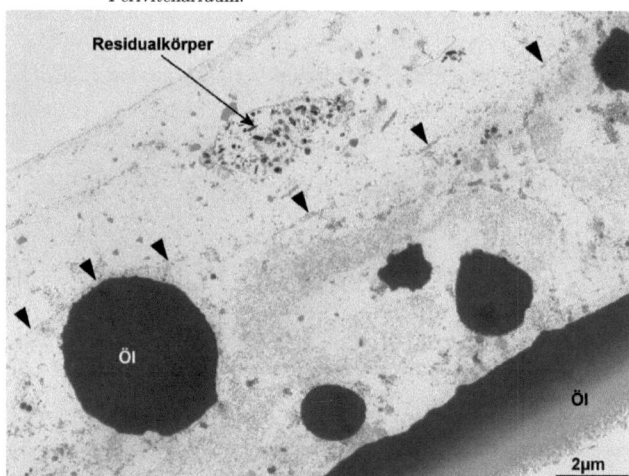

Abb. 112: Elektronenmikroskopie des DS eines EmB(II) in Nähe eines Dottergefäßes. Die Dotterlysezone ist auch hier von der zytoplasmatischen Zone scharf abgegrenzt (▲). Das DS beinhaltet hier leere Membranstrukturen. Eine Ansammlung von Residualkörperchen ist erkennbar. Hier sind relativ große Lipidtröpfchen im DS, die sehr wahrscheinlich aus der angrenzenden Ölkugel stammen.

3.2 Beschallte Embryonen

Bei einem weiteren Fallbeispiel konnte, im Kontrast zu den vorherigen, elektronenmikroskopisch eine extreme Anreicherung mit Glykogen und Dottervakuolen beobachtet werden (Abb. 113). Die Strukturdichte war so hoch, dass Organellen nicht eindeutig erkennbar waren. Abweichend zu einem normalen DS, war hier eine optische Dreiteilung zu erkennen. Der oberste Bereich wurde durch mikrovilliartige Zytoplasmaausläufer der Dotterlyse-Zone charakterisiert, die unterschiedlich weit in die Dottermasse hineinragten. Chaotisch angeordnete ER-Zisternen durchzogen das DS. Mitochondrien waren nicht erkennbar. Ein breites Band rER grenzte den oberen Dotterlyse-Zonen-Bereich von der unteren zytoplasmatischen Schicht ab. Der untere, dem Dotter abgewandte Bereich der Dotterlyse-Zone, enthielt mehr und größere Dottervakuolen als der obere, umgekehrt als bei einem normal entwickelten DS. Jeder der dargestellten Fallbeispiele erlitt bei der Beschallung einen großen Dotterverlust.

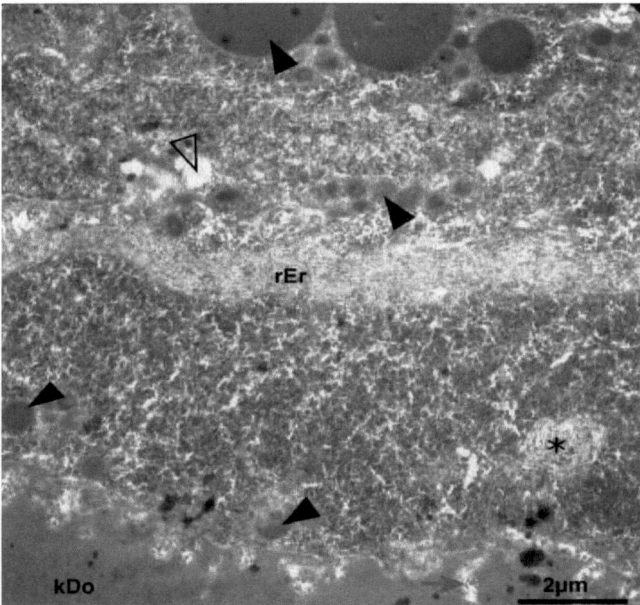

Abb. 113: Elektronenmikroskopie eines optisch dreiteiligen DS mit einer extremen Anreicherung an Glykogen bei einem EmB(II) im Stadium IV. Zytoplasmafortsätze (↑) ragen in die Dottermasse hinein. Ein breites rER-Band teilt die zytoplasmatische Zone von der Dotterlysezone ab. Dabei hat die zytoplasmatische Zone ungewöhnlich größere und mehr Dottervakuolen (▲) als die Dotterlysezone. Kleine Vakuolisierungen (△) und Myelinfiguren (∗) sind im DS erkennbar.

3.2.2.11.4 Veränderungen des DS bei EmB(II) im Stadium V

Der lichtmikroskopische Ausschnitt des synzytiellen Periblasts und der Leber unter der Leibeshöhle war besonders intensiv durch das Toluidinblau gefärbt, was das Erkennen von zellulären Details erschwerte (Abb. 114). Allgemein waren am Lebergewebe keine Auffälligkeiten zu beobachten. Eine Schichtung in Dotterlyse- und zytoplasmatische Zone war hier infolge der Färbeintensität nicht sichtbar. Eine Dottervakuole war rechts in der Darstellung erkennbar.

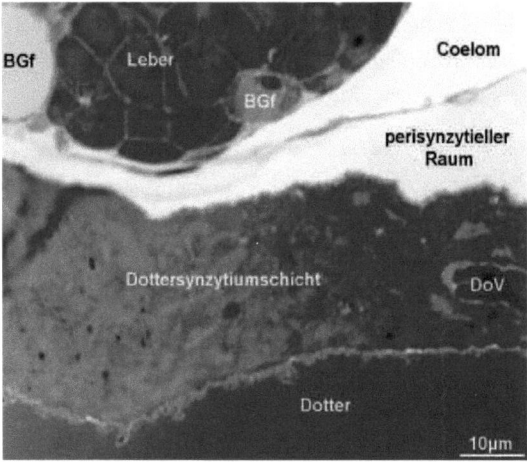

Abb. 114: Lichtmikroskopie des synzytiellen Periblasten sowie der Leber einer Kontrolle im Stadium V. Das Zytoplasma des Periblasten ist intensiv blau gefärbt. Eine Schichtung des DS ist nicht erkennbar. Im oberen Bereich ist ein Teil der Leber mit zwei Blutgefäßen zu erkennen. *BGf = Blutgefäß; DoV = Dottervakuole*

Hingegen zeigte sich der Periblasten eines EmB(II) im Stadium V in einer grobkörnigen, stark aufgelockerten Konsistenz mit Vakuolisierungen ohne scharfe Begrenzungen (Abb. 115). Auch hier war keine Schichtung des DS-Abschnitts erkennbar. Die Gewebestruktur oberhalb des perisynzytiellen Raumes war derart nekrotisch verändert, dass sie nicht mehr mit Sicherheit zu identifizieren war. Ebenso konnte der angrenzende Bereich eines nekrotischen Leibeshöhlenorgans nicht identifiziert werden. Von der Lage her, könnte es sich dabei um einen Leberrest handeln. Trotz dieses Zustandes, war der Embryo nicht getrübt.

3.2 Beschallte Embryonen

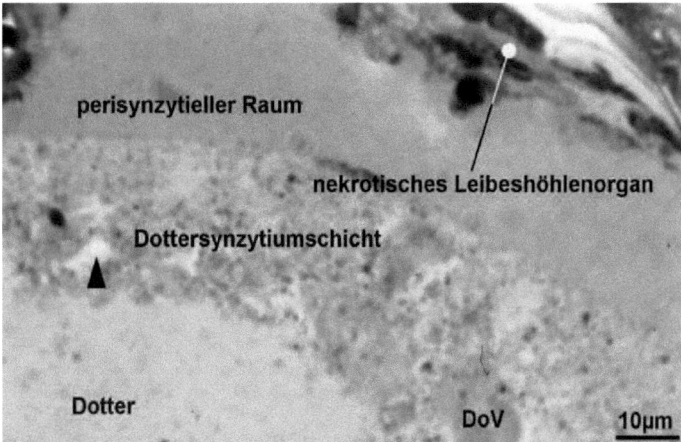

Abb. 115: Lichtmikroskopie eines Ausschnittes aus dem synzytiellen Periblasten eines EmB(II) im Stadium V. Die Struktur des DS ist grobkörnig und enthält Vakuolisierungen ohne scharfe Begrenzungen (▲). Schichtungen oder differenzierte Strukturen, bis auf eine Dottervakuole, waren nicht erkennbar. Im oberen Bildbereich ist der Randbreich eines nicht identifizierbaren Leibeshöhlenorgans zu sehen. $DoV = Dottervakuole$

Auch unter dem Elektronenmikroskop war im normal entwickelten synzytiellen Periblast keine Schichtung sichtbar (Abb. 116). Als dünne Schicht bedeckte er den Dotter und grenzte diesen zum Leibeshöhlenbereich des Embryos ab. Der Abschnitt war hier gleichmäßig mit Glykogengranula durchsetzt.

Von einem weiteren DS-Bereich aus unmittelbarer Nachbarschaft zu einem Dottergefäß, erstreckten sich in regelmäßigen Abständen Zytoplasmaausläufer durch den perisynzytiellen Raum zum Endothel des Dottergefäßes (Abb. 117). Dabei berührten sie in dargestellten Schnittebene stellenweise das Endothel des Dottergefäßes. In dem Detailausschnitt wurde eine Berührungsstelle eines Zytoplasmaausläufers mit dem Endothel dargestellt. Sowohl Zytoplasmaausläufer als auch die Endothelzellen enthielten Vesikel und Granula von gleicher Struktur. Im Vergleich zum Stadium IV waren hier die Zytoplasmaausläufer kräftiger ausgebildet (vgl. 109, S. 144).

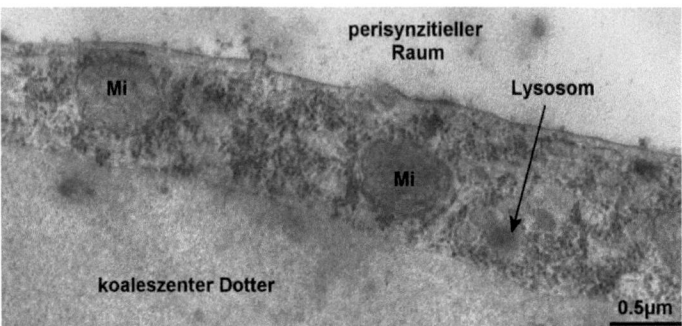

Abb. 116: Elektronenmikroskopischer Ausschnitt des synzytiellen Periblasten einer Kontrolle im Stadium V. Das DS ist angereichert mit osmiophilen Glykogengranula. Deutlich sind Lysosome und Mitochondrien zu erkennen. Mi =Mitochondrium.

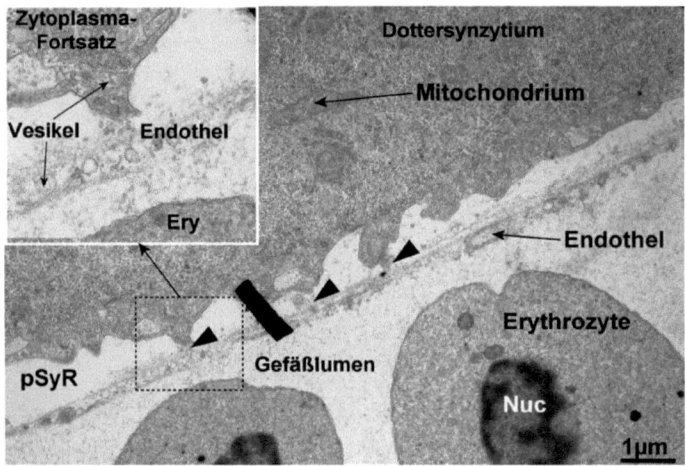

Abb. 117: Elektronenmikroskopie der zytoplasmatischen Zone eines normal entwickelten DS im Stadium V mit Dottergefäß. Zytoplasmatische Ausläufer des DS mit Granula und Vesikeln, berühren das Endothel des Dottergefäßes (▲). Vesikel gleicher Struktur sind sowohl in den Ausläufern des DS als auch im Endothel vorhanden (Detailausschnitt). Der schwarze Balken ist eine Kontrastierungsartefakt. Ery = Erythrozyte; Mi = Mitochondrien; Nuc = Nucleus; pSyR = perisynzytieller Raum.

Es waren erhebliche Veränderungen des DS bei EmB(II) mit erreichten Stadium V durch das Elektronenmikroskop erkennbar (Abb. 118). Der abgebildete DS-Ausschnitt war nekrotisch. Ebenfalls nekrotisch war der Teil des dargestellten embryonalen Ge-

3.2 Beschallte Embryonen 151

webes über dem DS-Ausschnitt, das sich bereits in der Zytolyse befand. Insbesondere die Ansammlung von Lipiden mit ihrer typischen Osmiophilität und homogenen Konsistenz sowie Residualkörperchen charakterisierten die Gewebereste. Im DS waren vesikuläre Strukturen von nicht mehr zu identifizierenden Organellen zu sehen. Fahnen aus synzytiellen Zytoplasma diffundierten in den Dotter und erweckten dem Eindruck eines sich auflösenden DS.

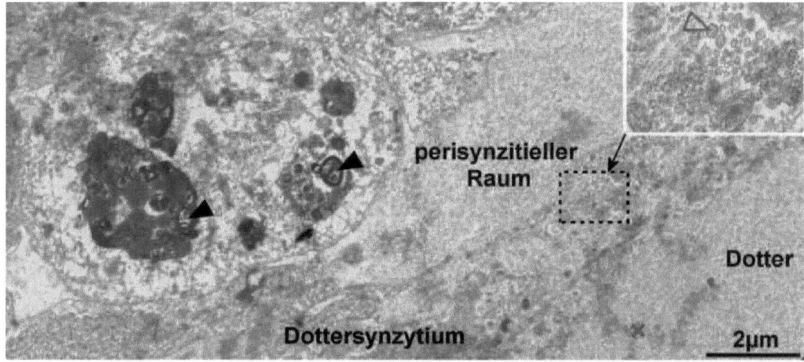

Abb. 118: Elektronenmikroskopie eines DS-Abschnittes und unidentifizierbare Gewebereste eines Leibeshöhlenorgans eines EmB(II) im Stadium V. Die untergehenden Zellen befinden sich bereits in der Zytolyse und enthalten Lipidtröpfchen (∗) und Residualkörperchen(▲). Im DS ist eine hohe Konzentration an Vesikeln zu erkennen (△). Fahnen aus Zytoplasma (×) diffundieren in den Dotter hinein. Va = *Vakuolisierung.*

In dem DS-Bereich eines weiteren EmB(II) im Stadium V in Dottergefäßnähe waren kondensierte Mitochondrien gerade noch erkennbar (Abb. 119). Desweiteren waren Granula um das ER derartig dicht gepackt, dass das ER selbst nur durch seine dilatierten Zisternenbereiche (Detailausschnitt A) sichtbar war. Die Dottervakuolen waren von Zytoplasma durchzogen. Ob sie wie bei den Kontrollen von einer Membran umgeben waren, war nicht ersichtlich. Größe und Struktur der osmiophilen Granula ließ auf Glykogen schließen.

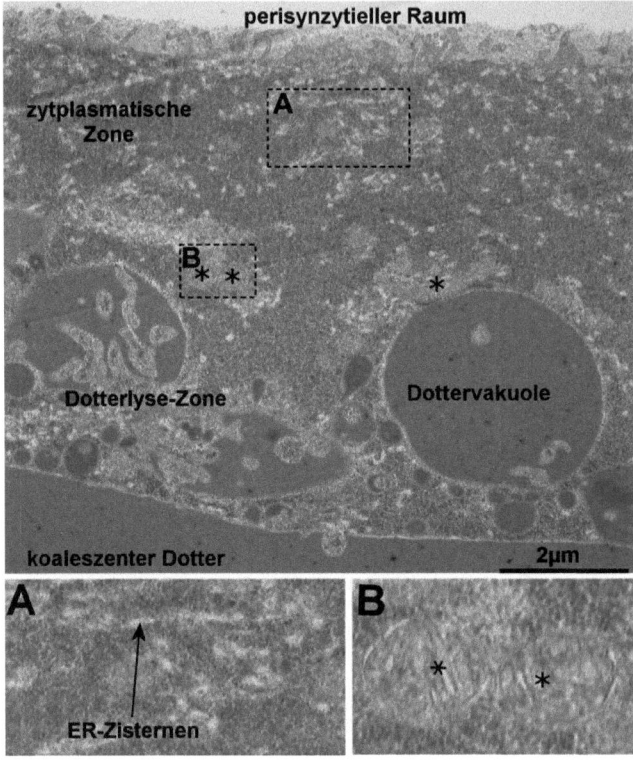

Abb. 119: Elektronenmikroskopie des DS eines EmB(II) in Nachbarschaft zu einem Dottergefäß im Stadium V. Sehr dicht gepackte, osmiophile Granula füllen den zytoplasmatischen Raum um das ER auf. Das ER zeigt dilatierte Abschnitte (Detailausschnitt A). Schwer zu erkennen sind die offensichtlich kondensierten Mitochondrien (∗)(Detailausschnitt B). A = Detail: dilatierte ER-Zisternen; B = Detail: kondensierte Mitochondrien.

3.2.2.11.5 Veränderungen im Schwanzbereich

Im folgenden Abschnitt wurden anhand der Ultrastrukturen schwerpunktmäßig die Schädigungen und Fehlentwicklungen der Muskelanlagen aus den Schwanzbereichen der EmB(II) beschrieben.

3.2 Beschallte Embryonen

Muskelanlagen im Stadium III

Im Stadium III waren die normal entwickelten Somitenanlagen noch nicht ausdifferenziert (Abb. 120). Es ließen sich jedoch bereits helle I-Streifen mit den Z-Linien, bestehend aus den Aktinfilamenten, erkennen. Die breiteren und dunkleren A-Streifen,

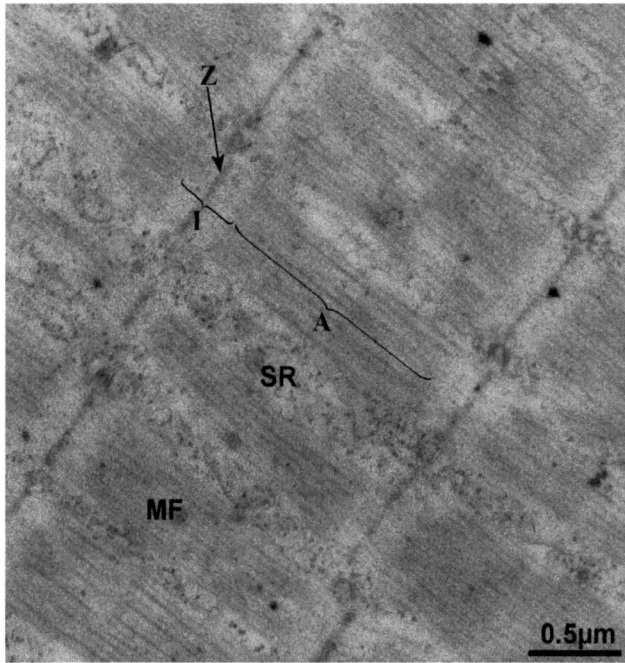

Abb. 120: Elektronenmikroskopie von Muskelfasern aus dem Schwanzbereich einer Kontrolle im Stadium III. Die Muskelfasern sind noch nicht ganz ausdifferenziert. Deutlich lassen sich bereits die Z-Linien innerhalb der hellen I-Streifen, die dunkleren A-Streifen und das sarkoplasmatische Retikulum erkennen. A = *A-Streifen*, I = *I-Streifen*, MF = *Myofibrillen*, SR = *sarkoplasmatisches Retikulum*, Z = *Z-Linie*.

bei denen sich im ausdifferenzierten Muskel die Aktin- und Myosinfilamente ineinanderschieben, heben sich mit ihren parallel verlaufenden grauen Strängen vom restlichen Schnitt ab. Zwischen den Strängen der Filamente war das sarkoplasmatische Retikulum erkennbar. In einer diagonalen Schnittebene der Muskelanlage einer Kontrolle (Abb. 121) bildeten die Muskelfasern noch keine kompakten Kompartimente aus. Im Zytoplasma waren Mitochondrien, freie Ribosomen und Polysomen zu sehen.

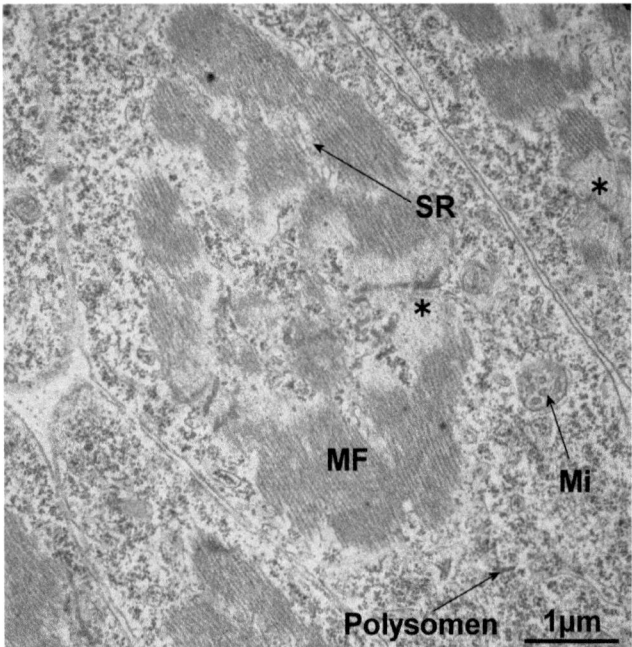

Abb. 121: Elektronenmikroskopie eines Muskelfaserbündels einer Kontrolle im Stadium III im Diagonalschnitt. Es sind hier Andeutungen der I-Streifen mit den Aktinfilamenten und den mittig verlaufenden Z-Streifen sichtbar (∗). Die Ribosomen liegen größten Teils als freie oder Polysomen vor. MF = Myofibrillen, Mi = Mitochondrien, SR = sarkoplasmatisches Retikulum.

Elektronenmikroskopisch ließen sich deutliche Veränderungen in den Muskelanlagen bzw. in der Struktur der Myofibrillen der EmB(II) im Stadium III beobachten. Im folgenden Schnitt waren auffällig unkoordinierte Windungen und Wirbel der Fibrillen vorzufinden. Vermutlich handelte es sich bei diesen Strukturen um ungerichtete Proliferationen von Myofibrillen als Symptom von Veränderungen in der Muskelanlage (Abb. 122). Sie umschlossen mit ihrer wirbel- und schleifenartigen Anordnung einzelne Mitochondrien und waren gebündelt. Dabei stellen die umschlossenen granulären Strukturen vermutlich quergeschnittene Filamentbündel dar.

3.2 Beschallte Embryonen

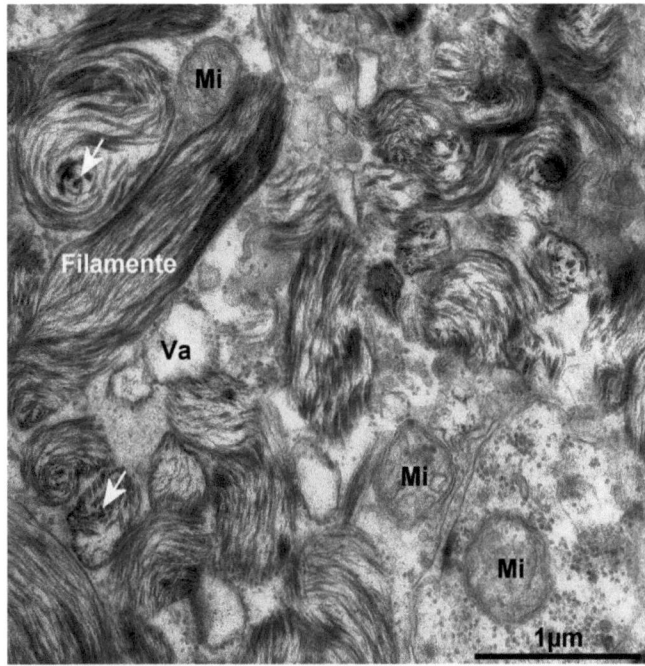

Abb. 122: Ultrastrukturen von Fibrillen aus einem Bereich der Muskelanlage von einem EmB(II) im Stadium III. Die Fibrillen sind proliferiert und gebündelt. Granulaartige Strukturen (↑) im Zentrum einiger Wirbel sind sehr wahrscheinlich quergeschnittene Fibrillenbündel. Mi = Mitochondrium; Va = Vakuolisierung.

Muskelanlagen im Stadium IV

Bei dem schrägen Anschnitt durch die Muskelfasern eines normal entwickelten Somiten im Stadium IV traten die Z-Streifen unter dem Elektronenmikroskop deutlich hervor (Abb. 123). Das sarkoplasmatische Retikulum enthielt eine Vielzahl an Ribosomen; die sich gleichmäßig im Zytoplasma verteilten. Auch sarkoplasmatische ER-Zisternen waren im Ultradünnschnitt sichtbar.

Elektronenmikroskopisch konnte an den Muskelfasern bei einem EmB(II) im Stadium IV eine Muskeldystrophie diagnostiziert werden. Zur kurzen Erläuterung: Unter Dystrophien sind fehlerhaft ausgebildete Strukturen, Gewebe, Organe zu verstehen.

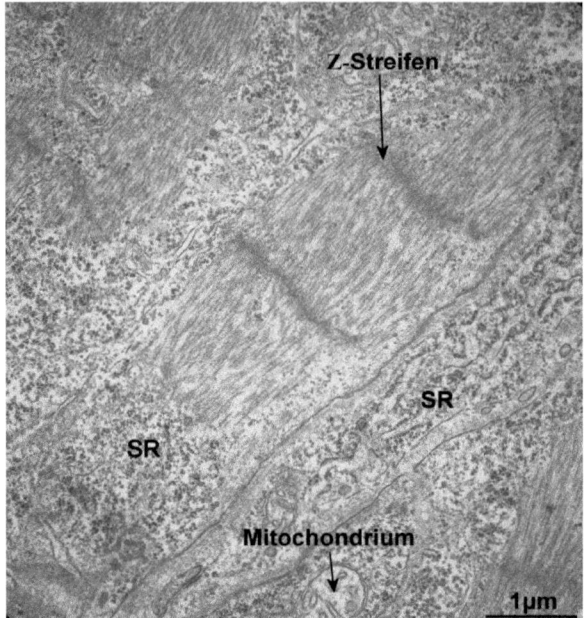

Abb. 123: Elektronenmikroskopie von Muskelfasern einer Kontrolle im Stadium IV. Dunkel zeichnen sich die Z-Linien auf dem Schnitt ab. Zisternen des sER mit ihren anhaftenden Ribosomen durchziehen das Zytoplasma. *SR = sarkoplasmatisches Retikulum.*

Zwischen den Muskelfasern bildeten sich Interzellularen, die Zelldebris aus grobkörnigen Granula und Membranresten beinhalteten (Abb. 124). Die Mitochondrien traten hier in drei Zuständen auf:

1. Große orthodoxe Mitochondrien mit relativ normal kontrastierten Cristae,
2. Kondensierte Mitochondrien mit den typisch elektronendichten Cristae,
3. Geschwollene Mitochondrien mit deutlich erweiterten intracristalinen Zwischenräumen.

Im Vergleich zu den Kontrollen, schienen die Myofibrillen in der Weise unterbrochen zu sein, als wären sie nicht vollständig ausgebildet worden. Die Muskelfaserbündel sowie die Muskelfasern der EmB(II) waren in der Elektronenmikroskopie sehr dünn und schwach entwickelt, was den Eindruck einer Dystrophy untermauert.

3.2 Beschallte Embryonen

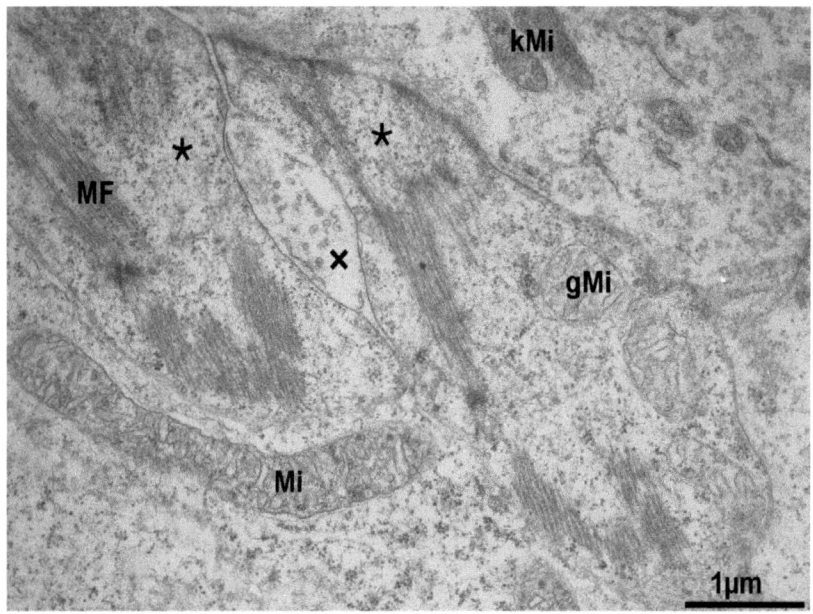

Abb. 124: Elektronenmikroskopie von Muskelfasern aus den Somiten eines EmB(II) im Stadium IV. Drei Zustandsformen der Mitochondrien sind erkennbar: kondensierte, orthodoxe Mitochondrien und mutmasslich geschwollene. Die Myofibrillen sind unterbrochen (∗). Der interzelluläre Spalt (×) enthält Zelldebris. gMi = geschwollenes Mitochondrium; kMi = kondensiertes Mitochondrium; MF = Myofibrillen.

In der elektronenmikroskopischen Darstellung einer Muskelanlage eines anderen EmB(II) wurde konnte eine Muskeldystrophie anhand der Lücken innerhalb der Muskelfasern im Bereich der Z-Streifen diagnostiziert werden (Abb. 125). Die Myofibrillen waren auch hier an vielen Stellen unterbrochen. In keinem der untersuchten Muskelanlagen von EmB(II) im Stadium IV waren I- und A-Streifen voneinander zu unterscheiden. Die Cristae der geschwollenen Mitochondrien waren vesikulär verändert. Um das dargestellte Mitochondrium herum waren diffuse Membranreste erkennbar, die vermutlich Reste des sarkoplasmatischen Retikulums waren.

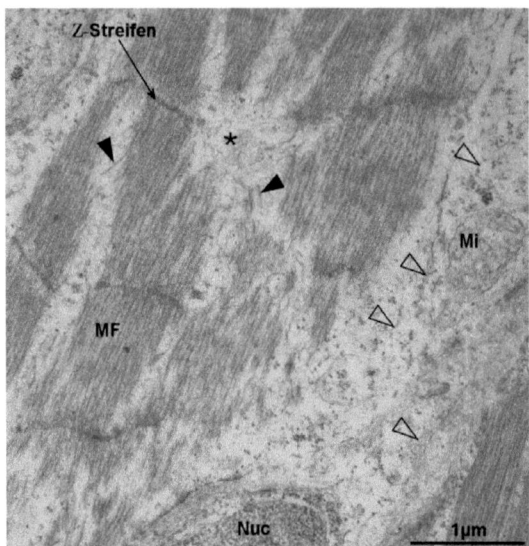

Abb. 125: Ultrastrukturen von Muskelfasern aus den Somiten eines EmB(II) im Stadium IV. Die Muskelfasern scheinen sich aufzulösen (∗), die Z-Streifen sind unterbrochen und Myofibrillen (▲) sind zerrissen. Um das Mitochondrium sind Membranreste (△) sichtbar. MF = Muskelfaser; Mi = Mitochondrium; Nuc = Nucleus.

Muskelgewebe im Stadium V

In der Lichtmikroskopie zeigten sich normal entwickelte Muskelfaserbündel von Kontrollen im Stadium V innerhalb der Somiten annähernd gleich groß (Abb. 126 links). Die ausdifferenzierten Muskelfasern bildeten, einem Grundprinzip folgend, ein im groben gleichmäßiges und geschecktes Muster innerhalb Muskelfaserbündeln aus. Im Vergleich zu den Kontrollen waren die Somiten des EmB(II) (Abb. 126, rechts) in Struktur, Form und Durchmesser der Querschnitte deutlich unregelmäßiger. Im Zentrum der Somiten befanden sich fehlentwickelte und bis zur Unkenntlichkeit dystrophierte Muskelfaserbündel.

Die Elektronenmikroskopie bestätigte den lichtmikroskopischen Eindruck, dass normal entwickelte Muskelfaserbündel annähernd gleiche Durchmesser aufwiesen (Übersicht: Abb. 127). In ihrer Struktur unterschieden sich die Muskelfasern nicht.

3.2 Beschallte Embryonen

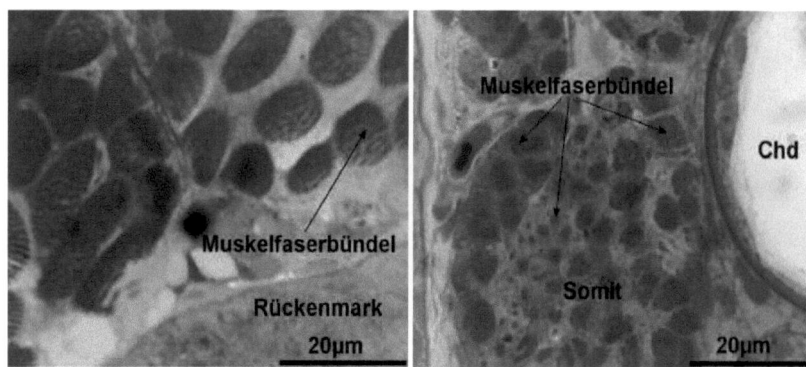

Abb. 126: Lichtmikroskopischer Vergleich zweier Querschnitte von Muskelfaserbündeln aus den Somiten einer Kontrolle (links) und eines EmB(II) (rechts), beide im Stadium V. Die Querschnitte der Muskelfaserbündel der Kontrolle zeigen relativ gleiche Umrissformen mit relativ gleichmäßigen Strukturen der Muskelfasern. Hingegen ist beim EmB(II) eine hochgradige Unregelmäßigkeit der Umrissformen der Bündel zu beobachten. Chd = Chorda dorsalis.

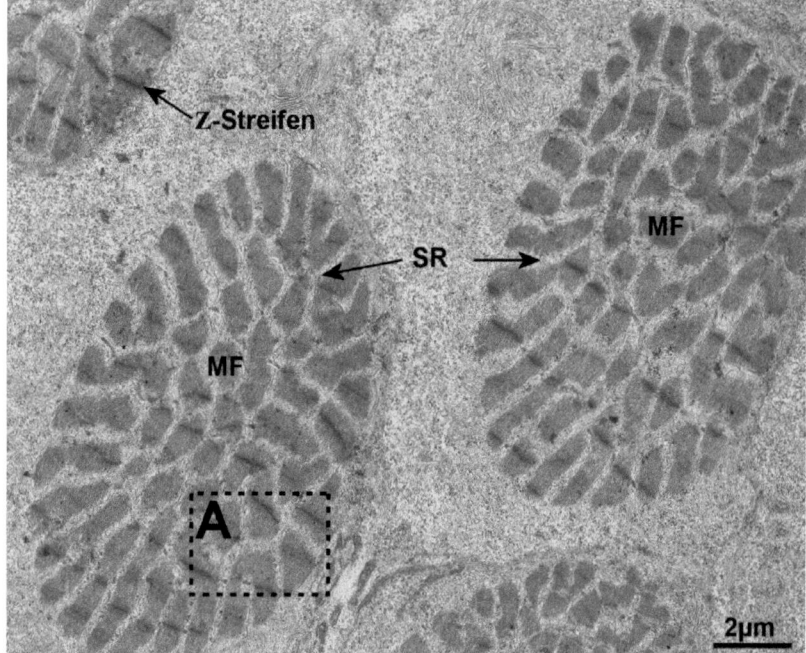

Abb. 127: Elektronenmikroskopisches Übersichtsbild von Muskelfaserbündel einer Kontrolle im Stadium V im Querschnitt. MF = Muskelfasern; SR = sarkoplasmatisches Retikulum. A = Detailausschnitt A in Abb. 129.

Im folgenden Fallbeispiel wiesen pathogen veränderte Muskesfaserbündel eines EmB(II) im Entwicklungsstadium V Myelinfiguren auf (Übersicht: Abb. 128). Die Zellkerne wiesen Anzeichen von Karyolyse in Form homogenisierten Chromatins mit granulären Einschlüssen auf. Die Ausrichtung der Muskelfasern innerhalb der Muskelfaserbündel war chaotisch. Z-Streifen waren nicht erkennbar, und zusätzlich waren die Muskelfasern in sich osmiophiler und dichter als bei den Kontrollen. Die Zisternen des SR waren dilatiert und stellenweise vakuolisiert.

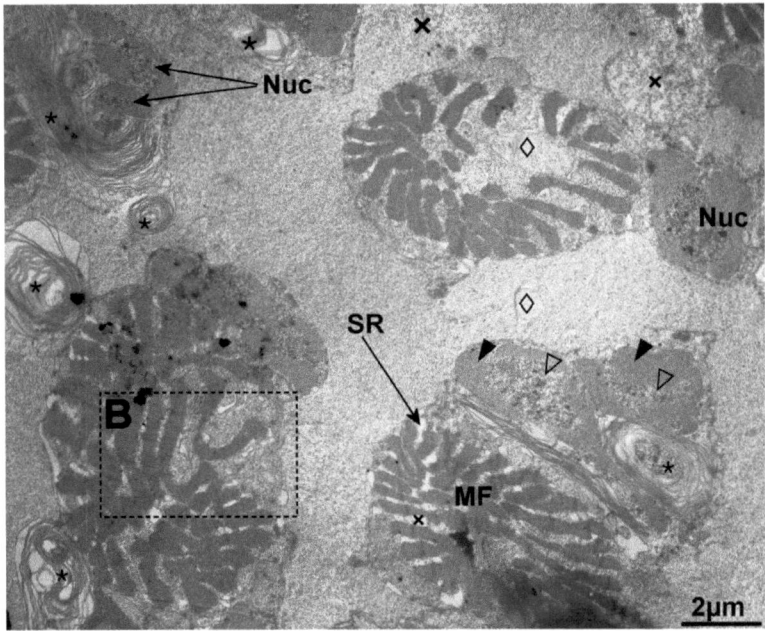

Abb. 128: Elektronenmikroskopie von Muskelfasern eines EmB(II) im Stadium V mit Muskeldystrophie im Querschnitt. In den dystrophischen Muskelfaserbündel im oberen Bildbereich sind Vakuolisierungen($\Diamond$), Dilatationen des sarkoplasmatischen Retikulums ($\times$), Karyolyse und Myelinisierungen ($\star$) zu erkennen. In den Kernen befindet sich homogenisiertes, verklumptes Chromatin ($\blacktriangle$) und granuläre Einschlüsse ($\triangle$). MF = Muskelfasern; Nuc = Nucleus; SR = sarkoplasmatisches Retikulum. B = Detailausschnitt B in Abb. 129.

Die Muskelfaserbündel der EmB(II) wiesen, im Vergleich zu den Kontrollen (Detailausschnitt A: Abb. 129), einen deutlich geringeren Durchmesser auf (Detailausschnitt B: Abb. 129). Der Durchmesser der Muskelfaserbündel der Kontrollen betrug ca.1,0 μm bis 1.75 μm. Sie waren damit deutlich dicker als jene hier abgebildeten des EmB(II) mit einem Durchmesser von ca. 0,3 μm bis 0,53 μm.

3.2 Beschallte Embryonen

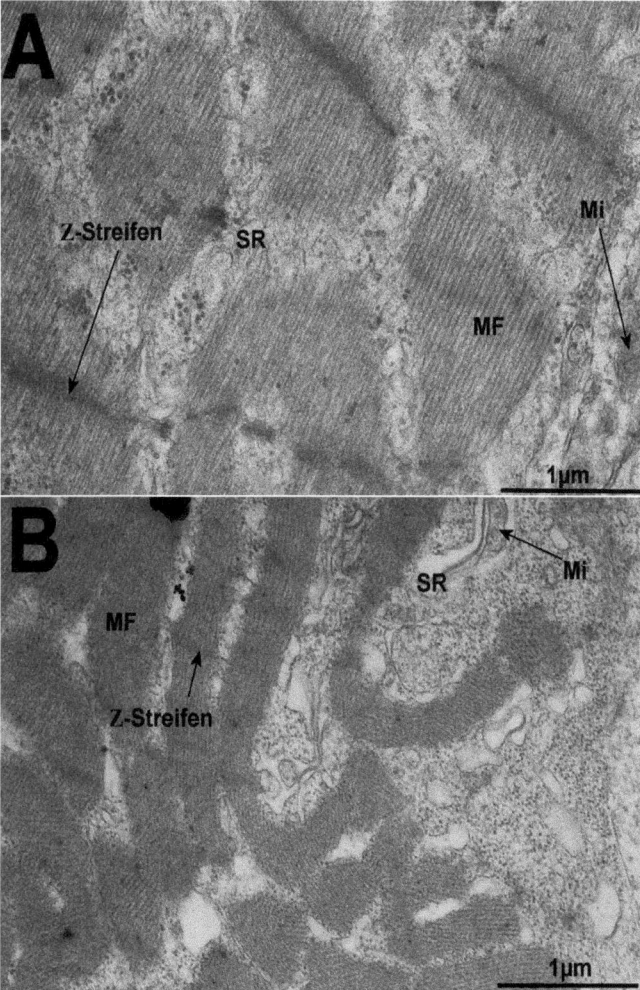

Abb. 129: Elektronenmikroskopisch vergleichende Detailaufnahmen der Muskelfaserbündel der Kontrolle (oben) aus Abb. 127 und des EmB(II) (unten) aus Abb. 128 im Vergleich. Die Myofibrillen des EmB(II) sind wesentlich kompakter strukturiert als die der Kontrollen. Die Zisternen des SR (unten) waren dilatiert. Die Z-Streifen sind nur schemenhaft zu erahnen. *MF = Muskelfaser; Mi = Mitochondrium; SR = sarkoplasmatisches Retikulum.*

3.2.2.12 Zusammenfassung und Definition der grobmorphologischen Symptome

Alle beschriebenen Symptome traten in unterschiedlichen Kombinationen, Ausprägungen und Zeiträume auf. Je schwerer die Symptome ausgeprägt waren desto deutlicher wurde die Entwicklungsgeschwindigkeit der EmB(II) beeinträchtigt, bis zur Entwicklungsstagnation. Schadphänomene, die direkt nach der Beschallung und während der späteren Entwicklung der EmB(II) regelhaft beobachtet werden konnten, ließen sich in sieben Charakteristika klassifizieren und in einem Säulendiagramm (Abb. 130), nach relativen Häufigkeiten geordnet, darstellen:

1. Dotterverlust: Verkleinerung der Dotterkugel durch den Verlust an Dottermasse. Unterteilung in kleinen und großen Dotterverlust (vgl. S. 82).
2. Kreislaufinsuffizienz: Verlangsamung oder Stagnation des Dotter- oder gesamten Embryonalkreislaufes (vgl. Abschnitt 86).
3. Mikrophthalmie: Anormal kleine Augenbecherdurchmesser (vgl. S. 92).
4. Perikardialödem: Durch vermehrte Flüssigkeitsansammlung ausgedehntes Perikard (vgl. S. 102).
5. Trübung am Dotter: Milchig weiße Trübung begrenzter Bereiche des Dottersackes. (vgl. S. 104).
6. Trübung des Embryos: Milchig weiße Trübung lokal begrenzter Bereiche des Embryos oder des gesamten embryonalen Gewebes (vgl. S. 113).
7. Gewebszerstörung: Stereomikroskopisch sichtbare Rupturen und Verletzungen embryonaler Gewebe durch die Beschallung (vgl. S. 131).

3.2 Beschallte Embryonen

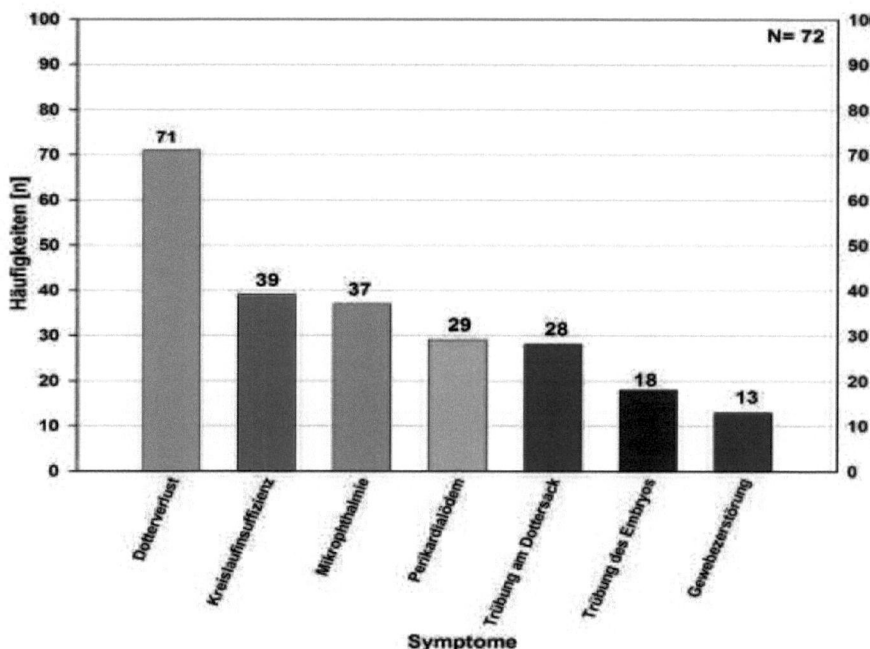

Abb. 130: Vorkommen der sieben grob morphologischen Symptome von 72 geschädigten bE-II. Die Symptome traten einzeln oder in Kombination zu mehreren in Erscheinung. Die Zahlen über den Säulen stellen jeweils die Anzahl der betroffenen EmB(II) dar.

4 Diskussion

4.1 Mögliche Gründe für das Ausbleiben von Beschallungseffekten

Die Wirksamkeit der Stoßwellenapplikation kann durch Faktoren beeinflusst werden, die während der Stoßwellenapplikation Kavitationen und kavitationsunabhängige Faktoren (Scher- und Dehnungskräfte) inhibieren oder fördern. Trotz umfassend nachgewiesener Wirkmechanismen und erzielter Schädigungen an den Versuchsembryonen sind in den Versuchen der vorliegenden Arbeit ein Großteil beschallter *O. latipes*-Eier dennoch nicht geschädigt worden. Es sei an dieser Stelle daran erinnert, dass unter dem Stereomikroskop an solchen Versuchsembryonen keine Veränderungen sichtbar gewesen sind, weshalb sie als "Embryonen ohne Befund" (EoB) definiert werden. Dies kann mit dem möglichen Zusammenwirken folgender Faktoren begründet werden:

A) Ungenauigkeiten am Stoßwellengerät (s. folgenden Abschnitt: 4.1.1),
B) Mögliche Unempfindlichkeit (Stoßwellenresistenz) beschallter Gewebe(s. S. 166).
C) Regeneration nicht stoßwellenresistenter Gewebe (s. S. 167).

4.1.1 A)Methodenkritik: Ungenauigkeiten am Stoßwellengerät

FRANKENSCHMIDT (1993) hat an lithotripsierten Hasenembryonen in der Organogenese gleiche Schädigungsgrade beobachtet, wie sie bei den EoB bzw. EmB auftraten. Es treten keine Schäden, leichte Schäden, z.T. mit Rückbildungen, sowie letale Schädigungen auf, wobei Embryonen ohne Befund und jene mit regenerierten Schäden normal heran wachsen. Als Ursache für nicht feststellbare Schäden an den Hasenembryonen geht der Autor ebenfalls von einem ungenau platzierten Fokus aus. DELIUS et al. (1995) nehmen an, dass es je nach Eintrittsrichtung der Wellenfelder in das Gewebe zu kleine-

4.1 Mögliche Gründe für das Ausbleiben von Beschallungseffekten 165

ren und größeren Differenzen zwischen Stoßwellenfokus und geortetem Fokus kommt, womit die Verwendung von Inline-Sonographen zu Abweichungen der Fokus-Justierung aus dem Zielgebiet führen kann (WESS et al., 1995).

Die Effizienz bei jeder Stoßwellenapplikation hängt von zweierlei Faktoren ab: Zum einen von der Energiedichte und zum anderen von der Platzierung des Fokus auf das zu beschallende Gewebe. Die Möglichkeit, dass die Stoßwelle durch ein Hindernis auf ihrem Weg (z.B.: distale Hülle des Koppelbalgs, Agaroseblock) soweit abgedämpft sein könnte, dass nicht genügend Energie zu den Embryonen gelangte um sie zu schädigen, kann ausgeschlossen werden, da innerhalb ein und desselben Versuchsdurchlaufs sowohl Embryonen ohne Befund als auch mit Befund beobachtet werden konnten. Zwar konnten in beschallten Geweben von CHAUSSY (1986) und GERDESMEYER et al. (2002, 2003) Abdämpfungen der Stoßwellen mit messbarer Verringerung der Energie um den Faktor drei nachgewiesen werden. Jedoch handelte es sich bei den Geweben um 1,5 cm dicke Schichten einer Schweineschulter, bei der sehr wahrscheinlich eine höhere akustische Impedanz vorliegt, als in einer 1 cm langen Strecke 1 %iger Agarose. Es kann davon ausgegangen werden, dass die eingestellte, für eine standardisierte ESWT übliche Energiedichte, auch für die Beschallung der *O. latipes*-Eier ausreichend ist, denn in einigen Fällen erfolgte sogar eine totale Zerstörung der beschallten Eier. Um die gegensätzlichen Ergebnisse zwischen unbeschädigten Versuchsembryonen und Totalzerstörung zu erklären ergibt sich die Notwendigkeit, potentielle Ursachen für mögliche Ungenauigkeiten in der Fokussierung durch den Inline-Sonographen näher zu beleuchten:

In der praktischen Anwendung der ESWT wird dem behandelnden Arzt durch ein Feedback des Patienten die Fokussierung mit Hilfe des Inline-Sonographen erleichtert. Ist der Fokus optimal ausgerichtet, schmerzt der beschallte Bezirk innerhalb des erkrankten Gewebebereiches während der Applikation der ersten Stoßwellen, was dann vom Patienten benannt wird. Der Grund hierfür ist die Sensibilisierung der Nozizeptoren (vgl. S. 212). Der Patient ist zusätzlich in der Lage, den Fokus mit Hilfe seiner Feinmotorik durch minimale Korrektur der Position – z. B. seines Ellenbogens – auf die zu beschallende Stelle zu platzieren.

Eben diese Ultrafeinjustierung bei der Justierung des Schallkopfes (vgl. Abb. 7, S. 28) ist bei den *O. latipes*-Eiern nicht möglich. Hier ist der Versuchsdurchführende allein auf die optische Ausrichtung durch den Inline-Sonographen über das Fadenkreuz auf dem Monitor angewiesen, welches streng genommen nichts weiter als eine virtuelle Realität darstellt. Da über die Hälfte aller beschallten Embryonen (57,2 %) trotz gewissenhafter Justierung des Fokus ohne Befund geblieben sind, kann dieses Ergebnis zu einem maßgeblichen Anteil mit einer Ungenauigkeit in der Ausrichtung des Fokus durch den Inline-Sonographen begründet werden. Dies bestätigen eigene Beobachtungen während der Beschallung: Befinden sich die Eier innerhalb des fokalen Einflussbereiches, sind auch Stoßwelleneinwirkungen durch das rhythmische "Zucken" im Stoßwellen-Takt mit ca. drei Hertz sichtbar. Die Folgen offensichtlich optimaler Fokussierungen mit "Volltreffern", unabhängig davon, ob Stadium Ia, II oder IV+/V- beschallt worden sind, sind regelhaft Totalzerstörungen der Embryonen inclusive Rupturen der Eihüllen.

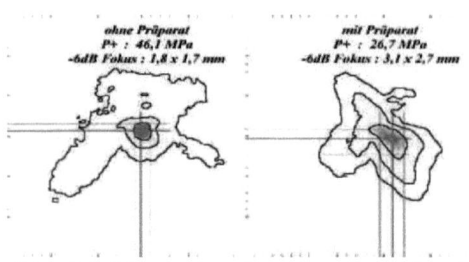

Abb. 131: Fokuszentrierter Querschnitt der Schalldruckverteilung mit den durch die als schwarze Linien dargestellten Isobaren für -6 dB (innerster Kreis), -12 dB (mittlerer Kreis) und -18 dB (äußerer Kreis). Das Druckmaximum P+ liegt im Schnittpunkt der roten Linien, der Fokus innerhalb der gelben Linien, links ohne und rechts mit Präparat (GERDESMEYER et al., 2002).

Der Fokusbereich wird definitionsgemäß von der sogenannten -6 dB-Isobare begrenzt (FOLBERT, 1995; GERDESMEYER et al., 2002) und hat bei den verwendeten Stoßwellengeräten einen Radius von ca. 1 mm. Die -6 dB-Isobare repräsentiert die Halbierung des Spitzendrucks aus dem Zentrum des Fokus. Eine -12 dB-Isobare befindet sich in 2 mm, die -18dB-Zone in ca. 10 mm Entfernung vom Fokus (Abb. 131). Wird der Schallfokus aus den zuvor genannten Gründen neben die Eier platziert, so kann der Schall bzw. die Stoßwelle auch nur mit entsprechend abnehmender Intensität auf die Eier einwirken. Dadurch sind die Eier verschiedenen Energiedichten und Spitzendrücken ausgesetzt, abhängig vom Abstand zum Fokus.

4.1.2 B) Mögliche Stoßwellenresistenzen beschallter Gewebe

Bei Beschallungen höherer Entwicklungsstadien der Versuchsembryonen wird die Beschallungseffizienz vermutlich, neben Fokussierungsunsicherheiten, durch eine abnehmende Empfindlichkeit gegenüber Stoßwelleneinwirkungen negativ beeinflusst (vgl. Abbildung 32, S. 71). Eine Stoßwellenresistenz wird an dieser Stelle so definiert, dass

4.1 Mögliche Gründe für das Ausbleiben von Beschallungseffekten

Gewebe innerhalb des Wirkungsbereiches des Stoßwellenfokus (-12 dB-Zone) durch die Beschallung keinerlei Schädigung erfahren haben. Es sei darauf hingewiesen: Regenerierte Gewebe werden nicht als stoßwellenresistent angesehen.

STEINBACH (1992) weist Stoßwellenresistenzen an Multizellsphäroiden nach, wobei die Gewebeanlagen von *O. latipes* eine offenbar höhere Empfindlichkeit gegenüber einer Stoßwellenapplikation aufwiesen, als Multizellsphäroide. Zum Vergleich: Für die in dieser Arbeit zugrunde liegenden Ergebnisse ist eine Energiedichte von 0,09 mJ/mm^2 verwendet worden. STEINBACH (1992) ermittelte an Multizellsphäroiden wesentlich höhere Schwellenwerte der Energiedichte für Membranschäden (0,12 mJ/mm^2), für Intermediärfilamente (0,21 mJ/mm^2), für Mitochondrien (0,33 mJ/mm^2) sowie für die Kernmembranen (0,50 mJ/mm^2).

4.1.3 C) Regeneration geschädigter Gewebe

Die kommenden vier Punkte geben einen groben Überblick über beobachtete Beschallungseffekte und einhergehende Entwicklungen bei EmB der einzelnen beschallten Entwicklungsstadien:

- Bei den EmB(Ia) (Keimscheibe, Prägastrula) hat nach den Versuchen bei keinem der Individuen eine Weiterentwicklung stattgefunden.
- Bei EmB(II) ist es zwar erstmal zu einer Weiterentwicklung mit individuell unterschiedlichen Fortschritten und Entwicklungsgeschwindigkeiten gekommen, allerdings ist hier, bis auf eine Ausnahme ohne Dotterverlust, kein Schlupferfolg beobachtet worden.
- Im Vergleich dazu können sich regenerierte EmB(IV+/V-) normal weiterentwickeln, unter den oben genannten Bedingungen problemlos schlüpfen und sich als Adulte reproduzieren (PETERS et al., 1998).

Wie diese Beobachtungen zeigen, gehören Symptome, wie "Dotterverlust" und "Trübungen des Embryos", zu jenen Schäden, bei denen eine Regenerationsfähigkeit der EmB ausgeschlossen werden kann. Insbesondere ist der Dotterverlust EmB(Ia) und EmB(II) als Hauptsymptom aufgetreten, wo hingegen bei EmB(IV+/V-) hauptsächlich Dottergefäßstenosen und -Rupturen zu beobachten gewesen sind, Dotterverlust dort aber selten vorgekommen ist. Es zeigt sich eine abnehmende Empfindlichkeit der Keime gegenüber den Stoßwellen bei fortgeschrittenem Entwicklungsstadium und damit zunehmender Differenzierung der Gewebe. Hier läßt sich die höhere Empfindlichkeit früher Embryonalstadien (Ia) bei den Versuchsembryonen im Vergleich zu den Entwicklungsstadien II oder IV durch die noch nicht richtig ausgebildete Gewebestabilität, wie sie in ausdifferenzierten Geweben mit gut ausgebildetem Zell-Zell-Kontakt zu finden ist, begründen.

Die Empfindlichkeit für noxische Einflüsse in Abhängigkeit zum Entwicklungsstand von Fischembryonen ist auch in Versuchen mit Toxinen nachgewiesen worden: Frühe Entwicklungsstadien bei Fischen bilden im Laufe der Entwicklung signifikant mehr Missbildungen aus, schlüpfen verspätet oder gar nicht. Hingegen sind reifere Stadien gegenüber noxischen Einflüssen deutlich unempfindlicher (BASS u. SISTRUN, 1997; BENTIVEGNA u. PIATKOWSKY, 1997; CANTRELL et al., 1998).

Die Ergebnisse an beschallten Stadien IV+/V- und an Beobachtungen an den EoB dieser Arbeit (PETERS et al., 1998) beweisen, dass bei leichten Schäden der Dottersackwandung ohne Dotterverlust, eine vollständige Heilung möglich ist. Dabei sei noch einmal darauf hingewiesen, dass ein stereomikroskopisch nicht feststellbarer Befund nicht bedeutet, dass der als EoB klassifizierte Versuchsembryo tatsächlich unbeschädigt sein muss. Der Schaden kann dabei so geringfügig sein, dass eine vollständige Regeneration des EmB(II) und damit ein normaler Entwicklungsverlauf bis zum erfolgreichen Schlupf möglich ist. Beschallte EoB im Stadium II zeigen eine leichte, aber von der Kontrollentwicklung signifikant abweichende Entwicklungsverzögerung am dritten Tag. Wie bereits beschrieben, sollten diese Signifikanzen mit aller größter Vorsicht interpretiert werden. Sollte jedoch ein konkreter Zusammenhang existieren, könnten diese Verzögerungen von einem Tag mit vergleichbaren Reparationsmechanismen begründet werden, wie sie von FINK u. TRINKHAUS (1988) beschriebenen werden: Dottersäcken – inklusive DS – von *Fundulus heteroclitus* sind kleine Wunden zugefügt worden. Bei der darauffolgenden Regeneration haben die Autoren nachgewiesen, dass aus dem Epithel des Dottersackes, welches das DS ummantelt, Zellen aktiv zur Wunde wandern und diese innerhalb von 18 Minuten verschließen können. Unter der Annahme, dass ein solcher Mechanismus auch bei *O. latipes* vorhanden ist, kann erwartet werden, dass verletzte Dottersackwandungen der EmB(II) sich auf diese Art und Weise wieder verschlossen haben könnten.

Letztendlich kann nur durch die Licht- und Elektronenmikroskopie geklärt werden, ob bei EoB(II) kaum wahrnehmbare Beschallungseffekte vorliegen, die keine gravierenden Auswirkungen auf die Embryonalentwicklung haben. In dieser Arbeit wird darauf

4.1 Möglicge Gründe für das Ausbleiben von Beschallungseffekten

verzichtet, weil einerseits der Rahmen dieser Dissertation gesprengt würde und weil andererseits in erster Linie die offensichtlichen Beschallungseffekte untersucht werden sollten. Um letztendlich eine eindeutige Aussage über eine Abhängigkeit einer Stoßwellenresistenz zum Entwicklungsstadium treffen zu können, müßten dazu weitere Beschallungsversuche nach der gleichen oder einer ähnlichen, für diese Arbeit gewählten Versuchsanordnung, mit einem wesentlich höheren Stichprobenumfang durchgeführt werden.

Aufgrund dessen, dass die embryonalen Gewebe in diesem Stadium IV+/V- offensichtlich eine höhere Stabilität als die Keimscheiben (Stadium Ia) oder das Embryonalschild im Stadium II haben, ließe sich das seltene Auftreten von Dotterverlusten bei beschallten Stadien IV+/V- und das hauptsächliche Auftreten dieses Symptoms bei beschallten Stadien Ia und II begründen. Eigene Beobachtungen zeigen, dass die Dottersackwandung in diesem Stadium durch das deutlich stabilere periblastische Ektoderm wesentlich unempfindlicher auch gegenüber mechanischer Beanspruchung ist, wie z.B. bei der Präparation des Embryos aus der Eischale.

In Versuchen mit *O. latipes*-Embryonen sind allgemein erhöhte Empfindlichkeiten der Gewebeanlagen zum Zeitpunkt der Organogenese, im Vergleich zu älteren Entwicklungsstadien, im Zusammenhang mit noxischen Behandlungen nachgewiesen worden. Durch UVA-Bestrahlungen von *O. latipes*-Embryonen können signifikant herabgesetzte Schlupferfolge erzielt werden (BASS u. SISTRUN, 1997). Laut Aussage der Autoren sind die Embryonen mit noch nicht erkennbaren Gewebeanlagen (z. B. Stadium Ia) oder Embryonen mit Gewebeanlagen im akuten Differenzierungsprozess (Stadium II) für noxische Einflüsse, im Vergleich zu weiter entwickelten Embryonen mit weitgehend ausdifferenzierten Zellen, deutlich empfindlicher. Genau diese Bedingungen liegen im Stadium II der Organogenese vor. Entwicklungsstörungen traten hauptsächlich zwischen dem zweiten und achten Tag der Entwicklung auf und werden auf oxidativen Stress infolge der UVA-Bestrahlung zurückgeführt. Dabei wird der Signalstoff-Stoffwechsel durch die noxischen Einflüsse empfindlich gestört, womit die höhere Empfindlichkeit gegenüber entwicklungsstörender Faktoren begründet werden kann.

4.2 Kriterien zur Beurteilung einer Normalentwicklung der EoB

Die, für die Versuche, ausgesuchten Embryonen haben bis zum Stadium Ia, II bzw. IV+/V- eine normale Entwicklung durchlaufen. Für diese Embryonen *O. latipes* Embryonen wird die Normalentwicklung mit einem erfolgreichen Schlupf abgeschlossen. Im Umkehrschluss läßt sich durch einen erfolgreich abgeschlossenen Schlüpfvorgang überprüfen, ob sich die EoB tatsächlich normal entwickelt haben. Allerdings sind sich selbst überlassene, normal entwickelte und schlupfreife Kontrollembryonen im Brutschrank nach einer Wartezeit von ein bis zwei Wochen und der Aufzehrung des Dottervorrats zu einem hohen Anteil im Ei abgestorben. Damit kann bei jenen Embryonen nicht mit Sicherheit vorausgesetzt werden, dass – trotz erreichen der Schlupfreife – eine Normalentwicklung bei nicht geschlüpften Embryonen stattgefunden hat. Es ergibt sich also die Frage, wie kann ein normal entwickelter *O. latipes*-Embryo beim Erreichen der Schlupfreife innerhalb kurzer Zeit zum Schlüpfen provoziert werden, um zu überprüfen, ob im Prinzip eine Normalentwicklung statt gefunden hat?

Nach PETERS (1965) ist mit Untersuchungen an Rivulinae (Cyprinodontidae) belegt worden, dass sich der Schlupfvorgang durch O_2-Entzug signifikant auslösen läßt. Deshalb ist das Brutmedium manipuliert worden, um den Schlupfvorgang gezielt einzuleiten: Fein zerriebenes Trockenfutter ist auf die Oberfläche des Brutmediums gestreut worden, was infolge des Zersetzungsprozesses eine O_2-Zehrung nach sich gezogen hat. Innerhalb von zwei bis drei Tagen nach Erreichen der Schlupfreife führt diese Methode zur signifikanten Erhöhung der Schlupferfolge (vgl. Abb. 31, S. 69). So kann innerhalb relativ kurzer Zeit eine offensichtlich normal verlaufende Entwicklung anhand eines erfolgreichen Schlüpfens bei Kontrollen und EoB verifiziert werden. Da alle EoB erfolgreich schlüpften und sich bis zur Geschlechtsreife weiter entwickelten, kann mit Sicherheit von einer normalen Entwicklung bei den EoB ausgegangen werden.

Voraussetzung für den Schlupf ist ein aus zwei Komponenten bestehendes Schlupfenzym, das in zwei Schlupfdrüsen des Rachenraumes während der Entwicklung exprimiert wird (INOHAYA et al., 1995). Das Enzym, eine Metalloprotease, besteht aus Choriolysin H und Choriolysin L (LEE, 1994; KUDO, 2004; YASUMASO, 1989a, 1989b, 1989c, 1996). Offensichtlich kann durch die O_2-Zehrung der Ausstoß des Enzyms provoziert werden. Für den Schlupfvorgang wird die innere Chorionschicht mit Hilfe des Schlupfenzyms aufgeweicht und kann anschließend durch heftige Bewegungen des Embryos zerrissen werden. Der Jungfisch verläßt die Eihülle mit dem Schwanz zuerst.

4.3 Wirkungsmechanismen der Stoßwellen

Bevor die einzelnen Schadphänomene und histologischen Auswirkungen hinterfragt werden, ist es notwendig, die bekannten Wirkmechanismen der Stoßwelle zu beleuchten. Es müssen dabei deutlich destruktive Energien wirken, deren Auswirkungen nach den Versuchen als primäre Beschallungsphänomene nachgewiesen werden können. Das Spektrum der Beschallungsschäden reicht von leichten Veränderungen, an der Dotteroberfläche bis hin zur totalen Zerstörung von Embryonen. Die folgenden Abschnitte beschreiben und erklären die Wirkmechanismen, die bei Stoßwellen- oder Ultraschallapplikationen offensichtlich auf die *O. latipes*-Keime einwirken und in anderen Versuchen nachgewiesen worden sind:

4.3.1 Kavitationen

Kavitationen können sowohl durch Stoßwellen als auch durch Ultraschall erzeugt werden. Beide Erzeugungsmethoden verhalten sich physikalisch gleich. Während der Ultraschall aus einer periodischen Schwingung von beliebiger Dauer besteht (Dauerton), ist eine Stoßwelle ein einmaliges Ereignis (WESS, 2004), was – wie bei Hammerschlägen – zur Wiederholung erneut ausgelöst werden muss (vgl. Definition der Stoßwelle, S. 26). Kavitationen verhalten sich, unabhängig von Art und Weise ihrer Entstehung, nach allgemein bekannten Gesetzmäßigkeiten. Deshalb sind Untersuchungsergebnisse über kavitationsabhängige Faktoren sowohl aus Stoßwellen- als auch Ultraschallversuchen vergleichbar.

4.3.1.1 Physikalische Betrachtung der Kavitationen

Nach DELIUS et al. (1988) können Stoßwellen in der Lithotripsie, mit ihrem Druck- und Unterdruck-Anteil, erst im Zusammenspiel mit Kavitationen Nierensteine auf abführbare Korngrößen zertrümmern. Die Voraussetzung für ein derartiges Kavitationsereignis ist dann gegeben, wenn die molekularen Kräfte in einer Flüssigkeit durch den Unterdruckanteil außer Kraft gesetzt werden (STEINBACH, 1992; ÜBERLE et al., 1997).

Durchläuft eine Stoßwelle ein Medium und trifft auf ein angrenzendes Medium mit höherer Dichte, können neben der Reflektion und/oder Brechung der Stoßwelle additiv Kavitationen entstehen (NOLTE, 2003). Kavitationen sind kurzlebige gas- bzw.

dampfgefüllte Blasen in einem flüssigen Medium. Ihre Entstehung ist abhängig davon, in welcher Geschwindigkeit der Spitzendruck in einen Unterdruck abfällt (vgl. Stoßwellenverlauf Abb. 4, S. 26). Durch den geringen Gasdruck innerhalb der Blase findet ein enormer Zufluss gelöster Gase und/oder Dampf statt (COLEMAN et al., 1987; DELIUS et al., 1990). Sie wächst in entgegengesetzter Schallrichtung an der Grenzfläche an einem positiven Impedanzsprung (z. B. Wasser/Körpergewebe, oder Gewebe/Knochen). Die gespeicherte Energie einer Kavitationsblase ist dabei proportional zu ihrer Größe (APFEL, 1982). Ist die Kavitationsblase transient (= instabil), so kollabiert sie, indem zunächst das Dach einstürzt und auf das Substrat schlägt, was mit sehr hohen Geschwindigkeiten geschieht:
Es werden sog. Jetstreams erzeugt. Zusätzlich wird eine durch den Kollaps zweite Stoßwelle ausgelöst (JENNE, 2001), wodurch die Kavitationsblase die Form eines Blasenringes erhält, der sich, immer kleiner werdend, schließlich vollständig auflöst. Auf diese Weise wirken enorme Kräfte auf die Substratoberflächen ein.

Eine Kavitationsblase ist immer dann stabil, wenn der Gas- bzw. der Dampfdruck gleich dem Flüssigkeitsdruck ist. Zuvor im Wasser gelöste Gase können stabile Kavitationsblasen bilden. Trifft eine nachfolgende Stoßwelle auf eine stabile Kavitationsblase, wird die ursprünglich kugelförmige Blase zu einer wesentlich kleineren Linsenform komprimiert – ein Vorgang, der die Schallenergie absorbiert. Ist die Energie der Stoßwelle groß genug, kann sie die Blase kollabieren lassen. Dann entläßt die Blase die ihrerseits gespeicherte Energie und erzeugt auch eine zweite Stoßwelle (COLEMAN et al., 1987), ebenfalls begleitet von Jetstreams. Die Geschwindigkeiten können dabei zwischen 100 m/s bis zu mehr als 800 m/s betragen, mit der die Flüssigkeit auf das Substrat einwirkt. Die Belastung der Substratoberfläche durch eine kollabierende Kavitationsblase ist somit deutlich höher, als die, die durch das Auftreffen der eigentlichen Stoßwelle auf das Substrat verursacht wird (DELACRÈTAZ et al., 1995). Wie viel Energie dabei freigesetzt werden kann, wird anhand der Temperaturen und Drücke, die während des Kollabierens von Kavitationen entstanden sind, verdeutlicht. So können während der Lithotripsie Temperaturen von ca. 1270 °C und Spitzendrücke bis zu 1000 MPa (ca. 10000 bar) erzeugt werden (CRUM, 1988). Es verwundert also nicht, dass Kavitationen auf Metallplatten Spuren hinterlassen, die an Einschläge von Projektilen erinnern.

4.3 Wirkungsmechanismen der Stoßwellen

4.3.1.2 Sonochemie der Kavitationen

Während der Beschallungen der *O. latipes*-Embryonen für die vorliegende Arbeit sind sehr wahrscheinlich Voraussetzungen für oxidative Prozesse an und in den Zellen geschaffen worden. Dies kann durch mögliche Kavitationsereignisse verursacht werden, die innerhalb der Gewebeanlagen an membranintegrierten Proteinen sowie Phospholipiden stattfinden. Denn, außer physikalische Auswirkungen, können Kavitationen sog. sonochemische Effekte auslösen:
Die hohen Drücke und Temperaturen lösen chemische Reaktionen, die sich in Versuchen mit Ultraschall und Stoßwellen nachweisen lassen (AL KARMI et al., 1994; MILLER u. THOMAS, 1996b; SUHR, 1994; SUHR et al., 1991, 1994, 1996a, 1996b). So sind an, mit Ultraschall behandelten, Hamsterovarien von AL KARMI et al. (1994) und MILLER et al. (1995) erhöhte H_2O_2-Werte festgestellt worden.

Innerhalb der Zellen halten SUSLICK et al. (1990) erzeugte Mikrokavitationen während einer Stoßwellenapplikation für denkbar, bei denen während des Kollaps jene bereits zuvor beschriebenen *Jetstream* und *Hotspots* (räumlich sehr begrenzte Areale mit sehr hohen Temperaturen) entstehen. Insbesondere Hotspots können die Bildung von Radikalen signifikant erhöhen. Erhöhte Radikalbildungen weisen SUHR et al. (1991) in lithotripsierten Zellen nach. Liegt dabei ein niedriger antioxidativer Status der Zelle vor, z. B. durch Vitamin E-Mangel, wird der Zelltod ausgelöst.

BARNETT et al. (1997) kommen zu dem Schluss, dass der oxidative Einfluss von Radikalen die DNA schädigen kann, vorausgesetzt, die Radikale entstehen innerhalb der Zelle selbst und dazu nah genug, also in unmittelbarer Nachbarschaft, an der DNA. Aufgrund der extrem kurzen Existenz solcher Radikale bleibt jedoch nur jener extrem kurze Zeitraum, während dessen die Kavitationsblase kollabiert, in dem Jetstreams und Hotspots auf die DNA einwirken können.

Sonochemische Phänomene werden mit dem Prinzip der Radikalbildung in ihrer Wirkung mit Effekten verglichen, die durch andere Energiequellen verursacht werden können:
In Fibroblasten sind mit Hilfe von Röntgen-Strahlung Brüche bei DNA-Strängen erzeugt worden (BRYSZEWSKA et al., 2003). Dabei ist ausschlaggebend, dass OH^--Radikale direkt an der DNA entstehen und diese schädigen. Die vermehrte Entstehung von H_2O_2 durch die Bestrahlung, aber auch durch Stoßwellenapplikationen (AL KARMI et al., 1994; MILLER et al., 1995), führt nach BRYSZEWSKA et al. (2003) ebenfalls zur Bildung von OH^--Radikalen.

Im Gegensatz zu Bestrahlungsexperimenten sind weiterführende und vergleichbare Beobachtungen in durchgeführten Stoßwellenversuchen bisher ausgeblieben. Daher ist noch kein Nachweis einer mutagenen Wirkung der Stoßwelle erfolgt, z. B. in Form von DNA-Brüchen oder "Sisterchromatin-Exchange". Allgemein sind an Patienten und Versuchstieren bisher keine chromosomalen Schäden in beschallten Geweben, gleichgültig, ob mit Ultraschall oder Stoßwellen behandelt, beobachtet worden (BARNETT et al., 1997; CIARAVINO et al., 1985). Auch BIRD et al. (1995) haben keine messbaren Erhöhungen epithelialer Proliferationsraten an beschallter Frosch-Haut, als Hinweis und Maßstab für genetische Veränderungen, beobachten können. Dagegen halten MILLER et al. (1995 und 1996) die Entstehung von DNA-Schäden während der Beschallung mit Ultraschall und Stoßwellen für wahrscheinlich. Allerdings hat sich bei deren Experimenten herausgestellt, dass etwaige DNA-Schädigungen bei Stoßwellenapplikationen, mit der von ihnen verwendeten elektrohydraulischen Stoßwellenerzeugung, eher auf die Strahlungseigenschaften der Funkenstrecke zurückzuführen sind.

Letztendlich liefern Kavitationen genügend Energie, um chemische Bindungen zu brechen und freie Radikale zu produzieren (BARNETT et al. 1997). Das bedeutet eine signifikante Zerstörung der Tight-Junctions sowie eine Veränderung von Permeabilität und Ionentransport an der Zellmembran (APFEL, 1982). Ca^{2+}-Ionen verstärken dabei einerseits die Peroxidation in Anwesenheit von H_2O_2 während der Beschallung, andererseits wird die Heilung der Zellen und Zellmembranen in Gegenwart von Ca^{2+}-Ionen hinterher beschleunigt. Nach der Beschallung wird im betroffenen Gewebebereich eine Kaskade an Reparationsmechanismen gestartet:

1. Ca^{2+}-Ionen werden aus intra- und extrazellulären Speichern mobilisiert
2. Regeneration der Phospholipidschichten der Zellmembranen
3. Resynthese und Durchstoß von Proteinkanälen in den Lipid-Schichten
4. Wiederherstellung von immobilisierten oder deaktivierten Enzymen
5. Wiederherstellung der Tight-Junctions

4.3.1.3 Kavitationen als Teilursache von Beschallungsschäden

Unter den gegebenen Versuchsbedingungen dieser Arbeit ist anzunehmen, dass Kavitationen während der Stoßwellenapplikation auftreten. Mit den verwendeten Geräten (*Lithostar Plus*® und *Sonocur Plus*®) lassen sich bei der angewandten Einstellung Stoßwellen mit einem Spitzendruck von 16 MPa, gefolgt von einem Zugwellenanteil von

4.3 Wirkungsmechanismen der Stoßwellen

-7 MPa erreichen (vgl. Abbildung 4, S. 26). Nach MILLER et al. (1995) und DALECKI et al. (1997) können Kavitationsblasen bereits bei einem Druck von unter 1 MPa mit einem Durchmesser von 0.3 μm erzeugt werden. Theoretisch sind damit die Voraussetzungen für die Entstehung von Kavitationen während der Beschallungen der *O. latipes*-Eier gegeben. Die Kavitationen könnten dabei sowohl in der Agarose in unmittelbarer Umgebung der Eihülle als auch in den embryonalen Gewebeanlagen und – bei dem oben genannten Durchmesser – auch innerhalb von Zellen aufgetreten sein. Für das Auftreten von Kavitationen innerhalb der Agarose sprechen die Ergebnisse von CRUM et al. (1987) und DANIELS (1987), die in einem auf Agarbasis hergestellten Gel Kavitationen sichtbar gemacht haben. Eigene Beobachtungen durch den Inline-Sonographen bestätigen das Auftreten von Kavitationswolken im Wasser und im Bereich des Agaroseblocks (Abb. 132). Sie hinterließen an der Oberfläche des Agaroseblocks, in dem die Eier eingefasst waren, deutliche Materialschäden.

Anhand entstehender Radikale konnten AL KARMI (1994), MILLER u. THOMAS (1996), SUHR (1994) und SUHR et al. (1991, 1996a) auf intrazelluläre Kavitationen schließen. Es sind allerdings noch Nachweise erforderlich, ob von diesen beiden verwendeten Stoßwellenapparaturen (Lithostar Plus® und Sonocur Plus®; vgl. 25) bzw. generell bei Stoßwellengeräten im Gewebe von Patienten und innerhalb der embryonalen Gewebe der *O. latipes*-Eier Kavitationen entstehen und welchen Durchmesser die Blasen dabei aufweisen.

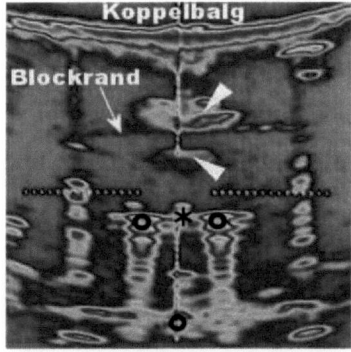

Abb. 132: Falschfarbendarstellung eines Bildschirmfotos mit sichtbarer Kavitationswolke während einer Beschallung. o= Stahlkugeln; * = Position der Eier; △ = Kavitationswolken

Dass Kavitationen während der Beschallung von Patienten im Rahmen einer ESWL im fokussierten Gewebebereich aufgetreten ist, von COLEMAN et al. (1996) und ZEMAN et al. (1990) nachgewiesen worden. COLEMAN et al., 1987 und MILLER u. THOMAS (1996b) haben nach einer Stoßwellenapplikation Blutungen des Intestinaltraktes von beschallten Mäusen beobachtet, mit einem applizierten Spitzendruck zwischen 1,6 MPa und 4 MPa. Bei Beschallungen von Säugetier-Blut wind 10 Prozent der Erythrozyten bei einem Spitzendruck von 14,8 MPa zerstört worden, was die Autoren auf den Effekt von Kavitationen zurückführen.

Bei gepulstem Ultraschall ist die niedrigste Schwelle bei einem Druck von 1,5 MPa ermittelt worden (COLEMAN et al., 1996). Der Durchmesser der Kavitationsblasen betrug dabei 0,3 μm. In Lithotripter-Versuchen sind bei einem Spitzendruck von 74 MPa und einem Minimal-Druck von -14 MPa Kavitationsblasen mit einem Durchmesser von ca. 430 μm nachgewiesen worden (JÖCHLE et al., 1996). Mit derartigen Kavitationsblasenumfängen werden die Schäden von beschallten Geweben und Zellkulturen *in vitro* begründet. So können Zelllysen die Folgen ultraschallinduzierter Kavitationen sein (Review: MILLER, 1985; MILLER u. THOMAS, 1996). DELIUS et al. (1995) stellen einen linearen Zusammenhang zwischen Zelllyse und Energiedichte bei *in-vitro*-Beschallungen von Erythrozyten dar. Demzufolge nehmen mit steigender Energiedichte Kavitationen und damit auch Zelllysen zu.

4.3.2 Dehnungs- und Scherkräfte

Grundsätzlich lassen sich die physikalischen Gesetzmäßigkeiten einer akustischen Stoßwelle auf die Beschallung der *O. latipes*-Eier wie folgt beschreiben:
Durchläuft die Stoßwelle das Ei, so stößt sie auf die Grenzfläche Wasser/Eihülle, auf Eihülle/Perivitellarflüssigkeit und gefolgt von Perivitellarflüssigkeit/embryonales Gewebe inklusive Dottersack mit DS. Zwar liegen weder von der Eihülle noch vom embryonalen Gewebe Impedanzbestimmungen vor, jedoch kann mit Sicherheit angenommen werden, dass beide eine höhere Dichte und damit eine höhere Impedanz besitzen als die sie umgebenden Flüssigkeiten: z.B. Wasser, Perivitellarflüssigkeit, Blut und, je nach Entwicklungsfortschritt, Leibeshöhlenflüssigkeit. An den Grenzflächen der Eihülle und des embryonalen Gewebes findet eine höhere Auslenkung statt als im Inneren dieser beiden Materien. Damit unterliegen embryonales Gewebe bzw. Eihülle starken Dehnungs- und Scherkräften, die als Mechanismus für die Gewebe- und Zellschäden in Betracht gezogen werden können. Zusätzlich ist von Bedeutung, ob die beschallten Zellen innerhalb eines Gewebeverbandes eingebettet sind, oder ob sie Bestandteil freier Gewebegrenzen sind, wie z. B. die Grenze Epidermis/Perivitellarflüssigkeit. Innerhalb der Gewebe sind bei einer Beschallung geringere Schädigungen zu erwarten, als an den Außenflächen. ENDL et al. (1996) haben durch Stoßwellenapplikationen eine doppelt so hohe Mortalität an suspensierten Zellen im Vergleich zu solchen nachgewiesen, die in Zellsphäroiden fest eingebunden geblieben sind. BRÄUNER et al. (1988) und BRÜMMER et al. (1990) haben gezeigt, dass in Agar eingebettete Zellsphäroide signifikant weniger Beschallungsschäden aufweisen als frei schwimmende Sphäroide.

4.3 Wirkungsmechanismen der Stoßwellen

ENDL et al. (1996) schließen zwar die Zerstörung von beschallten Zellen durch Kavitationen nicht aus, jedoch ziehen die Autoren insbesondere Scherwirkungen auf die Membranen in Betracht, die die Zellen während der Stoßwellenapplikation zerreißen können. Zusätzlich können die bereits beschriebenen stoßwellenbedingten Jetstreams im umgebenden Wasser (SUHR et al., 1994) und der Perivitellarflüssigkeit zerstörend auf Eihülle bzw. embryonale Gewebeanlagen einwirken. Erfahren die Schichtungen der Eihülle (FLÜGEL, 1966) eine mögliche Desintegrität, könnten so Pilzhyphen leichter eindringen, was die hohe Zahl der Entwicklungsabbrüche durch Verpilzung bei geschädigten Versuchsembryonen erklären würde. Zusätzlich können Scher- und Dehnungskräfte, mit der die Stoßwellen auf die Zellmembranen einwirken, die Zellmembranen zerreißen, was wiederum zu den Gewebszerstörungen und damit zu Nekrosen innerhalb geschädigter Gewebeanlagen der Versuchsembryonen führt. Nach STEINBACH (1992) kann die Flächendehnung einer Zelle während eines Stoßwellen-Durchlaufs bis zu drei Prozent betragen. Die Zerreißgrenze von Membranen liegt bei einer Dehnung von weniger als zwei Prozent (GLASER, 1983).

Der Einfluss von Stoßwellen auf die Zellen und den zellulären Zusammenhalt

Eine mechanische Belastung kann durch die Scher- und Dehnungskräfte während einer Stoßwellenapplikation über die Schädigung des Zytoskeletts einen maßgeblich schädigenden Einfluss auf Zellen und Gewebeverband nehmen. Dass der Zusammenhalt der Zellen gelockert wird, beweisen die Aufnahmen insbesondere beim Symptom "Gewebszerstörung" und die Ergebnisse von beschallten Stadien IV+/V- (PETERS et al., 1998). In Beschallungsversuchen an Zellsphäroiden konnte zusätzlich eine Veränderung des *Vimentin*, einem Protein für den Zusammenhalt der Zellen in den Sphäroiden, nachgewiesen werden (STEINBACH, 1992). Die kavitationsunabhängigen und/oder kavitationsbedingten Belastungen an den Zell/Zell-Kontakten kann diese so empfindlich stören, dass ganze Zellen und Gewebeverbände auseinander- oder herausgesprengt werden. Zusätzlich kann eine verminderte Belastbarkeit durch ein beeinträchtigtes Zytoskelett die bereits aufgezeigten Rupturen der Zelle erleichtern.

Damit liegt die Vermutung nahe, dass durch Stoßwellenapplikationen hervorgerufene Scher- und Dehnungskräfte die Integrität des Zytoskeletts maßgeblich beeinflussen. Ca. 50 verschiedene Transmembranproteine sind zurzeit bekannt (BERSHADSKY et al., 2003), die in den Fokalkontakt-Zonen (hoch spezialisierte Verankerungspunkte zwischen Zellmatrix und Aktinfilamenten) auch mechanosensorische Aufgaben haben. So können Cadherin/Catenin und die an diese gebundenen Intermediärfilamente der

Zellkontakte (ALBERTS et al., 2004) in den Bereichen der Desmosomen und Hemidesmosomen unterbrochen werden, und es kommt zu Instabilitäten der Zelle. Bei möglichen Schädigungen der Membranen kann das Zytoskelett verschoben oder zerstört werden. Zusätzlich kann der Ionenhaushalt durch Leckagen in der Zellmembran verändert werden, womit durch einen unkontrollierten Einstrom, z. B. von Ca^{2+}, die Lyse des Zytoskeletts ausgelöst wird. Dies ist durch Stoßwellenversuche an Tumorzellen nachgewiesen worden, die aufgrund der induzierten Membrandefekte eine vermehrte Aufnahme von Zytostatika aufgewiesen haben (SEIDL et al., 1994; STEINBACH, 1993). Der Auf- und Abbau der Zytoskelettfilamente ist entscheidend von der Anwesenheit von Ca^{2+} abhängig (ALBERTS et al., 2004; GAVARD et al., 2004); so wird z. B. Aktin vom Protein Gelsolin zerstört, das seine enzymatische Aktivität durch eine Erhöhung der zytoplasmatischen Ca^{2+}-Konzentration entfaltet. Durch Membranrupturen verursachte Schäden am Zytoskelett stehen im Konsens mit den Ergebnissen von HOLMES et al. (1992), die in Stoßwellenversuchen an menschlichen Zellkulturen Membranrupturen und Leckagen an Hand zytoplasmatischer Komponenten nachgewiesen haben.

Rupturen von Gewebe und Zellen nach einer Beschallung, wie sie bei einer Gewebszerstörung vorzufinden ist, lassen sich kavitationsunabhängige Faktoren als Hauptursache vermuten. Zumindest spielen Kavitationen hier eine eher untergeordnete oder unterstützende Rolle bei der Zerstörung der Zellen, die sich wohl intrazellulär auf Membranen und membranintegrierte Proteine auswirkt. Zusammenfassend kann davon ausgegangen werden, dass sich die stoßwellenbedingten Scher- und Dehnungskräfte hauptsächlich auf Strukturproteine der Zelle auswirken. Letztendlich sprechen die aufgeführten Argumente dafür, dass, während der Stoßwellenapplikationen Bedingungen erschaffen werden, durch die in den *O. latipes*-Eiern sowohl Kavitationen als auch kavitationsunabhängige Faktoren in Kombination auf die embryonalen Gewebe beeinträchtigend bzw. zerstörend einwirken.

4.4 Beschallungseffekte und ihre Auswirkungen

Die an den EmB(II) mit dem Stereomikroskop sichtbaren grobmorphologischen Beschallungsphänomene und Symptome sowie die histologisch nachgewiesenen pathologischen Veränderungen sollen in den folgenden Abschnitten detailliert hinterfragt werden.

4.4 Beschallungseffekte und ihre Auswirkungen

4.4.1 Grobmorphologisch feststellbare Schäden

Im Ergebnisteil sind ausgeprägt individuelle Kombinationen aus Entwicklungsverlauf und Symptomen an EmB(II) aufgezeigt worden. So müssen für die Auswertung der 72 Datensätze gemeinsame Prinzipien und Mechanismen im Auftreten und Erscheinungsbild gefunden werden.

Unabhängig vom Grad der Schädigung ist es nicht möglich gewesen, eine sichere Prognose für die weitere Entwicklung von EmB(II) aufzustellen. Nachgewiesener Maßen kann lediglich bei jenen EmB(II) eine Entwicklungsstagnation vorhergesehen werden, bei denen schwere Schädigungen, wie z.b. Gewebszerstörungen auftreten. Es sind in solchen Fällen große Bereiche bzw., für die embryonale Entwicklung, wichtige Gewebeanlagen betroffen. Der Zeitraum, in dem solche EmB(II) abstarben umfasste 1 bis 5 Tage. Es müssen die Effekte also erst einmal grob klassifiziert werden, um Gemeinsamkeiten aus den individuellen Eindrücken zu extrahieren. Es lassen sich die Schadphänomene in Geweben bzw. Gewebeanlagen bei den in der vorliegenden Arbeit untersuchten *O. latipes*-Embryonen wie folgt zusammenfassen:

A) Stoßwellenapplikationen an Entwicklungsstadien Ia (Keimscheibe) lösen bei EmB(Ia) grundsätzlich einen totalen Dotterverlust mit der Bildung von Zellsphären aus, die sich nicht weiter entwickelten.

B) Stoßwellenapplikationen an Entwicklungsstadien II (Organogenese) können zu Dotterverlust, Trübungen am Dotter und Trübungen des Embryos, Gewebszerstörungen sowie im Extremfall sogar zu einer totalen sofortigen Zerstörung der Embryonen führen. Insbesondere bei Auftreten des Dotterverlustes bei EmB (II) konnten Symptome, wie Kreislaufinsuffizienzen, Mikrophthalmie, Pericardialödeme und Trübungen der Embryonen folgen. Meist endete die Entwicklung mit einer Verpilzung, die an der Innenseite der Eihülle begann. Rechtzeitiges Freipräparieren innerhalb eines Tages nach Beginn der Verpilzung sicherte die Fixierung eines von Hyphen unversehrten EmB (II).

C) Stoßwellenapplikationen an Entwicklungsstadien IV+/V- (kurz vor Schlupfreife) verursachen partielle Trübungen des Embryos, Rupturen der Dottergefäße, Stenosen der Dottergefäße sowie Hämatome am Dotter und im Kopfbereich, die oft in Kombination mit partiellen Trübungen um den Hämatombereich herum auftreten (PETERS et al., 1998). Ein Dotterverlust trat im Vergleich zu den Stadien Ia und II sehr selten auf.

4.4.1.1 Entwicklungsstagnationen EmB(Ia)

EmB(Ia) haben regelhaft einen *totalen* Dotterverlust erlitten, d.h., dass sich der gesamte Dotter mit der Perivitellarflüssigkeit vermischt hat. Unter solchen Bedingungen steht der Keimscheibe auf dem Periblast keine Fläche mehr für ihre Entwicklung und Ausbreitung zur Verfügung. Wird die Dottersackwandung, die im Stadium Ia bisher nur aus dem DS besteht, infolge einer Stoßwelleneinwirkung zerrissen, entleert sich der Dottersack in den Perivitellarraum. Die empfindliche Dottersackwandung zieht sich zusammen. Als Folge kollabiert die Keimscheibe, und es bildet sich eine Zellsphäre (vgl. Abb. 33, S. 72). Es ist anzunehmen, dass das normale räumliche Gefüge des Keimes gar nicht mehr besteht so dass kein koordinierter Signalstoff-Stoffwechsel mehr zwischen Periblast und Blastomeren sowie zwischen den Blastomeren untereinander stattfinden kann. Es ist davon auszugehen, dass ein infolge dessen gestörter Signalstoffwechsel die Entwicklung der aus Blastomeren bestehenden Zellsphären stagnieren läßt (vgl. S. 19). Die folgenden zwei Absätze untermauern diesen Erklärungsansatz:

Im DS werden insbesondere während der frühen Embryonalentwicklung diverse Signal-Proteine exprimiert, die maßgeblich den Gang der Entwicklung beeinflussen. Die Signalwege sind bisher nur Ansatzweise als Bestandteil eines sehr umfangreich vernetzten Wirkgefüges erfasst worden. Fest steht, dass der Kontakt zwischen den unteren Zellschichten der Keimes im Prägastrulastadium und dem bereits existierenden Dottersynzytium wichtig ist, weil ohne die Kommunikation zwischen den marginalen Zellen der Keimscheibe und dem DS eine fortschreitende Entwicklung nicht möglich zu sein scheint. Das DS wird während der prägastralen Embryonalentwicklung als Quelle induktiver Signale für die Formation vom Ektoderm, Entoderm und Mesoderm angesehen (CHEN u. KIMELMAN, 2000). So sind YAMANAKA et al. (1998) und KOOS u. HO (1998) gelungen, die Expression des Gens *Dharma* (= *Bozozok*, = *nieuwkoid*) (*boz*) im Periblast von Zebrafischen nachzuweisen. *Boz* fungiert als Repressor für den *bmp2b*-Faktor und ist somit schon während der mittleren Blastula für die Festlegung der Achsenorgane und letztendlich für die zukünftige Gestalt des Embryos verantwortlich. Aus folgendem Grund ist *boz* deshalb auch für die normale Entwicklung unverzichtbar (FEKANY et al., 1999):
Durch ß-Catenin und dem damit aktivierten *hhex* (HO et al., 1999), ist *boz* durch seinen repressiven Effekt als Regulator auf *bmp2* maßgeblich an einer Bildung stabiler Organisatoren beteiligt (LEUNG et al., 2003; BISCHOF u. DRIEVER, 2004). Bereits 1998 beschreiben KOOS u. HOO *boz* bzw. *Nieuwkoid* als Äquivalent zum Nieuwkoop-Organisator-Zentrum.

4.4 Beschallungseffekte und ihre Auswirkungen

Ferner haben WARGA u. NÜSSLEIN-VOLHARD (1999) die Expression des Proteins *Fkd2* (= Forkhead Domain 2) u. a. im DS von Zebrafischen nachgewiesen. *Fkd2* soll maßgeblich an der Formierung des Entoderms beteiligt sein. Für die Epibolie während der Gastrulation ist die Expression von *Mtx2* notwendig. Ohne *Mtx2* kann sich kein intaktes Zytoskelett im DS bilden, was den Vorgang der Epibolie erheblich verzögert (WILKINS et al., 2008). So werden im Randbereich des DS von *O. latipes* und Zebrafischen entscheidende Signale für die Gastrulation FEKANY et al. (1999), die Mesodermbildung (DRAPER et al., 2003; CHEN u. KIMELMAN; 2000), die Entwicklung des Hypoblast, der Augen, des Darms sowie des Seitenliniensystems (OATES et al. (1999) exprimiert. Weiterführend enthalten definierte Areale des Embryonalschildes von *O. latipes* einzelne, scheinbar willkürlich verstreute Zellen, die sich während der späteren Entwicklung zur Bildung einzelner Organe "zusammen finden" (HIROSE et al., 2004). Wenn also das räumliche Gefüge des Keims gestört ist, bedeutet dies auch eine Störung dieses empfindlichen Wirkgefüges zwischen Keim und DS bzw. der embryonalen Zellen untereinander, was wiederum die künftige Gestaltenbildung des Embryos erheblich behindert bzw. diese unterbindet.

Die Signalproteine aus dem periblasitischen Anteil des DS können infolge eines totalen Dotterverlustes nach einer Beschallung der EmB(Ia) sehr wahrscheinlich nicht mehr expremiert werden und/oder sie erreichen ihre Zielzellen nicht mehr. Auf diese Weise läßt sich das Verharren der betroffenen Keime in Zellsphären begründen, welches bis zu 2 Wochen andauern kann. Aufgrund von fehlendem Kontakt zum DS und der nicht möglichen Dotterverdauung, durch das Auslaufen des Dotters, ist davon auszugehen, dass die Zellen letztendlich durch Nährstoffmangel absterben. Aus dem Dotter-Perivitellarflüssigkeit-Gemisch können sich die Zellen der Sphäre offensichtlich nur unzureichend bis gar nicht ernähren und der ehemalige Keim stirbt ab.

4.4.1.2 Detaillierte Betrachtungen von Symptomen an EmB(II)

In diesem Abschnitt soll näher auf ausgesuchte Symptome und Beobachtungen eingegangen werden, die in gleicher oder ähnlicher Weise in der Literatur beschrieben werden. Das Hauptsymptom "Dotterverlust" ist unmittelbar mit einer Schädigung des DS verknüpft und wird deshalb später im Abschnitt 4.4.2, S. 187 detailliert diskutiert.

- **Kreislaufinsuffizienzen mit Kreislaufzusammenbruch**
  Bei den EmB(II) zählen Kreislaufinsuffizienzen ausschließlich zu jenen Symptomen, die erst im Laufe der weiteren Entwicklung nach der Beschallung zu be-

obachten sind (vgl. S. 86). Dies ist damit zu begründen, dass zum Zeitpunkt der Beschallung im Stadium II am Herzen erste, nur schwache Kontraktionen stattfinden, die allerdings noch nicht in der Lage sind, einen Embryonalkreislauf zum Fließen zu bringen. Die Ductus cuvieri sind im Stadium II gerade angelegt und die Vena vitellina ist noch nicht existent. Deshalb ist bei der Beschallung der Stadien II keine Voraussetzung vorhanden, einen noch nicht entwickelten embryonalen Kreislauf direkt und schädigend zu beeinflussen.

Im Falle von Kreislaufzusammenbrüchen bei weitgehend fortgeschrittenen Entwicklungsstadien können in den meisten Fällen immer noch Herzkontraktionen beobachtet werden, wobei unter diesen Bedingungen die Pumpleistung des Herzens extrem ineffizient ist. Das Aussetzen der Herztätigkeit als Todesdiagnose zu definieren, ist sehr kritisch zu betrachten; ist es doch, wie eigene Beobachtungen gezeigt haben, in wenigen Fällen zu einer Wiederaufnahme der Herzmuskelkontraktionen gekommen – wenn auch mit verminderter Effizienz. Auf dieses Thema wird später ausführlicher eingegangen (vgl. S. 185).

Wie die eigenen Untersuchungen zeigen, können trotz Kreislaufzusammenbrüchen geschädigte Versuchsembryonen bis zu 6 Tage überleben. Es ist sehr wahrscheinlich, dass die Zellen des Endothels aufgrund der Nährstoffmangel-Situation durch das geschädigte DS nekrotisch werden und der Kreislauf so nicht mehr aufrechterhalten werden kann. Dass nekrotisches Endothel maßgeblich an Kreislaufinsuffizienzen beteiligt ist, belegen Versuche, in denen während einer Embryonalentwicklung von Fischen, unter dem Einfluss von Toxinen, gezielt Kreislaufstörungen ausgelöst worden sind (CANTRELL et al., 1996, 1998; GUINEY et al., 2000; HENRY et al., 1997; VILLALOBUS et al., 2000). Die Ausprägung derartiger Insuffizienzen reichte von Verlangsamungen des Kreislaufs bis zum Kreislaufzusammenbruch, als Folge nekrotischer Endothelzellen.

Statt Toxinen, wäre bei den für diese Arbeit beschallten *O. latipes*-Embryonen ein Ernährungsmangel, aufgrund eines nicht funktionstüchtigen DS, als sekundäre Ursache für den Untergang der Endothelzellen zu vermuten. Zur Ernährungssituation der embryonalen Gewebeanlagen sowie zu Zellschädigungen, als mögliche Ursache für beobachtete Fehlentwicklungen der *O. latipes*-Embryonen, wird in Abschnitt 4.4.2.2 (Seite 189ff) ausführlich Bezug genommen.

- **Mikrophthalmie**
  Mikrophthalmien sind an jedem geschädigten Versuchsembryo mit großem Dotterverlust zu beobachten gewesen. Bei Kontrollen aus denselben Laichpaketen,

4.4 Beschallungseffekte und ihre Auswirkungen

aus denen die Versuchsembryonen stammen, ist Mikrophthalmie in keinem einzigen Fall beobachtet worden. Wie die Untersuchungen zeigen, kann Mikrophthalmie an EmB(II) mit Dotterverlust grundsätzlich erstmals ab Stadium III-/III beobachtet werden, weil während der Normalentwicklung ein gesteigertes Größenwachstum der Augen stattfindet und sich erst zu diesem Zeitpunkt der Größenunterschied der Augenbecher zwischen mikrophthalmen Embryonen und den Kontrollen offenbaren kann (vgl. S. 92). Da die Zellen der Retinaanlage während der Embryonalentwicklung, im Vergleich zu allen anderen Anlagen, der höchsten Proliferationsrate unterliegen (HIROSE et al., 2003), liegt der Schluss nahe, dass eine Nährstoffmangelsituation für den Embryo infolge des geschädigten DS vorherrscht. Deshalb ist es nachvollziehbar, dass ein Nährstoffmangel bereits durch reduziertes Wachstums des Auges sichtbar wird.

Ein genetischer Defekt als Ursache für Mikrophthalmie ist hier mit hoher Wahrscheinlichkeit auszuschließen. Grundsätzlich haben sich bei geschädigten Versuchsembryonen beobachtete Mikrophthalmien von jene beschriebenen Mikrophthalmien unterschieden, die nachweislich durch genetische Defekte verursacht werden: Zum Beispiel sind die Linsen bei *O. latipes*-Embryonen, bei denen Mikrophthalmien durch diverse andere noxische Reize induziert worden sind, proportional zum Augenbecher ebenfalls verkleinert oder aber die Augenbecher werden erst gar nicht ausgebildet. So können Mikrophthalmien durch γ-Bestrahlungen provoziert werden (AIZAWA et al., 2004). Überexpression des Inhibitors diverser Transkriptionsfaktoren, wie *Homeobox*, *six 3*, *six 6* und *Pax 6* (CARL et al., 2002; DEL BENE et al., 2004; LÓPEZ-RÍOS et al., 2002) oder das Fehlen bestimmter Transkriptionsfaktoren (*chokh*, *rx3*) kann die Anlage der Augen sogar total unterdrücken (LOOSLI et al., 2003; LÓPEZ-RÍOS, 2002).

- **Perikardialödeme**

Ein Perikardialödem ist eine übermäßige und anormale Ansammlung von Flüssigkeit im Perikard mit pathogenem Charakter (VILLALOBUS et al., 2000). Es ist anzunehmen, dass die Auswirkungen apoptotischer und nekrotischer Prozesse an Gefäßen und am Herz bei den geschädigten Versuchsembryonen als mögliche Ursache in Frage kommen können, so dass ein gesunder Flüssigkeitshaushalt im Perikard nicht mehr möglich ist. Trat das Perikardialödem als primäres Symptom auf, könnten nekrotische Prozesse durch Zerreißen des Endothels bzw. durch Rupturen der Endothelzellen verursacht worden sein. Daraus können Störungen des Flüssigkeitshaushaltes resultieren, die dann letztendlich zum Ödem führt.

Perikardialödeme (vgl. S. 102) sind ein häufig beobachtetes Symptom in Versuchen mit Fischembryonen des Medaka und Zebrafisches. Auch in den Untersuchungen für die vorliegende Arbeit konnten sowohl bei Versuchsembryonen als auch bei unbehandelten Spontanmissbildungen Perikardialödeme festgestellt werden. Das Symptom zeigt sich mit einer Abflachung des Dottersackes im Bereich des Perikards und war mit einer schlauchartig gestreckten Missbildung des Herzens und einer ringelschwanzartigen Wirbelsäulenverkrümmung kombiniert. Die Entstehung derartiger Perikardialödeme konnte durch die Behandlung von befruchteten *O. latipes*-Eiern mit dem Herbizid Thiobencarb (VILLALOBUS et al., 2000), Permithrin (GONZALEZ-DONCEL et al., 2003a), Cadmium (GONZALEZ-DONCEL er al., 2003b) und Dioxinen (CANTRELL et al., 1998; HENRY et al., 1997; GUINEY et al., 1997; VILLALOBUS et al., 2000) provoziert werden.

Perikardialödeme, die nach der Stoßwellenapplikation auftraten, unterscheiden sich von den gerade beschriebenen: Hier ist eine Abflachung des Dotters im ventralen Bereich der "Auflagefläche" des Perikards erkennbar. Das mit einem Übermaß an Flüssigkeit angereicherte Perikard stülpt sich dabei haubenartig über den durch den Dotterverlust verkleinerten Dottersack (vgl. Abb. 64 S. 103).

- **Trübung am Dotter und des Embryos**
  An EmB(II) und EmB(IV+/V-) sind nach Stoßwellenapplikationen Trübungen des Embryos festgestellt worden. Wie eigene Beobachtungen belegen, wird die Weiterentwicklung der EmB(II) mit erlittener Trübung des embryonalen Gewebes, die primär durch die Stoßwellen verursacht wird, erheblich eingeschränkt. Bis auf eine Ausnahme, starben alle EmB(II) mit einer Trübung des embryonalen Gewebes ab. Sind diese Trübungen bei EmB (IV+/V-) direkt nach der Beschallung aufgetreten (PETERS et al., 1998), so hat ebenfalls keine Regeneration stattgefunden und erfolgreiches Schlüpfen ist folglich ausgeschlossen gewesen. Wohingegen Trübungen am Dotter oft erheblich milder verlaufen. Hier haben sich deutlich mehr Embryonen regeneriert.

Wie hier mit Hilfe der Mikroskopie nachgewiesen werden kann, stellen Trübungen einen Hinweis auf schwere, in der Regel, meist nicht rückzubildende Schädigung der Gewebe dar (PETERS et al., 1998). Das bedeutet jedoch nicht zwangsläufig, dass betroffene EmB(II) mit dem Auftreten oder weiteren Verlauf der Trübung tot sind; denn bei EmB(II) mit partiellen Trübungen im Cranial- oder Rumpfbereich können weiterhin Herzkontraktionen und eine Überlebenszeit bis zu ca.

4.4 Beschallungseffekte und ihre Auswirkungen

einer Woche beobachtet werden. Hat die Trübung während der weiteren Entwicklung jedoch den gesamten Embryo ergriffen, sind keinerlei Lebensfunktionen erkennbar gewesen und der EmB(II) ist als abgestorben eingestuft worden. Solche Trübungen werden nicht direkt durch die Stoßwellen verursacht, sondern entstehen sekundär, als Folge der Beschallungseffekte.

Mikroskopisch sind in Bereichen mit primären Trübungen des Embryos nekrotische und später apoptotische Zustände in den Gewebe bzw. Gewebeanlagen, z.B. durch Apoptosekörperchen und das Zerreißen von Zellen erkennbar. Der optische Effekt der Trübung wird, wie bereits beschrieben, dann durch die Streuung des einfallenden Lichtes an den Dichteunterschieden zwischen den verdichteten Apoptosekörperchen und den umgebenden Zellen verursacht. Bei den nekrotischen Geweben der EmB(II) können vermehrt Vakuolisierungen ebenfalls einen Dichteunterschied zwischen sich und den sie umgebenden Zellen erzeugen. Auch Vakuolisierungen innerhalb der Organellen streuen das Licht infolge der Dichtesprünge zwischen sich und dem sie umgebenden Zytoplasma. All diese Trübungen lassen sich eindeutig den schwer geschädigten bzw. untergehenden Geweben zuordnen, auf die im Abschnitt 4.4.3 (S. 192) detailliert eingegangen wird.

Vakuolisierungen embryonaler *O. latipes* Gewebe sind von VILLALOBUS et al. (2000) an unvollständig geschlüpften *O. latipes* beobachtet worden. Ein hier dargestelltes Abdunkeln führt unausweichlich zum Absterben bzw. stellt bereits den Absterbeprozess dar. Entsprechende Abbildungen zeigen, dass dieses Abdunkeln eindeutig mit der in dieser Arbeit beobachteten Trübung des Embryos übereinstimmt. Allerdings bestimmen die Autoren keine eindeutigen Kriterien für den Tod der Embryonen und geschlüpften *O. latipes*-Larven. Damit ergibt sich die Notwendigkeit, im folgenden Abschnitt zu klären, ab wann ein EmB(II) in der vorliegenden Arbeit als abgestorben eingestuft werden sollte.

4.4.1.3 Bedeutung von: "Absterben des Embryos"

Letztendlich beenden die EmB(II) die Entwicklung durch deren Absterben, teils verursacht durch die Fixierung, teils ohne Eingreifen des Untersuchenden. Es gilt in solchen Fällen zu entscheiden, wann der Embryo sinnvollerweise fixiert, ob noch weiter beobachtet oder ob der Embryo schließlich als tot angesehen werden sollte. Auch wenn die Entwicklung der EmB(II) größten Teils aussichtslose Bahnen beschreitet, bedeutet das nicht, dass die Gewebe bzw. Gewebeanlagen und deren Zellen keine Lebensfunktionen mehr aufweisen und kein Stoffwechsel mehr stattfindet. Erschwerend haben sich die Totaltrübungen der Eier aufgrund der Verpilzung der Eischalen bei den EmB(II) in der Beurteilung erwiesen, ist doch dabei jeglicher Blick auf den von der Verpilzung noch nicht beeinträchtigten Embryo behindert oder unmöglich gewesen. Durch die Präparation verpilzter Eier kann der Embryo von den Hyphen unversehrt für die Fixierung entnommen werden, was beweist, wie vorsichtig ein allgemein getrübtes Ei zu beurteilen ist. Denn an diesen freipräparierten Embryonen sind, trotz dieser Umstände, transparente Gewebeanlagen, Kreislaufaktivitäten bzw. Herztätigkeiten beobachtet worden. Selbst bei einer Stagnation des gesamten Kreislaufes ist nur selten eine Herzfrequenz von Null festgestellt worden, auch wenn die Effizienz, mit der Blut gepumpt wird, verschwindend gering gewesen ist.

Um den Tod eines Embryos zu diagnostizieren, werden in der Literatur unterschiedliche Maßstäbe angesetzt oder diese sind nicht eindeutig: So sprechen VILLALOBUS et al. (2000) lediglich von einem Endpunkt und benennen als Kriterium Perikardialödem, Hämostase[1], Bradycardie[2] sowie letztlich Trübung des Embryos als Beginn des Absterbens. Eindeutiger definieren CANTRELL et al. (1996) den Tod, bei Dioxin exponierten Embryonen *O. latipes*, mit dem Aussetzen der Herztätigkeit in Verbindung mit Kreislaufzusammenbruch und dem Auftreten von einem nicht intakten Perikard. Diese Beurteilungskriterien werden für die hier untersuchten EmB(II) aus folgendem Grund nicht übernommen:

Die obigen Autoren gehen nicht näher auf den Begriff "nicht intaktes" Perikard ein. In den vorliegenden Untersuchungen entsprach nur das Perikardialödem einem nicht intakten Perikard, was kein Einstufen des EmB(II) in "abgestorben" rechtfertigt. Perikardialödeme und Kreislaufinsuffizienzen können durchaus rückgebildet werden. Letztendlich wäre ein aufgrund eines Perikardialödems oder Kreislaufzusammenbruchs als tot eingestufter EmB(II) demnach eine voreilige Diagnose. Unzweifelhaft ist ein Embryo stets dann als tot zu definieren, wenn er infolge einer Stoßwellenapplikation total zerstört worden ist. Dies ist eindeutig bei einer Ruptur der Eihülle und dem damit verbundenen ganzen oder teilweisen Austritt des Keimes aus dem Ei der Fall gewesen. Unter solchen Gegebenheiten sind keine Gewebeanlagen als solche mehr erkennbar.

Fazit:
Perikardialödeme, Kreislaufzusammenbrüche, partielle Trübungen des Embryos z.B. im Schwanzbereich oder Trübungen des ganzen Eies sind demnach nicht zwingend für die Diagnose "Tod" bei beschallten *O. latipes*-Embryonen heranzuziehen, wohl aber

---

[1]Unterbrechung des Blutflusses in großen Gefäßen
[2]Herzrhythmusstörungen

4.4 Beschallungseffekte und ihre Auswirkungen 187

die totale Trübung des Embryos selbst, die auf nekrotische Gewebe schließen läßt (s. "Durch Stoßwellenapplikation direkt und indirekt ausgelöste Nekrosen", S. 198). So wird hier das Kriterium der totalen Trübung des embryonalen Gewebes als "Tod des Embryos" festgelegt. Der Abbruch der Entwicklung des Embryos in Verbindung mit dessen Fixierung kann wie bei VILLALOBUS et al. (2000) sinnvoller Weise als Endpunkt angesehen werden.

4.4.2 Das Dottersynzytium bei *Oryzias latipes*

Der beobachtete Aufbau und die Struktur des gesunden DS bei *O. latipes* stimmt zum größten Teil mit den Beschreibungen untersuchter Dottersynzytien bei *Fundulus heteroclitus* (Killifish), *Danio rerio* (Zebrafisch), *Salmo trutta fario* (Bachforelle) und *Scophthalmus maximus* (Steinbutt) überein (KIMMEL u. LAW, 1985; LENTZ und TRINKHAUS, 1967; WALZER u. SCHÖNENBERGER, 1979; Poupard et al., 2000; KAGEYAMA, 1996):

Zur Erinnerung: Elektronenoptische Untersuchungen des normal entwickelten DS von *O. latipes* läßt die auf S. 17 dargestellte Schichtung in Dotterlysezone und zytoplasmatische Schicht erkennen. In der Dotterlysezone konnten sehr große membranumschlossene Vesikel mit Dottermaterial gezeigt werden, die in der vorliegenden Arbeit aufgrund ihrer Größe als *Dottervakuole* bezeichnet werden. Einfach betrachtet entsprechen sie Nahrungsvakuolen, die durch Phagozytose ins DS aufgenommen werden. In frühen Entwicklungsstadien umgeben zahlreiche Lysosome die Dottervakuolen, von denen einige mit der jeweiligen Dottervakuole fusioniert und in diese ihren enzymatischen Inhalt entlassen haben. Diese Beobachtungen werden von LENTZ u. TRINKHAUS (1967), WALZER u. SCHÖNENBERGER (1979), KIMMEL u. LAW (1985) u.a. bei Zebrafischen bestätigt. Letzte Gewissheit über den Inhalt der Lysosome kann nur eine immunhistologische Überprüfung geben.

Eigene Beobachtungen lassen vermuten, dass zwischen dem DS und den Dottergefäßen ein Großteil der Übertragung von Nährstoffen stattfindet (vgl. Abb. 117, S. 150). Hier werden sehr wahrscheinlich Vesikel mit Nährstoffen über zytoplasmatische Fortsätze des DS an Dottergefäße und damit an das Transportmittel Blut weitergegeben. Strukturen, wie die bei *O. latipes* beobachteten Zytoplasmafortsätze des DS (vgl. Abb. 117, S. 150) gleichen jenen von FISHELSON (1995) beschriebenen Fortsätzen: Bei *Cichliden* ist ein Netzwerk zytoplasmatischer Auswüchse beschrieben worden, das den perisynzytiellen Raum zwischen Dottergefäß und Dotter einnahm. Aus den Darstellungen ist zu schließen, dass es sich hierbei, ähnlich wie bei *O. latipes*, um Zytoplasmafortsätze des DS handelte. Es sei jedoch angemerkt, dass, bei aufmerksamer Betrachtung jener Abbildungen, der von FISHELSON (1995) als Perivitellarraum beschriebene Bereich, eher den perisynzytiellen Raum in unmittelbarer Nachbarschaft zu Dottergefäßen darstellt. Vom DS ausgehend, überbrücken auch hier beschriebene Mikrovilli den Abstand zwischen DS und Dottergefäßen.

Ob es sich beim Inhalt jener Vesikel tatsächlich um Nährstoffe handelt, bleibt weiterer Forschung vorbehalten. Letztendlich kann die Häufung von Dottervakuolen in der Nähe von Dottergefäßen ein weiterer Hinweis sein, dass die Weitergabe der Nährstoffe zu einem bedeutenden Teil an die Dottergefäße erfolgt. Dies steht im Konsens anderer Autoren mit Untersuchungen an *O. latipes*-Embryonen, bei denen eine Apoptose der Dottergefäßzellen durch den Einfluss von Toxinen provoziert worden ist (CANTRELL et al., 1998). Dabei ist ein signifikanter Rückgang der Dotterabsorbtion am Dottersack festgestellt worden, so dass die Nährstoffversorgung der Embryonen nicht mehr gewährleistet werden kann. Das legt den Schluss nahe, dass bei normal entwickelnden *O. latipes* Embryonen der Großteil der Nährstoffe aus dem aufbereiteten Dottermaterial vom DS (zytoplasmatische Schicht) an die Dottergefäße abgegeben wird und auf diesem Wege zu den sich entwickelnden Zielgeweben gelangt.

Bei fast abgeschlossener Entwicklung der *O. latipes* Embryonen im Stadium V sind keine großen Dottervakuolen mehr im DS zu beobachten. Stattdessen sind kleine Vesikel erkennbar, die wahrscheinlich Dottermaterial oder ein Gemisch aus Dottermaterial und Enzymen enthalten, was die variierende Elektronendichte der Inhalte vermuten läßt. Aufgrund ihrer deutlich kleineren Größe werden diese Strukturen nun als *Dottervesikel* bezeichnet.

4.4.2.1 Fehlende Zellkerne im Dottersynzytium bei *O. latipes*

Abweichend zu den Beobachtungen von IWAMATSU (1994) und KAGEYAMA (1996) waren in allen für diese Arbeit untersuchten Entwicklungsstadien keine Zellkerne in licht- und elektronenmikroskopisch untersuchten Abschnitten des DS – incl. Periblast – von Kontrollen und Versuchsembryonen zu beobachten (vgl. S. 105). Lediglich im Stadium II konnte über dem Periblast eine Reihe von Kernen beobachtet werden, die von einer extrem dünnen Zytoplasmaschicht umgeben waren und, wie ausgelagert, dem

4.4 Beschallungseffekte und ihre Auswirkungen

Periblast auflagen (vgl. Abbildung 66, S. 105). Bei *Oryzias latipes* schienen die Zellen, zu denen die aufgelagerten Kerne gehören, den von FISHELSON (1995) an *Cichliden* beobachteten hypoblastemischen Zellen zu entsprechen. Was weiter mit den Kernen selbst geschah, ist vom Autor nicht geklärt worden. Ein Verschwinden und Erscheinen von Zellkernen im DS bei *O. latipes* wird von KAGEYAMA (1996) beschrieben, jedoch wird auf diese Beobachtungen nicht näher eingegangen. Der Verbleib von Zellkernen im DS der hier untersuchten Kontrollembryonen und EmB von *O. latipes* kann zurzeit nicht zufrieden stellend geklärt werden. Es bleibt zu prüfen, ob Kernstrukturen einfach "nur" nicht erkennbar gewesen sind, ungünstige Schnittebenen vorgelegen haben oder tatsächlich keine Zellkerne im DS von *O. latipes* Embryonen in den hier untersuchten Entwicklungsstadien vorhanden sind.

Zweifelsfrei sind im DS von Zebrafischen licht- und elektronenmikroskopisch Zellkerne sichtbar (BRAAT et al, 1999; HAGEDORN et al., 1998). IWAMATSU (1994) beschreibt die Beobachtung von fünf bis sechs Kernreihen im synzytiellen Periblast bei *O. latipes*. Nach KAGEYAMA (1996) können Zellkerne im DS des späten Blastulastadiums (Stadium Ia) auftauchen und wieder verschwinden. Letztgenannter Autor beschreibt parasynchrone Teilungen an den Kernen im DS, die sich, einer Wellenfront gleich, vom Keim aus ausbreiten. Während der Epibolie konzentrieren sich die Kerne im Periblast. Anschließend vergrößern sich dort die Zellkerne und erreichen eine doppelte Größe im Vergleich zu jenen der embryonalen Gewebeanlagen. Derartige Riesenkerne gehen aus Fusionen von Kernen während der Epibolie hervor. Dabei sind die Kerne polymorph, jeweils von unterschiedlicher Gestalt und oft in die Länge gezogen: Bis zu 175 μm. Sie sind nach Aussage des Autoren noch im DS der schlupfreifen Larven zu beobachten. Bei den für diese Arbeit untersuchten *O. latipes*, dürfte die Wahrscheinlichkeit einen Kern bei einer solchen Länge infolge einer ungünstigen Schnittebene, nicht anzuschneiden, äußerst gering sein. Somit bleiben die Überlegungen, dass Kerne bei dem hier untersuchten DS nicht vorhanden oder die Strukturen nicht erkennbar sind.

4.4.2.2 Auswirkungen des geschädigten Dottersynzytiums auf die Entwicklung der Versuchsembryonen

Grundsätzlich ist davon auszugehen, dass ein geschädigtes DS die Entwicklung der Embryonen maßgeblich negativ beeinflusst. Die nachgewiesenen Veränderungen und daraus resultierende histopathologische Diagnosen an Dottersynzytien der EmB können ein Hinweis auf eine unzureichende Nährstoffzufuhr sein, die durch das geschädigte DS nicht mehr in notwendigem Umfang gewährleistet werden kann. Nach einer Beschallung und der damit regelhaft einhergehender Schädigung des DS, haben sich die Embryonen oft erst einmal weiter entwickelt. Es ist nahe liegend, dass die Zellen noch von einem gewissen Nährstoffvorrat aus der Zeit vor der Beschallung zehren und/oder die Dotteraufbereitung – wenn auch im verminderten Maß – noch weiter erfolgt. Nach zwei bis drei Tagen werden die ersten Auswirkungen in Form der beschriebenen Symptome sichtbar, und das in Form sehr individueller Ausprägungen. In welchen Formen sich Schädigungen des DS auch präsentiert haben, ob mit ausgeprägt dichter Osmiophilität oder aber mit extremer Strukturarmut des DS, in beiden Fällen sind die embryonalen Gewebe bzw. Gewebeanlagen offenbar nicht mehr versorgt worden. Infolge des anzunehmenden akuten Nährstoffmangels können die beschriebenen Veränderungen während der weiteren Entwicklung in den embryonalen Gewebeanlagen ausgelöst werden. Diese Situation tritt hauptsächlich bei einem, durch die Beschallung erfolgten, Dotterverlust auf. Dies verdeutlicht einerseits die wichtige Rolle des DS während der Entwicklung von *Oryzias latipes* und erklärt, warum bei einem Dotterverlust keiner der Embryonen in der Lage ist, die Entwicklung erfolgreich abzuschließen.

Veränderungen des DS nach der Beschallung

Bis zur Beschallung im Stadium II entwickelt sich das DS mit seinen Organellstrukturen unter dem Einfluss einer natürlichen Spannung und besitzt eine Dicke von ca. 10 μm bis 20 μm. Bis dahin sind beide DS-Schichtungen und die Organellstrukturen normal ausgebildet sowie die rER-Zisternen in parallelen Bahnen ausgerichtet. Eine Verminderung der Spannung durch den Dotterverlust nach den Stoßwellenapplikationen führt unweigerlich zu einer Verdickung des DS und folglich auch zu internen räumlichen Verschiebungen. Die beobachteten Desorganisationen der rER-Zisternen, in Form von Verschiebungen der ursprünglichen Ausrichtung, oft in Begleitung von Ribosomenablösungen und Dilatationen, sind nachvollziehbar.

Ein weiteres Phänomen sind qualitativ unterschiedliche Beschaffenheiten des DS verschiedener EmB(II). Allgemein ist festzustellen, dass das Zytoplasma jeweiliger EmB(II) eine extreme Strukturdichte (Abb. 113, S. 147) und Strukturarmut (vgl. Abb. 111 und 112, S. 146f) aufweisen kann:

- **Extreme Strukturdichte im DS**
  Dieses Phänomen läßt sich sehr wahrscheinlich auf eine gestörte Dotterverdauung mit einer Akkumulation von Nährstoffen im Zytoplasma des DS zurückführen. So ist in DS von EmB(II) eine große Dichte osmiophiler Granula nachzuweisen. Es gilt zu überprüfen, ob es sich hier um Glykogen handelt. Die Granula stimmen in

4.4 Beschallungseffekte und ihre Auswirkungen

Form und Elektronendichte mit vergleichbaren Strukturen von Glykogen aus der gängigen Literatur (DAVID, 1970; FAWCETT, 1973) überein. Bei den geschädigten DS der EmB(II) besteht die Wahrscheinlichkeit, dass sich Nährstoffe innerhalb des DS akkumuliert haben und infolge der Funktionsstörung des veränderten DS nicht zum embryonalen Gewebe weitergeleitet worden sind.

Vom Dottersynzytium ausgehend lassen sich die bereits beschriebenen Zytoplasmafortsätze nachweisen, die Granula an die Dottergefäße weitergeben. Daraus kann geschlossen werden, dass die vom DS aufgearbeiteten Nährstoffe an das Blut weitergegeben und damit an das Gewebe des Embryo gelangen. Eine Schädigung oder Degeneration eben jener Zytoplasmafortsätze des DS bei den EmB(II) könnte einen Stau der Nährstoffe im DS hervorrufen, vorausgesetzt, das DS arbeitet weiterhin mehr oder weniger kontinuierlich den Dotter auf. Dies würde die extreme Elektronendichte des Zytoplasmas einiger DS erklären.

Vergleichbare granuläre Strukturen sind von BARNARD u. LAJOIE (2001) in geschädigten Zellen beobachtet worden. Große Mengen an Glykogen im Zytoplasma konnten in pathologisch veränderten Zellen eines Angiomyolipoms nachgewiesen werden. Die Glykogengranuladichte in deren elektronenmikroskopischen Darstellungen gleichen den Glykogenanreicherungen im DS der EmB(II). Des Weiteren war der optische Eindruck aus Abb. 113 (S. 147) mit der Darstellung ausgeprägter mutmaßlicher Glykogenakkumulation im DS strukturell vergleichbar mit der einer Glykogenakkumulation aus Leberzellen bei einer Glykogenose (DAVID, 1970). Als Gründe für diese Symptomatik werden defekte Enzyme angeführt. Ob im DS der EmB(II) ebenfalls defekte Enzyme vorgelegen haben könnten, bedarf einer weiterführenden immunhistologischen Überprüfung.

- **Extreme Strukturarmut im DS**
Daneben existierten, vermutlich aufgrund einer gestörten oder eingestellten Dotterverdauung, geschädigte Formen des DS mit Zytoplasma, bestehend aus sehr spärlichen und kaum erkennbaren Strukturen (vgl. Abb. 111, 112, S. 146 f.). Ähnliche Effekte eines sehr strukturarmen DS fanden sich in den Darstellungen der Ultrastrukturen des DS von Zebrafischen bei HAGEDORN et al. (1998) wieder. Hier ist das DS durch Einfrieren und Wiederauftauen zerstört worden. Somit kann geschlussfolgert werden, dass das DS der hier untersuchten EmB(II) mit der auffälligen Strukturarmut einer hochgradigen allumfassenden Dysfunktion unterliegt.

Zusammenfassend kann postuliert werden, dass die Auswirkungen eines geschädigten DS die Einschränkung oder Einstellung der Verdauung des Dotters und/oder die Inhibition des Nährstofftransportes bedeuten. Eine Unterversorgung der embryonalen Gewebeanlagen mit Nährstoffen ist damit unvermeidlich. Zusätzlich kann einerseits der für die Entwicklung wichtige Signalstoffwechsel seitens des geschädigten DS gestört oder eingestellt werden, was die Entwicklungsverzögerungen bzw. -Stagnationen begründet. Folglich werden die Gewebe durch den Nährstoffmangel geschädigt, was zu Dysfunktionen entsprechender Organanlagen führt. Es ist schlüssig, dass bei einer nicht regenerierbaren Nährstoffzufuhr durch Strukturveränderungen des DS bei Dotterverlust, die Gewebe in Nekrosen untergehen. Dies wird während der weiteren Entwicklung nach den Stoßwellenapplikationen als grobkörnige Trübungen in embryonalen Gewebeanlagen unter dem Stereomikroskop sichtbar und signalisiert deren Absterbeprozess.

4.4.3 Histologie geschädigter Gewebeanlagen entwicklungsgestörter Versuchsembryonen

Die, in den Untersuchungen für die vorliegende Arbeit festgestellte hohe Diversität licht- und elektronenmikroskopischer Erscheinungsformen – mit oftmals schwer einzuordnenden pathologischen Veränderungen – soll im Folgenden auf die markantesten Merkmale beschränkt werden. Die Zuordnungen der Ultrastrukturen und deren pathologische Veränderungen erfolgen nach DAVID (1970) und FAWCETT (1977). Zu den beschallten Stadien IV+/V- zu PETERS et al. (1998) werden lediglich Ergänzungen vorgenommen. In diesem Sinne soll der folgende Abschnitt einen Überblick über intrazelluläre pathologische Veränderungen der EmB(II) geben:

4.4.3.1 Allgemeine pathologische Organellveränderungen

Vakuolisierungen

Als einer der häufigsten zytopathologischen Erscheinungen sind Vakuolisierungen nachgewiesen worden. Vakuolisierungen sind jene Veränderungen, die als atypische Hohlräume innerhalb von Organellen und Zytoplasma auftreten und flüssigkeitsgefüllt sind (DAVID, 1970). Das begründet die elektronenmikroskopisch auffälligen Hohlräume in Gewebe, Zellen sowie Organellen mit einer nicht vorhandenen oder kaum sichtbaren

4.4 Beschallungseffekte und ihre Auswirkungen

Elektronendichte. Vakuolisierungen entstehen aufgrund von Veränderungen des Zytoplasmas, Dilatation des ERs und perinukleären Zisternen der Kernmembranen, des Golgi-Apparats sowie Schwellungen der Mitochondrien. Eine Rückbildung ist möglich.

Insbesondere Vakuolisierungen in Mitochondrien gelten als deutlicher Hinweis auf noxische Einflüsse und massive Schädigung der Zelle. Laut RIVA u. TANDLER (2000) lassen sich Vakuolisierungen im Bereich des Zwischenmembranraumes an Mitochondrien nekrotischer Gewebe nachweisen. Dies steht im Konsens mit den Interpretationen der zytopathologischen Veränderungen in den nekrotischen Gewebeanlagen der hier untersuchten EmB(II), bei denen Vakuolisierungen durch die optisch wirksamen Oberflächen das Licht streuen und somit für den Trübungseffekt verantwortlich zu sein scheinen. Dabei können die Vakuolisierungen von Mitochondrien sich sehr wahrscheinlich bis zur vollständigen Auflösung der Cristae steigern. Dies wird ausführlich im kommenden Abschnitt 4.4.3.2 (S. 194) diskutiert.

Myelinisierung

Im Dotter der EmB(II) sind lamelläre Körper nachgewiesen worden (vgl. Abb. 71, S. 109), die allgemein unter den Begriff Myelinisierung einzuordnen sind. Myelinisierungen sind ein Hinweis auf eine erhebliche Funktionseinschränkung und Schädigung einer Zelle und können die Vorstufe eines Nekrose-Prozesses darstellen. Diese Bezeichnung für Membranproliferationen der Außenmembranen diverser Organellen umschreibt die Wiedergabe eines optischen Eindrucks, der an die Wicklung einer Myelinscheide erinnert. Bei den betroffenen Organellen kann es sich um ER-Bereiche, Kernhüllen und Mitochondrien handeln (DAVID, 1970). Treten Myelinfiguren auf, so bedeutet das meist den "point of no return" für den bevorstehenden Tod der Zelle (LA VIA u. HILL, 1971). Eine eindeutig dem ER zuzuordnende Form einer Myelinisierung sind die lamellären Körper (= Myeloidkörper oder "Fingerprint-Body"). Diese aus rER- oder ER-Membranen gebildeten Myelinfiguren (Review: GHADIALLY, 1999) treten insbesondere bei chronischem Vitamin-E-Mangel oder stetigem Hungerzustand auf (DAVID, 1970)

4.4.3.2 Spezielle pathologische Organellveränderungen

Pathologisch veränderte Mitochondrien

Die Ergebnisse der vorliegenden Untersuchungen zeigen diverse Veränderungen von Mitochondrien bzw. das Vorfinden mutmaßlicher Mitochondrienreste. Zur Übersicht: Mitochondrien können in verschiedenen Zustandsformen auftreten: orthodox, kondensiert, geschwollen (KWIATKOWSKA, 1981) und schließlich ruptiert, wobei ersterer der vier Zustände der normale und funktionstüchtige ist. Die restlichen drei stellen pathologische Veränderungen dieses Organells dar. In einer Zelle können orthodoxe, kondensierte sowie geschwollene Mitochondrien zugleich vorkommen (DAVID, 1970). Nach Darstellungen dieses Autors sind im orthodoxen Mitochondrium die "Elementpartikel" über einen Stiel mit den in der Crista-Membran enthaltenen Strukturproteinen der Basalplatten verbunden. Ein Verlust dieser Elementpartikel führt zur Behinderung bzw. Unterbrechung des Elektronentransports und damit zu einer Unterbrechung der ATP-Synthese. Die Elementpartikel enthalten an ihren Kopfenden u. a. Oligomycin empfindliche ATPasen, sowie Cytochrom B, C und C_1. Cytochrom C leitet im Falle einer mitochondrialen Schädigung die Apoptose-Kaskade ein (ALBERTS et al., 2004).

Kondensierte Mitochondrien sind durch auffällige Erhöhung ihrer Osmiophilität und damit ihrer Elektronendichte gekennzeichnet. LAIHO u. TRUMP (1975) haben keine Korrelation zwischen dem relativen Anteil kondensierter Mitochondrien und ADP in der Zelle festgestellt, bestätigen aber eine gehemmte ATP-Synthese. An solchen Mitochondrien ist eine Reduzierung der phosphorylierenden Enzyme, der ATPase und Sukzinodehydrogenase beobachtet worden. Zusätzlich ist der Anteil an ADP im Vergleich zu ATP erhöht (KWIATKOWSKA, 1981). Es ist somit nicht mehr genügend Energie in Form von ATP vorhanden, um wichtige Zellfunktionen, wie z. B. die der Ionenpumpen, in vollem Umfang zu gewährleisten (PETERS, 1998). Zusammenfassend ist festzustellen, dass bei Anwesenheit kondensierter Mitochondrien ein akuter ATP-Mangel in der Zelle vorliegt.

Eigene Beobachtungen zeigen, dass bei geschwollenen Mitochondrien (vgl. Abb. 125, S. 158) sich im Organell infolge von Flüssigkeitsansammlungen Vakuolisierungen bilden können, die das gesamte Mitochondrium ausfüllen können. Begleitet wird das Anschwellen oft durch Rupturen und Degeneration der Crista-Membran (DAVID, 1970).

Es ist schwierig, mit absoluter Sicherheit ruptierte Mitochondrien als solche zu bestimmen, wenn die Schnittebenen außerhalb der Verletzung des Organells liegen. Je nach Größe des Risses in der Membranen wird der Inhalt der Mitochondrien mehr oder

4.4 Beschallungseffekte und ihre Auswirkungen

weniger vollständig ins umgebende Zytoplasma entlassen. In Kombination mit Lyseprozessen der Cristae, die häufig bei geschädigten Mitochondrien beobachtet werden können (DAVID, 1970), bleibt eine mehr oder weniger leere Membranhülle übrig. Den Ursprung einer solchen Membranhülle ohne Immunfärbung herzuleiten ist schwierig, denn sie könnte zu anderen Organellen gehören. So kann eine entsprechend angeschnittene dilatierte ER-Zisterne ein ähnliches Bild im Elektronenmikroskop ergeben. Damit sind leere Membranhüllen mit größter Vorsicht zu interpretieren, auch wenn Größe, Form in etwa mit einem ehemaligen Mitochondrium übereinstimmen könnten und teilweise Andeutungen von Cristae ähnlichen Strukturen erkennbar sind. Ein Grund, der im vorliegenden Fallbeispiel (vgl. Abb. 102, S. 136) für Mitochondrienhüllen spricht, sind Membranfragmente im Lumen der Hüllen, die mit ihren mäandrierenden Strukturen an Cristae erinnern.

Sonstige Erscheinungsformen, wie eine Hypertrophie zu Riesenmitochondrien (vgl. Abb. 58, S. 96), stellen einen Kompensationsvorgang infolge eines chronischen ATP-Mangels dar (DAVID, 1970). So kann z. B. absoluter Hunger eine Vergrößerung von Mitochondrien auslösen. An hypertrophierten Mitochondrien kann ein vermindertes Verhältnis von Phosphor/Sauerstoff und eine Entkopplung der oxidativen Phosphorylierung nachgewiesen werden. Das gemeinsame Auftreten verschiedener Zustandsformen der Cristae in hypertrophierten Mitochondrien wird von RIVA u. TANDLER (2000) in Oncozyten von Speicheldrüsentumoren beschrieben. Die Autoren stellen das vereinte Vorkommen intramitochondrialer Vakuolisierungen, laminarer Stapelbildung und lückenhafter Cristae inklusive Auflösungserscheinungen innerhalb eines einzigen Mitochondriums dar.

Pathologisch veränderte Zellkerne:

In den elektronenmikroskopischen Untersuchungen von Retinaanlagen der EmB(II) konnten regelhaft polymorphe Kerne beobachtet werden (vgl. Abb. 57, S. 95). Bei polymorphen Zellkernen handelt es sich um Kerne mit Faltungen der Kernhülle, die nach gängiger Lehrmeinung ein zellpathologisches Symptom darstellen (DAVID, 1970). Bei einer Kernpolymorphie kann die äußere Form jede erdenkliche Gestalt mit Lobulationen, E- und Invaginationen annehmen. Sehr häufig sind polymorphe Kerne in neoplasischen Zellen zu finden (BARNARD u. LAJOIE, 2001; BIERNAT et al., 2001; CHA et al., 2000; HIROSHIMA et al., 1999; MARTINEZ et al., 2003; SEO et al., 2003). Ursachen für dieses Phänomen werden allerdings nicht angegeben. Sehr ausgeprägt treten polymorphe Kerne, begleitet von Myelinisierungen und geschwollenen Mitochondrien in Geweben von Xanthomatose-Patienten auf (BETTS et al., 2001). Bei Xanthomatose handelt es sich um eine autosomal-rezessiv erbliche Fettstoffwechselstörung (DE GRUYTER, 2002) mit Ernährungsdefiziten der Gewebe. Ausgeprägte Polymorphien der Kerne lassen sich im Endothel und in Podozyten des Nierengewebes unter Einfluss toxisch wirkender Medikamente nachweisen (KOHN et al., 2002). Zusätzlich sind in diesen untersuchten Geweben schwerwiegende pathologische Veränderungen mit zuvor beschriebenen Vakuolisierungen, geschwollenen Mitochondrien und Myelinfiguren zu beobachten gewesen. Auch Stoßwellenapplikationen auf Zellsphäroide verursachen intrazelluläre Veränderungen der Kerne in Form von Schrumpfungen der Nuclei und Faltungen der Kernhüllen (STEINBACH, 1992).

4.4.3.3 Apoptose und Nekrose in Geweben der EmB(II)

Nach den Stoßwellenapplikationen endeten die EmB(II) mit ihren vielseitigen, individuellen Schadensmustern und Symptomen, bis auf eine Ausnahme ohne Dotterverlust, letztendlich in Entwicklungsstagnationen und -Abbrüchen, egal bis zu welchem Stadium sich die EmB(II) entwickelten. Trotz der festgestellten Vielseitigkeit an Schadensmustern, waren Nekrosen und Apoptosen als gemeinsamer Nenner in individuellen Ausprägungen zu beobachten. Die folgenden Absätze sollen zu einem Überblick über Nekrosen sowie Apoptosen und deren Rolle, als Folge der Beschallungen, verhelfen.

4.4.3.3.1 Nekrose

Eine Nekrose ist im Gegensatz zur Apoptose ein *provozierter* Zelltod (DAVID, 1970; DE GRUYTER, 2002), ein passiver Vorgang also, der durch chemische oder mechanische Verletzungen der Zelle verursacht wird (POLLACK u. LEEWENBURGH, 2001). Der Vorgang umschreibt Veränderungen einer Zelle oder eines Zellverbandes beim Auftreten des Zelltodes nach einem irreversiblen Ausfall der Zellfunktionen. Erkennbar ist eine Nekrose z. B. an einer Zellkernveränderung (Kernpyknose, Karyorrhexis[3], Karyolyse) oder am Platzen oder Aufreißen der Zellmembran, begleitet von der damit einhergehenden Verteilung des Zellinhaltes in die Umgebung. Neben der Ruptur kann der nekrotische Vorgang in folgende zwei Erscheinungsformen unterteilt werden (DAVID, 1970; DE GRUYTER, 2002):

A) Koagulationsnekrose:

---
[3]Karyorrhexis ist eine Kernfragmentierung während eines Nekroseprozesses.

4.4 Beschallungseffekte und ihre Auswirkungen

Koagulationsnekrosen findet man z.B. in Gewebebereichen mit lokalen Ischämien[4] (z. B. Infarkte) oder nach der Einwirkung von Säuren und Salzen auf Gewebe. Durch Hitze oder Säuren werden intrazelluläre Gerinnungsvorgänge eingeleitet. Es folgen Verdichtung des Zytoplasmas sowie das Schrumpfen der Kernmembran und der damit verbundenen Pyknose des Zellkerns. Die Organellen sind dabei unter dem Elektronenmikroskop mühsam oder gar nicht erkennbar.

B) Kolliquationsnekrose (sog. Erweichungsnekrose):
Die Kolliquationsnekrose findet als Verflüssigung der nekrotischen Zellen statt, wobei das betroffene Gewebe oftmals keine Strukturen, abgesehen von Zelldebris, aufweist. Kolliquationsnekrose sind beispielsweise häufig in Hirn- und Rückenmarksbereichen anzutreffen, die infolge eines Schlaganfalls geschädigt werden sowie in Bauchspeicheldrüsen bei akuter Pankreatitis und im Magen-Darm-Trakt nach Verätzungen mit Basen.

4.4.3.3.2 Apoptose

Apoptose ist ein *programmierter* Zelltod (ALBERTS et al.; 2004) und ist 1972 von KERR u. WYLLIE erstmalig so benannt worden, die in ihr eine Sonderform der Nekrose sahen, während in der modernen Literatur Apoptose und Nekrose als jeweils verschiedenartige Prozesse angesehen werden (DE GRUYTER, 2002; ALBERTS et al.; 2004). Dies wird damit begründet, dass sich der Zelltod durch Apoptose – im Gegensatz zur Nekrose – durch genetische Informationen der betroffenen Zelle selbst reguliert. Damit ist Apoptose als eine Fähigkeit einer Zelle zu verstehen. Mikroskopisch ist eine Apoptose daran zu erkennen, dass die Zellen stark schrumpfen, hauptsächlich nur einzelne Zellen innerhalb eines Gewebeverbandes betroffen sind und die Zellen und Organellen weiterhin von einer Membran umgeben sind. Zusätzlich kommt es zur Defragmentation der DNA. Oft ist die DNA bzw. der Inhalt des Kerns halbmondförmig und homogenisiert mit hochgradiger Elektronendichte. Im fortgeschrittenen Stadium entwickeln sich die Zellen zu apoptotischen Körperchen, die ebenfalls durch eine intensive Färbung im Lichtmikroskop und elektronenmikroskopisch sehr elektronendicht in Erscheinung treten. (vgl. Abb. 82 - 85, S. 121ff).

Apoptose ist u. a. die Grundlage einer geregelten Embryogenese und Gewebehomöostase, etwa als Schutz vor Neoplasien. Apoptose spielt eine wichtige Rolle bei der Zytostatikawirkung, Strahlentherapie und anderen therapeutischen Verfahren (DE GRUYTER, 2002), wo sie in den Zielzellen ausgelöst werden soll. Die intrazelluläre proteolytische Kaskade, die zur Apoptose führt, ist in allen tierischen Zellen ähnlich und wird u.a.

---
[4]Durchblutungsmangel

durch die Ausschüttung von Cytochrom C aus defekten Mitochondrien in Gang gesetzt.

Durch Stoßwellenapplikation direkt und indirekt ausgelöste Nekrosen:

Die mikroskopische Auswertung von EmB(II) mit Gewebszerstörungen oder Trübungen unmittelbar nach der Beschallung hat ergeben, dass diese Trübungen sich in Form von Nekrosen zeigen, die durch direkte Verletzungen der Zellen bzw. der Zellmembranen verursacht worden sind. Ähnliche Stoßwelleneffekte in Form von Gefäßwandnekrosen sind auch bei Nabelschnüren direkt nach einer Beschallung nachgewiesen worden (STEINBACH, 1992). Auch werden Nekrosen in der Epidermis durch UVB-Bestrahlungen an frisch geschlüpften *O. latipes*-Larven hervorgerufen (ARMSTRONG et al., 2002). Die Autoren beschreiben Merkmale einer Koagulationsnekrose, wie sie auch am Beispiel von Linsenepithelzellen eines EmB(II) beobachtet worden sind (vgl. Abb. 77, S. 116). Diese histopathologischen Erscheinungen sind in nekrotischen und apoptotischen Geweben bzw. Gewebeanlagen wieder zu finden, die diversen schädigenden chemischen und physikalischen Einflüssen, u. a. auch Stoßwellen von Lithotriptern, ausgesetzt werden. So sind im Fokusbereich von beschallten Nierengeweben Gewebeschäden in Form leichter Vakuolisierungen bis ausgeprägten Nekrosen nachgewiesen worden (KARLSEN et al., 1991). Intrazellulär werden die Beobachtungen geschwollener Mitochondrien, Akkumulationen von elektronendichten Granula und Myelinfiguren beschrieben.

Während der weiteren Entwicklung geschädigter EmB(II) sind grobmorphologische Symptome, wie Mikrophthalmien, Kreislaufverlangsamungen, Kreislaufzusammenbrüche, Perikardialödeme sowie Trübungen des Embryos kurz vor dessen Tod beobachtet worden. Nach bisherigen Beobachtungen ist histologisch an Geweben, die von diesen Symptomen betroffen sind, ab dem vierten Tag nach den Versuchen, spätestens mit Auftreten einer Trübung, mit einem Entwicklungsabbruch und Absterben zu rechnen. Sehr wahrscheinlich gehen die Gewebe dabei, wie elektronenmikroskopische Untersuchungen ergeben haben, an Kolliquationsnekrosen unter (vgl. S. 197).

Durch Stoßwellenapplikation ausgelöste Apoptosen

Neben Nekrosen sind auch apoptotische Veränderungen beobachtet worden, wie sie im Fallbeispiel einer vollständigen Zerstörung von Axialorganen (Corda dorsalis und Rückenmark) zu sehen sind (Abb. 91, S. 128). Die ursprünglich die Corda dorsalis umgebende Muskelanlage läßt keine Differenzierungen mehr erkennen. Auch wenn eine

4.4 Beschallungseffekte und ihre Auswirkungen

Apoptose oft erst einen Tag nach der Beschallung (Beobachtungszeitpunkt t_2) festgestellt worden ist, so muss geprüft werden, ob sie auch als eine direkte Auswirkung der Stoßwellenapplikation betrachtet werden muss. YASUDA et al. (2006) zeigen in lichtmikroskopischen Schnitten ähnliche Phänomene bei Hirnanlagen ab 24 Stunden nach einer Röntgen-Bestrahlung von *O. latipes*-Embryonen im Entwicklungsstadien II+. Die Autoren bezeichnen die Veränderungen der Zellen lediglich als abgestorbene Zellkluster. Sie gehen trotz beschriebenem Apoptose-Test nicht auf das Ergebnis des Tests ein. Im Unterschied zu den EmB(II) sind in den bestrahlten Gewebeanlagen die betroffenen Zellen relativ gleichmäßig über den Schnitt verteilt.

Selbst wenn die Gewebe direkt nach der Beschallung noch intakt zu sein scheinen, kann die Apoptose als ein aktiver zellulärer Vorgang schon eingeleitet worden sein. So können durch die Stoßwellenapplikationen auch Mitochondrien geschädigt werden, was auf Seite 194 ausführlich beschrieben wird. Mit der damit verbundenen Ausschüttung von Cytochrom C werden die Caspasen aktiviert und dadurch die Apoptose-Kaskade gestartet (ALBERTS et al., 2004; CANTRELL et al., 1998; DE GRUYTER, 2002; PIECHOTTA, 1999). Sichtbare Auswirkungen dieser Apoptose-Prozesse bei EmB(II) sind jedoch erst Stunden bis hin zu einem Tag nach ihrer Beschallung und damit ihrer Auslösung erkennbar. Somit kann in Erwägung gezogen werden, dass die Apoptose unmittelbar auf Stoßwellen zurückzuführen ist, obwohl die Auswirkungen frühestens erst ab Beobachtungszeitpunkt t_2 in Form typischer Apoptosekörperchen sichtbar werden (vgl. Abb. 84, S. 122 und Abb. 85, S. 123).

Auf diese Weise kann ein hoher Anteil untergehender Zellen von Axialorganen zur allgemeinen Entwicklungsstagnation führen. Axialorgane sind maßgeblich an der Initiierung der Somitendifferenzierung beteiligt (RONG et al., 1992). Es ist seitens letzt genannter Autoren bewiesen worden, dass sich die Somiten nach einer operativen Entnahme der Corda dorsalis und Rückenmark beim Hühnerembryo nicht weiterentwickeln und letztendlich in einer Nekrose untergehen, was im Konsens mit den eigenen Ergebnissen steht. Es ist somit nachvollziehbar, dass die Entwicklung an derartig geschädigten Versuchsembryonen nach der Beschallung stagniert und zum Absterben führt.

Apoptose-Prozesse können in leukämischen Zellen durch Ultraschallbehandlungen ausgelöst werden (LAGNEAUX et al., 2002). Die Autoren haben die Aktivierung der Caspase 3 und eine Veränderung des *bcl-2/bax*-Verhältnisses zu Gunsten des *bax* nachgewiesen. Zur Erläuterung: Bcl-2-Proteine blockieren und bax-Proteine fördern den Ausstoß von Cytochrom C aus dem Mitochondrium. Ebenso kann mit Hilfe von Toxinen

(z. B. Dioxinderivate) u. a. auch bei *O. latipes* Embryonen Apoptose ausgelöst werden (CANTRELL et al, 1996). Hier ist durch das Dioxin *TCDD* eine hohe Apoptose-Rate in den Zellen der Vena vitellina induziert und in Embryonen der Entwicklungsstadien II+ und IV nachgewiesen worden. Vergleichbare Bilder zeigen Chondrozyten im Endstadium der Apoptose (KOURI-FLORES et al., 2002). Es tritt dabei ebenfalls die typische Osmiophilität des Zytoplasmas, gepaart mit Vakuolisierungen auf, so wie sie in den Gewebeanlagen geschädigter Versuchsembryonen beobachtet worden sind.

Neuronale Schäden, in Form apoptotischer Strukturen lassen sich durch O_2-Mangel erzeugen (NAGANSKA u. MATYIA, et al., 2002). Hier sind ebenfalls Vakuolisierungen und deutliche Dilatation des ER nachweisbar. Mit fortschreitender Schädigung wird das Zytoplasma elektronendichter, es enthält deutlich mehr Vakuolisierungen als zu Beginn der Schädigung. Hier ist auch eine Verklumpung des Chromatins beobachtet worden.

Aus der elektronenmikroskopischen Betrachtung von Gewebeanlagen der EmB(II) ergeben sich Grenzfälle, bei denen keine sichere Aussage getroffen werden kann, ob eine Nekrose oder Apoptose vorgelegen hat, wie in den Linsenepithelzellen der geschädigten Versuchsembryonen (Abb. 77, S. 116):

- Für Nekrose spricht die Erkennbarkeit der Mitochondrien, eine Homogenisierung des Chromatins sowie der Sachverhalt, dass ein zusammenhängender Zellverband betroffen war.
- Für Apoptose spricht die osmiophile Verdichtung und das Schrumpfen des Zytoplasmas.

CHA et al. (2000) vergleichen apoptotische mit nekrotischen Zellen mit Hilfe der Elektronenmikroskopie. Im Konsens mit MOINFAR et al. (2000) werden typische Erkennungsmerkmale der Apoptose aufgezeigt: Halbmondförmiges und marginal kondensiertes Chromatin, scharfe Abgrenzung sowie kondensiertes Zytoplasma. Jedoch zeigen auch hier als nekrotisch bezeichnete Zellen gleichzeitig apoptotische Merkmale (nach DAVID, 1970) in Form marginaler Chromatinkondensation auf. Zusätzlich wird nach MOINFAR et al. (2000) der Unterschied zwischen der passiv verlaufenden Oncose[5] und der aktiv initiierten Apoptose hervorgehoben, wobei die Autoren die Meinung vertreten, dass beide Prozesse am Ende zwingend in eine allumfassende Nekrose übergehen. Diese These unterscheidet sich somit von den anderen zitierten Autoren, die in der Nekrose und Apoptose separate Vorgänge sehen (ALBERTS et al., 2002; DAVID, 1970; DE

---

[5]Bei der Oncose wird aufgrund eines ATP-Schwundes die Permeabilität der Membranen extrem erhöht, weshalb die Zelle und Organellen anschwellen und anschließend in einer Nekrose untergehen.

4.4 Beschallungseffekte und ihre Auswirkungen

GRUYTER, 2002). Letztendlich lassen sich die Merkmale beider Zelltod-Typen, die der Nekrose und Apoptose, vereint in der Darstellung der Linsenepithelzellen aus Abbildung 77 finden. Um schließlich Gewissheit zu bekommen, wäre der Nachweis aktivierter Caspase z. B. durch einen "ApopTag In Situ Apoptosis Detection Kit" (Oncor®) oder der Nachweis des Markers "P 450 1A" (CANTRELL et al., 1998; GUINEY et al., 1997) notwendig.

Die elektronenmikroskopischen Darstellungen von nekrotischem Hirngewebe (vgl. 89, S. 126) gleichen jenen Strukturen einer Nekrose bei osmotischen Zellen aus MOINFAR et al. (2000) (Abb. 133). Als Ursache für derartige Zustände wird eine erhöhte Permeabilität der Zellmembran infolge eines Verlustes der Ionenpumpenaktivität benannt, was eine Schwellung des Zytoplasmas, des Kerns sowie eine ungeordnete DNA-Fragmentierung zur Folge hat. Insbesondere gleicht die vom letztgenannten Autor dargestellte Homogenisierung des Chromatins ohne eine Verkleinerung des Nucleus sowie ausgeprägte Vakuolisierungen der Situation im dargestellten Hirngewebe der EmB(II). Typisch für fortgeschritten nekrotische Gewebe dieser Art ist das Vorkommen kleiner Lipidtröpfchen (DAVID, 1970), wobei jene Lipide das Resultat abgebauter Membranlipide sein können. Das Phänomen ist als Verfettungserscheinung nach Bestrahlungen bekannt. Eigene Beobachtungen und Ausschnitte einer untersuchten nekrotischen Retinaanlage zeigen ein vergleichbares Bild (vgl. Abb. 61, S. 100).

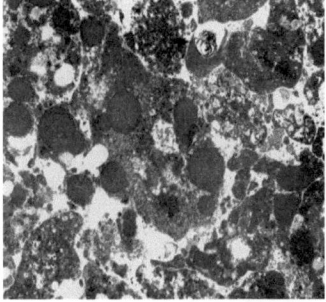

Abb. 133: Luminalzellen eines Karzinoms mit hochgradiger Nekrose, 36000-fach (MOINFAR et al. (2000).

4.4.3.4 Histopathologische Veränderungen spezifischer Gewebe

Dieser Abschnitt befasst sich mit licht- und elektronenmikroskopischen Veränderungen von Geweben der EmB. Dabei werden sowohl bereits beschriebene zytopathologische Phänomene als auch gewebespezifische Veränderungen näher beleuchtet:

Muskelgewebe

Da die geschädigten Embryonen keinem normalen Entwicklungsverlauf, sondern individuellen Entwicklungsverzögerungen unterlegen sind, ist die Möglichkeit in Betracht zu ziehen, dass die in dieser Arbeit diagnostizierten Muskeldystrophien womöglich eine nicht vollendete Differenzierung der Muskelzellen mit fehlerhafter oder nicht fertiger Ausbildung der Myofilamente darstellen. Bei einer Muskeldystrophie beginnen sich erst die Myofilamente abzubauen, während die Sarkomeranordnung erhalten bleibt (DAVID, 1970). Im späteren Stadium fragmentieren die Z-Streifen und die Myofibrillen zerfallen vollständig mit anschließender Auflösung. Die von TANDLER et al. (2002) beschriebene Cardiomyopathie mit Zerreißen der Myofibrillen gleichen jenen Ultrastrukturen, wie sie in folgenden Abbildungen zu finden sind: Abb. 124 (S. 157), 125 (S. 158), 128 (S. 160) und 129 unten (S. 161). Im Vergleich dazu sind zwar in normal entwickelten Kontrollen im Stadium IV die Muskelanlagen noch nicht vollständig ausdifferenziert, jedoch zeigten die Kontrollen keine Myofibrillenfragmente (vgl. Abb. 121, S. 154). Es ist deshalb sehr wahrscheinlich, dass es sich bei den vorliegenden Strukturen um eine ausgeprägte Muskeldystrophie mit einem Untergang von Myofibrillen handelt.

Gleich aussehende Strukturen beschreiben MYOSHI u. YAMAMOTO (2001) als Desorganisation der Muskelfasern. Als Ursache dieser Muskelfaser-Desorganisation wird Proteinmangel benannt. In den dort untersuchten Sarkomeren sind Areale mit feinen dichten Filamenten, Verlängerung der Fibrillen und Verschiebungen der Z-Linien zu beobachten. Damit ließe sich die Übereinstimmung dieser Beschreibungen mit den von den EmB(II) vorliegenden Darstellungen der Muskeldystrophien und/oder -Fehlentwicklungen mit einem Nährstoffmangel begründen. Damit ergibt sich eine mögliche Kombination aus Fehlentwicklung und Muskeldystrophie für die pathogenen Strukturen der Muskelgewebe in der vorliegenden Arbeit.

Lichtmikroskopische Untersuchungen des Muskelgewebes von Fischembryonen, die mit dem Herbizid Thiobencarb behandelt worden sind (VILLALOBUS et al., 2000), zeigen – wie die EmB(II) – nekrotisches Muskelgewebe, erkennbar an Vakuolisierungen und unterbrochenen Muskelfaserbündeln. Vakuolisierungen dieser Art können ebenfalls in den Muskelzellen von Patienten mit einer Phosphat-Vergiftung (Tamaron) nachgewiesen werden (KAYA et al., 1992). DE PALMA et al. (2000) beschreiben Strukturen fragmentierter Myofilamente bei rheumatischer Myositis. Gleichartige Strukturen sind auch in den embryonalen Muskelanlagen geschädigter Versuchsembryonen beobachtet worden (vgl. Abb. 124, S. 157 und 125, S. 158).

4.4 Beschallungseffekte und ihre Auswirkungen

Eine weitere Form pathologischer Veränderungen im Schwanzmuskelbereich, die in den elektronenmikroskopischen Untersuchungen beobachtet worden ist, ist die Proliferation von Filamenten. Aufgrund der Dicke, der Struktur, den umschlossenen Mitochondrien, quergeschnittenen Faserbündel in Abb. 122 (S. 155)sowie der Lage dieser Strukturen im Schwanzbereich der Muskelanlage, könnte es sich hier um Bündel aus Aktinfilamenten handeln, was allerdings noch eine Absicherung durch immunhistologische Untersuchungen erfordert. Jedenfalls läßt das Umschließen von Mitochondrien den Schluss zu, dass es sich hierbei um intrazelluläre Filamentstrukturen handelt, die bei keinem Kontrollembryo beobachtet worden ist.

Diverse Autoren interpretieren solche Phänomene vollkommen unterschiedlich: Von COMIN et al. (2000) werden derartige Strukturen als *Zebrabody* und als osmiophile Membranen innerhalb eines Lysosomes benannt, von ORDÓNEZ u. MACKAY (2000) als filamentöse Strukturen oder Proenzyme (Abb. 135), und von HOWELL et al. (2003) werden Zebrabodies als Kollagenfilamente bzw. Fibrinbündel interpretiert. Diese In-

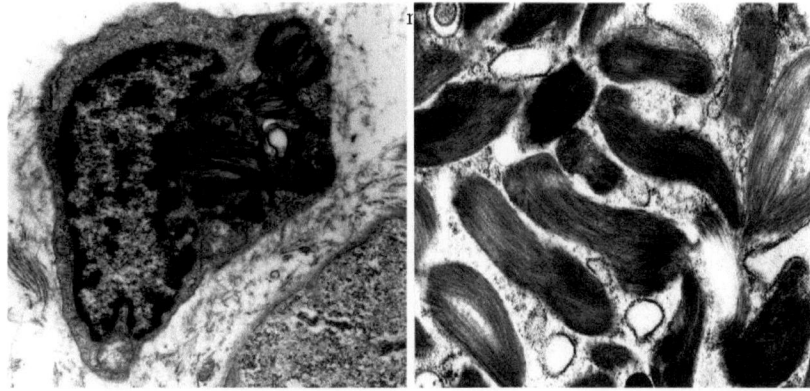

Abb. 134: COMIN et al. (2000): Osmiophile Membranen in einem Lysosom als sog. Zebrabodies bei Patienten mit dem Fabry-Syndrom (= Fettstoffwechselstörung).

Abb. 135: ORDÓNEZ u. MACKAY (2000): Geschwungene filamentöse Strukturen in einer Pankreas-Karzinom-Zelle.

4.4.4 Tabellarische Zusammenfassung der Befunde

Die in dieser Arbeit vorliegenden pathologischen Veränderungen von Organellen werden in Tab. 4 dargestellt. Dabei wird ein Überblick über die in der Literatur beschriebenen Möglichkeiten gegeben, mit der die aufgelisteten Veränderungen zu provozieren sind. Als "roter Faden" ziehen sich Mangelzustände in den Geweben als Auslöser der benannten zytopathologischen Phänomene durch die tabellarische Auflistung:

4.4 Beschallungseffekte und ihre Auswirkungen

Tab. 4: Zusammenfassung zytopathologischer Erscheinungen und deren Provokation (verkürzt nach DAVID, 1970). Die Bezeichnung "div. Toxine" umfasst eine große Liste an organischen und anorganischen Stoffen (z. B. CCl_4, Dioxin, div. Pharmaka oder Schwermetalle und deren Salze), die hier aus Gründen der Überschaubarkeit nicht weiter aufgeschlüsselt werden. Die Abbildungsnummern repräsentieren Darstellungen der Beobachtungen an EmB(II), die den vom Autor beschriebenen Strukturen entsprechen.

Organell-Veränderung	Provozierbar durch das Einwirken von	Abbildungs-Nummer
Chromatin-Verklumpung, marginale Kondensation	Autolyse, Ischämie, Nekrose, Proteinmangel, Zytostatika, Virusinfektion, UV-Bestrahlung, radioaktive Bestrahlung, Hunger, **Mangel an:** Proteinen	53, 61 99, 128
Kernpolymporphie	Hunger	57
Kernpyknose	Bestrahlung, Infarkt, Virusinfektion, div. Toxine	84, 85
Kerneinschlüsse	div. Toxine **Mangel an:** Proteinen	61, 128
Auflösung/Zerfall der Kernmembran	div. Toxine, Kälte, radioaktive Bestrahlung, UV-Bestrahlung	84, 85,89 100, 128
Myelin-Figuren	radioaktive Bestrahlung, div. Toxine, Virusinfektion, **Mangel an:** Natrium	70, 71 92, 128
Vesikuläre Umwandlungen, Dilatationen sowie Vakuolisierungen des ER	Autolyse, Totenstarre, Nekrose, Hypoxie, div. Toxine, radioaktive Bestrahlung, Kortison, retrograde Atrophie Amyloide, Virusinfektion, **Mangel an:** Vitamin (C, B), Proteinen, O_2, Jod,	106 118119 128, 129
Veränderungen der Mitochondrien: Vakuolisierungen, Matrixherauslösung, Verlust der Cristae, Schwellungen	Quetschungen, Autolyse, Nekrose, Hypoxie, Kälte, Erwärmung, Ischämie, Infarkt, Stenosen, Ödeme, Hepatitis, Ikterus, in Neoplasien, CO-Atmung, Asphyxie[a], in Neoplasien, Hypertrophie, Diabetes mellitus, Virusinfektionen, Totenstarre, UV-Bestrahlungen, radioaktive Bestrahlung, Glyceringabe, Kortison, Hydrokortison, div. Toxine, Hunger, **Mangel an:** Vitamin C, B u. E, Ca, Cholin Proteinen, Lysin, Vitamin E, Thiamin, Alanin, Polyensäure	61, 68, 89 101, 102, 111 119, 124, 125
Matrixverdichtung kondensierter Mitochondrien	Autolyse, Hypoxie, Infarkt, Hitze, Aderlass, Unterdruck Rubinlaser, Bestrahlung, radioaktive Bestrahlung, Protonenbestrahlung, Östrogen, div. Toxine, Glycerin, Morbus Alzheimer, in Neoplasien, Virusinfektion **Mangel an:** Nahrung, Riboflavin, Vitamin E,O_2	77, 93 119, 124
Hypertrophie zu Riesenmitochondrien	Autolyse, Regeneration von Axonen, Infarkt, div. Toxine, radioaktive Bestrahlung, partielle Erkrankungen des Darmes, Dubin-Johnson-Syndrom[b], Herzinsuffizienz, chronische Hepatitis, Muskeldystrophie, *Trichinella spiralis*, ZNS-Degeneration, Muskelatrophie **Mangel an:** Cholin, Proteinen, essentiellen Fettsäuren, Polyensäure, Thiamin, Vitamin E, Nikotinsäure, O_2, Na	124

[a]Zustand von Kreislaufschwäche und Atemdepression bzw. -Stillstand
[b]Erbkrankheit der Leber, bei der die Ausscheidung konjugierten Bilirubins in die Galle gestört ist

Organell- Veränderung	Provozierbar durch das Einwirken von	Abbildungs- Nummer
Zunahme des Glykogengehaltes	Chronische Ischämie, Hypoxie, Axondurchtrennung, radioaktive Bestrahlung, Laserstrahlen, Kälte, Diabetis mellitus, Thyreotoxidose^a, Kortison, Östrogen, Noradrenalin, div. Toxine, Kobalt-Nekrose, ZNS-Degeneration, Denervationsathropie, in Neoplasien, Hepatitis, Polyioencephalitis	113 119

^{a}Auch als Hyperthyreose bezeichnet. Es handelt sich um eine krankhafte Überfunktion der Schilddrüse.

4.4.5 Fazit: Der Einfluss von Stoßwellen auf die O. latipes-Entwicklung

Durch die Stoßwellenapplikationen können die Membranen einzelner Zellen zerreißen. Direkt nach der Beschallung sind, basierend auf derartigen Zellverletzungen, nekrotische Bereiche nachweisbar. Schwer geschädigte, aber bis zu einem gewissen Grad noch intakte Zellen beginnen, beispielsweise durch geschädigte Mitochondrien, Apoptose-Kaskaden zu starten. Spätestens einen Tag nach der Beschallung sind die Auswirkungen in Form von Apoptosekörperchen sichtbar. Sind durch die Apoptose maßgebliche Precursoren nicht betroffen, so wird die Entwicklung vorerst, meist verlangsamt, fortgeführt.

Durch die Beschallung und dadurch erfolgtem Dotterverlust werden auch das DS und seine Organellen geschädigt, desorganisiert und in sich räumlich verschoben. Je nach Schädigung und Beeinträchtigung des DS findet eine eingeschränkte bis gar keine Dotterverdauung statt. Gleiche Beeinträchtigungen gelten für den Nährstofftransport über die Dottergefäße zu den embryonalen Gewebe. Dies ist zunehmend durch Funktionsstörungen in Form jener Symptome zu beobachten, die erstmals ein bis zwei Tage nach der Beschallung auftreten. Abgesehen von einer Unterversorgungssituation der embryonalen Gewebeanlagen mit Nährstoffen, dürften auch die Wege des DS-gesteuerten Signalstoff-Stoffwechsels (z.B. *bozozok* und *dharma*) unterbrochen sein (vgl. 180). Infolge dessen verlangsamt oder stagniert die Entwicklung durch zunehmende Funktionsstörungen mit dem Auftreten der beschriebenen Symptome.

Histopathologisch lassen sich die Auswirkungen der Beschallung wie folgt zusammenfassen:
Bei erfolgreicher Stoßwellenapplikation der Versuchsembryonen können Zellen ruptieren bzw. zerstört werden. Die zusätzlichen Veränderungen in den Zell- und Organell-

4.4 Beschallungseffekte und ihre Auswirkungen

membranen durch die Beschallung führen zu einer Störung von Membranproteinen. So können z. B. über fehlende oder funktionsuntüchtige Ionenpumpen die Permeabilitäten der betroffenen Membranen ansteigen. Betroffene Gewebeanlagen zeigen eine Nekrose als unmittelbare Auswirkung der Beschallung. Bei geschädigten Mitochondrien werden Apoptosekaskaden gestartet. Die verletzten Gewebe sind dann, infolge der Lichtstreuung, als milchige Trübungen oder als Gewebszerstörung direkt nach der Beschallung im embryonalen Gewebe sichtbar.

Sind im Falle einer Beschallung während der Organogenese wichtige Signal gebende Anlagen betroffen, wird die Entwicklung mit der Beschallung maßgeblich verlangsamt, oder sie stagniert. Sind keine offensichtlichen Verletzungen der embryonalen Anlagen sichtbar, treten Trübungen erst am Nachmittag des Versuchstages oder einen Tag später auf, die auf Apoptosekörperchen zurückgeführt werden können. Dies war bei EmB(II), bei denen erstmal nur ein starker Dotterverlust eingetreten ist, der Fall. Eine Dysfunktion des DS zieht eine Störungs-Kaskade nach sich, die eine normale Entwicklung unmöglich macht. In nekrotischen/apoptotischen Gewebeanlagen folgt ein gestörter Zell- und/oder Signalstoffwechsel in Begleitung zytopathologischer Veränderungen, z.b. in Form von Vakuolisierungen und Koagulationen des Zytoplasmas. Es tritt eine weitere, grobkörnige Qualität an Trübungen auf – charakteristisch für Trübungen, die im Laufe der weiteren Entwicklung der EmB(II) entstehen. Auch hier kann der Trübungseffekt mit Hilfe gestreuten Lichts durch Vakuolisierungen sowie Verdichtungen und Verklumpungen begründet werden. Oft sind als erstes die Anlagen des Gehirns und seiner Anhangsorgane, wie das Auge, von Entwicklungsstörungen betroffen. Letztendlich stirbt der Embryo durch nekrotische Veränderungen aller Gewebe, die als allumfassende Trübung des Embryos (nicht der Eihülle!) im Stereomikroskop zu sehen ist.

Im Falle einer vorzeitigen, nur für die EmB(II) mit Dotterverlust typischen Verpilzung, dringt die vorerst wattige, die Innenseite des Chorions bedeckende, Hyphenschicht zum Embryo binnen max. drei Tagen vor. Dabei könnte für die Hyphen der Nährstoffgehalt des Dotter-Perivitellarflüssigkeits-Gemisches, infolge des erlittenen Dotterverlustes, eine entsprechend förderliche Wachstumsgrundlage darstellen.

Es werden abschließend 4 Flussdiagramme dargestellt, die einen Überblick über den Einfluss der Stoßwellen auf die embryonale Entwicklung von *Oryzias latipes* ergeben. Abb. 136 befasst sich mit der Einwirkung der Stoßwelle auf die Eihülle:
Bei beschallten und geschädigten Eiern ist die Entwicklung häufig aufgrund der oben

beschriebenen beginnenden Verpilzung abgebrochen worden, die auf beschallungsbedingte Strukturschwächung der Eihülle zurückgeführt werden kann. Dabei wirken die oben beschriebenen Stoßwelleneffekte (Kavitationen, Scherwirkungen) auf die Eihülle ein. Diese Form der Verpilzung, die an Kontrollen nicht beobachtet worden ist, tritt ausschließlich in den Eiern der EmB(II) auf. Die Abb. 137, 138 und 139 veranschaulichen den Einfluss der Stoßwellen auf Keimscheibe bzw. Embryo der jeweilig beschallten Stadien Ia, II, und IV+/V-.

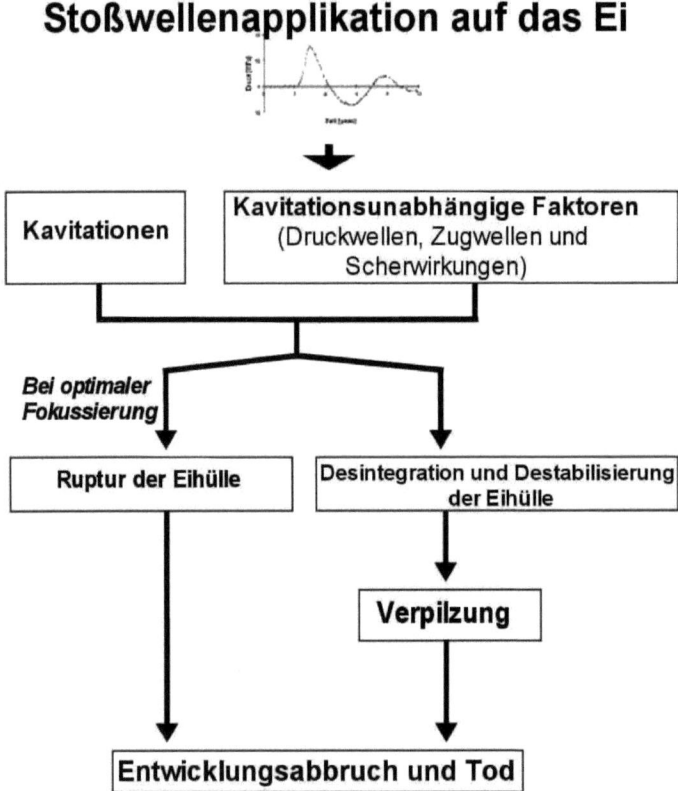

Abb. 136: Wirkungskaskade der Stoßwellen an *O. latipes*-Eiern im Allgemeinen. Es bestehen Impedanzunterschiede an den Grenzflächen von Wasser zur Eihülle und von dieser zur Perivitellarflüssigkeit. Daher ist es sehr wahrscheinlich, dass Kavitationen und kavitationsunabhängige Faktoren in Kombination die Struktur der Eihülle schädigen. Infolgedessen wird die Infiltration von Pilzhyphen ins Eilumen und der Eihülle selbst begünstigt.

4.4 Beschallungseffekte und ihre Auswirkungen

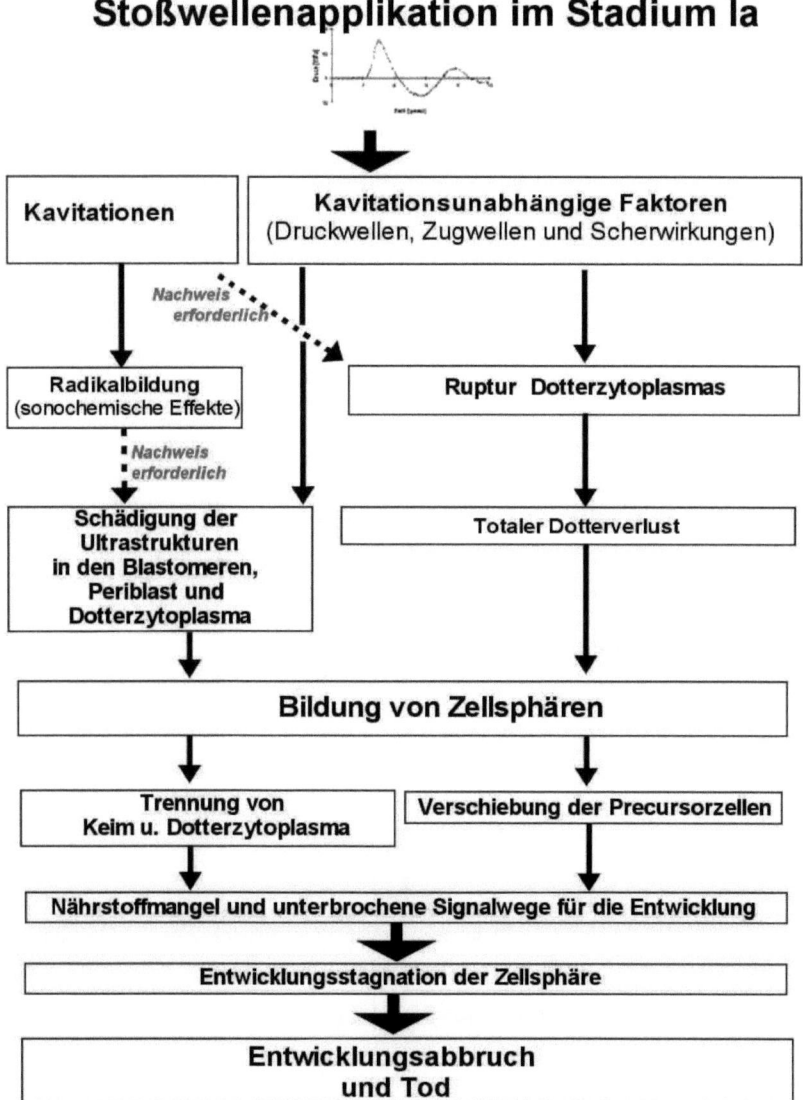

Abb. 137: Wirkungskaskade der Stoßwellen an *O. latipes*-Embryonen, die im Stadium Ia beschallt worden sind. Es bedarf weiterer Untersuchungen, um abzusichern, auf welche Weise der Signalstoff-Stoffwechsel gestoppt wird und warum die Zellsphäre als solche in ihrer Entwicklung verharrt.

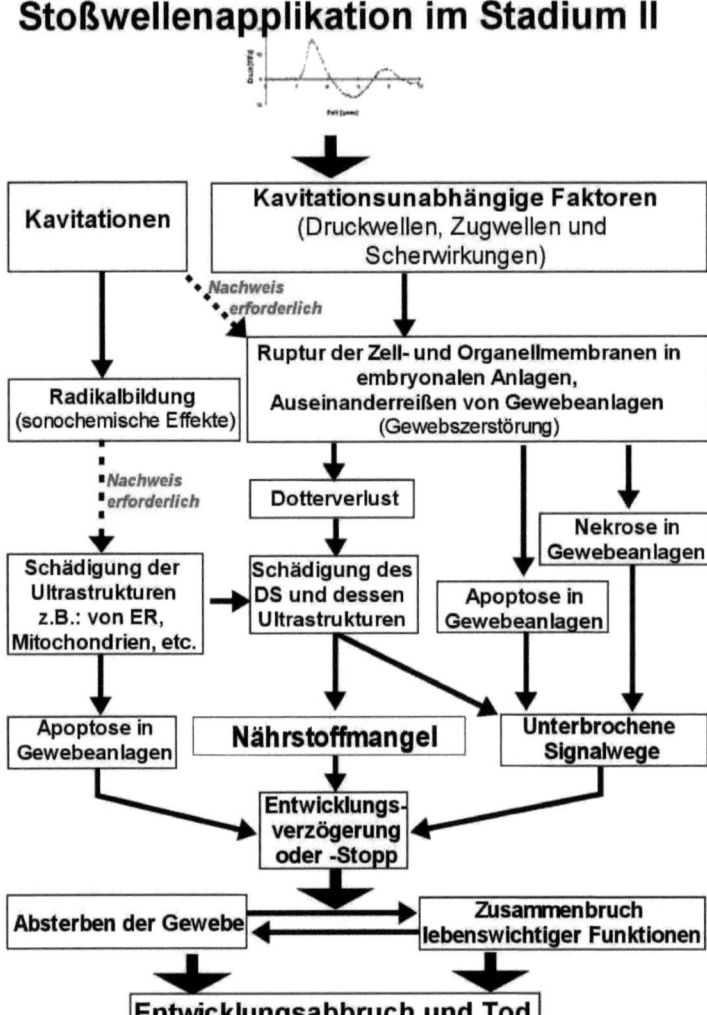

Abb. 138: Wirkungskaskade der Stoßwellen an *O. latipes*-Embryonen, die im Stadium II beschallt worden sind. Hier wird das Wirkgefüge der Symptome komplexer. Ein Entwicklungsabbruch erfolgt bei beginnender Verpilzung und bei einer totalen Trübung des EmB(II) infolge des endgültigen Absterbens. $DS = Dottersynzytiumschicht$.

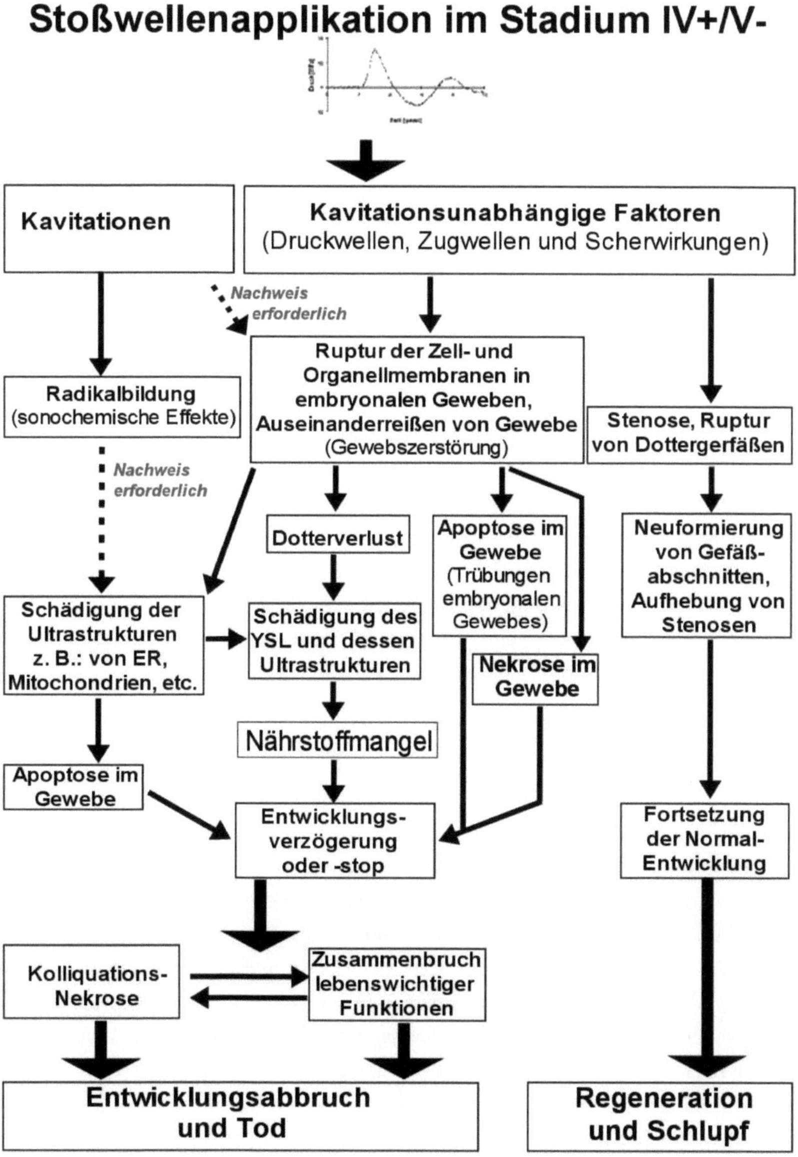

Stoßwellenapplikation im Stadium IV+/V-

Kavitationen

Kavitationsunabhängige Faktoren
(Druckwellen, Zugwellen und Scherwirkungen)

Nachweis erforderlich

Radikalbildung
(sonochemische Effekte)

Nachweis erforderlich

Ruptur der Zell- und Organellmembranen in embryonalen Geweben, Auseinanderreißen von Gewebe
(Gewebszerstörung)

Stenose, Ruptur von Dottergefäßen

Schädigung der Ultrastrukturen z. B.: von ER, Mitochondrien, etc.

Dotterverlust

Apoptose im Gewebe (Trübungen embryonalen Gewebes)

Neuformierung von Gefäßabschnitten, Aufhebung von Stenosen

Schädigung des YSL und dessen Ultrastrukturen

Nekrose im Gewebe

Apoptose im Gewebe

Nährstoffmangel

Entwicklungsverzögerung oder -stop

Fortsetzung der Normal-Entwicklung

Kolliquations-Nekrose

Zusammenbruch lebenswichtiger Funktionen

Entwicklungsabbruch und Tod

Regeneration und Schlupf

Abb. 139: Wirkungskaskade der Stoßwellen an *O. latipes*-Embryonen, die im Stadium IV+/V- beschallt worden sind. Im Gegensatz zu den beschallten Stadien I und II können sich geschädigte Embryonen regenerieren und als gesunde Larven schlüpfen, was sich im Vergleich zu den vorherigen Flussdiagrammen in einer weiteren Steigerung der Komplexität des Wirkgefüges zeigt. Bei Dotterverlust oder Trübungen sowie gravierenden Gewebszerstörungen kann eine allgemeine Regeneration der EmB(IV+/V-) ausgeschlossen werden. In solchen Fällen ist ein erfolgreicher Schlupf nicht möglich.

4.5 Anwendung der vorliegenden Erkenntnisse auf die ESWT

Wie in der Fragestellung bereits aufgezeigt, soll geklärt werden ob die Effekte, die durch eine Beschallung verursacht werden, als Schäden oder lediglich als gezielte Veränderung mit dem Ziel einer Schmerzfreiheit anzusehen sind. In diesem Kapitel soll der Bezug der in dieser Arbeit vorliegenden Ergebnisse zum therapeutisch analgetischen Effekt der ESWT hergestellt werden. Dazu werden als erstes die Grundlagen des Schmerzes dargestellt:

4.5.1 Grundlagen Nozizeption

Chronische Schmerzen sind das Resultat pathophysiologischer Veränderungen. Deshalb wird der Schmerz zur Schmerzkrankheit, zum chronischen Leiden (ZIMMERMANN u. HANDWERKER, 1984). Sichtbar werden diese Leiden beim Patienten z. B. durch Schonhaltung, veränderter Physiognomie, Einschränkungen des Lebensvollzugs und Veränderungen der sozialen Wechselbeziehungen. Der Mechanismus der Schmerzaufnahme und -Weiterleitung soll im folgenden Absatz kurz erläutert werden:

Aufbau und Funktion der Schmerzfasern:
Anatomisch betrachtet ziehen, vom Rückenmark ausgehend, afferente Fasern in die Körperperipherien und verzweigen sich zu ihren Endabschnitten in den Zielgeweben. Hier findet durch noxische Einflüsse (chemisch, mechanisch) eine Aktivierung statt (v. DÜHRING u. FRICKE, 2001). Diese afferenten Fasern werden in A-β-, A-δ- und C-Fasern unterteilt und bilden den Hauptanteil der peripheren Nerven (ca. 50%), wobei nur die A-δ- und C-Fasern der Schmerzleitung zugeordnet werden. Die myelinisierten A-δ-Fasern ($\varnothing$ 2-3μm) leiten den Reiz mit 15 m/s und die myelinlosen C-Fasern ($\varnothing$ 0,5-1μm) mit 1 m/s zum Rückenmark (CASEY, 2000; v. DÜHRING u. FRICKE, 2001). Die Zellkörper dieser afferenten Fasern befinden sich im dorsalen Wurzel Ganglion (KELLY et al., 2001). Vor den Verzweigungen der nozizeptiven Fasern in nozizeptive Terminalen (kurz: Nozizeptoren), bilden sie zusammen mit anderen afferenten marklosen Axonen anderer Sinnesmodalitäten (z.B.: Temperatur) und vegetativen marklosen Nervenfasern, sog. Remak-Bündel, umgeben von einer Perineuralzellhülle (v. DÜHRING u. FRICKE, 2001). Die nozizeptiven Fasern verlassen die Perineuralzellhülle, um sich wenig später als Nozizeptoren im Zielgewebe zu verzweigen. Die bis

4.5 Anwendung der vorliegenden Erkenntnisse auf die ESWT

zu 500 µm langen Terminalen der Aδ-Fasern sind in einer dünnen, nicht gewickelten SCHWANN-Zelle eingebettet. Über die Länge der Nozizeptoren verteilt, befinden sich in regelmäßigen Abständen perlschnurartig Varikositäten, die aus der SCHWANN-Zelle exponieren und als Ort der Reizaufnahme gelten. Hier finden sich vermehrt granuläre und nicht granuläre Vesikel sowie eine Konzentration von Mitochondrien (HALATA et al., 1999b)

Verschiedene Arten von Nozizeptoren innervieren unterschiedliche Gewebe (WILLIS, 1995; ZIMMERMANN u. HANDWERKER, 1984). Die Reizweiterleitung aus der Körperperipherie erfolgt über die gesamte Faser bis zu den Synapsen der Hinterhornneurone des Rückenmarks (LARBIG, 1993; V. DÜHRING u. FRICKE, 2001). Von dort wird der Schmerz über den Vorderseitenstrang (Tractus spinothalamicus) zum Hirn weitergeleitet, wo der Schmerz als solches, im Zusammenspiel mit Emotionen, empfunden wird.

Während die A-δ-Fasern den ersten Schmerz in den ersten Sekunden des Reizes weiterleiten, ist über die C-Fasern mit einer Verzögerung bis zu einer Sekunde der sog. zweite Schmerz gebunden (LARBIG, 1993; V. DÜHRING u. FRICKE, 2001; KELLY et al., 2001). Dieser hat eine andere Qualität als der erst Schmerz und klingt langsamer ab. Obwohl sehr wahrscheinlich beide Fasern durch den Reiz aktiviert werden, soll die verzögerte Schmerzleitung der C-Faser das Schmerzempfinden dann aktivieren, wenn durch Adaptation die A-δ-Fasern in der Erregung bereits nachlassen.

Die Nozizeptoren der Skelettmuskulatur und Gelenkkapseln können künstlich z. B. durch Acethylcholin, Glutamat, KCl und Serotonin, gereizt werden (CASEY, 2000; ZIMMERMANN u. HANDWERKER, 1984). So kann eine kombinierte Anwendung dieser Substanzen die Erregung der C-Fasern potenzieren. Diese Reizverstärkung, durch Wechselwirkung mehrerer algetischer Substanzen, kommt vermutlich auch in entzündlichen Prozessen vor. Die Nozizeptoren können durch die Abgabe des Neuropeptids "Substanz P", welches sie selber synthetisieren, zusätzlich sensibilisiert werden. Im gesunden Gewebe werden diese Nozizeptoren bei Bewegungen der Gelenke nicht erregt. Anders verhält es sich bei Erkrankungen, wie z. B. Polyarthritis, bei der die sensibilisierten Nozizeptoren in den Gelenken bereits durch mäßige Bewegungen heftigen Schmerz erzeugen. Daher werden die Gelenke weitgehend geschont (Schonhaltung) bei gleichzeitig maßgeblich eingeschränkter Bewegungsfreiheit.

Während der Chronifizierung der Nozizeption findet eine sog. *sympathische Reflexdystrophie* statt. Durch die Einwirkung eines noxischen Reizes antwortet in chronischen

Fällen der Sympathikus reflexartig durch eine Erhöhung der Durchblutung am Ort des Schmerzreizes. Infolgedessen ist wiederum die Erregung der Nozizeptoren verstärkt. Dies zieht eine weitere Verstärkung des sympathischen Reflexes nach sich: Das Wirksystem schaukelt sich auf. Für Schmerzpatienten bedeutet dies eine erhebliche Einschränkung des Lebensvollzugs und der Lebensqualität. Die Ereignisfolge muss unterbrochen werden und dies kann durch Maßnahmen lokaler Anästhesien erfolgen (ZIMMERMANN u. HANDWERKER, 1984). Und hier genau am Ausgangspunkt des Schmerzes setzt die ESWT an: Am Nozizeptor und/oder im Gewebe innerhalb des unmittelbaren Umfeld des Nozizeptors, welches Stimulierungen der Nozizeptoren auslöst.

4.5.2 Der analgetische Wirkmechanismus der ESWT

Die ESWT hat nun die Aufgabe, in den Nozizeptionsprozess blockierend bzw. unterbrechend einzugreifen. Dabei werden innerhalb des Schallfokus Zellen zerstört oder soweit geschädigt, dass sie durch Nekrose oder apoptotische Prozesse untergehen. Es konnte bisher keine gesicherte Aussage getroffen werden, ob die afferenten Fasern bei Schmerzpatienten mit einer ESWT-Behandlung

- apoptotischen oder nekrotischen Prozessen ausgesetzt sind,
- Membranrupturen oder Leckagen entstehen, die ein Aktionspotential unterbinden,
- die membranständigen Rezeptoren deaktiviert oder zerstört werden,
- das geschädigte Faserende über eine bestimmte Strecke abgebaut wird, womit dieser Nozizeptor sich aus dem Zielgewebe zurückgezogen hat oder
- ob geschädigte Membranen der Nozizeptoren einfach wieder abheilen und normal arbeiten.

Im Hinblick auf die Ergebnisse der vorliegenden Arbeit läßt sich diesbezüglich folgendes schlussfolgern:
Die Nozizeptoren erfahren, entsprechend den Zellen aus den beschallten *O. latipes*-Geweben, im Fokusbereich Membranrupturen und/oder Organellschädigungen, wodurch der Schmerz direkt am Entstehungsort unterbunden wird. Nach BARNETT et al. (1997) treten dauerhafte Läsionen u. a. in sensorischen Bereichen und Reizleitungen auf, so dass in diesem Fall ein gewollter Schädigungseffekt möglichst mit dem Ziel einer dauerhaften Schmerzbefreiung eingeleitet werden kann. Der Wirkmechanismus der Stoßwelle läßt sich somit auf folgende 3 Punkte konzentrieren:

4.5 Anwendung der vorliegenden Erkenntnisse auf die ESWT

1. Der Nozizeptor ist soweit geschädigt, dass keine Reizaufnahme oder Reizweiterleitung möglich ist.
2. Die Zellen des umliegenden Gewebes, die die reizauslösenden Substanzen synthetisieren, können aufgrund ihrer Schädigung diese nicht mehr produzieren und die Nozizeptoren stimulieren.
3. Sowohl Nozizeptor als auch umliegendes Gewebe werden zerstört oder soweit geschädigt, dass sie über eine stoßwelleninduzierte Nekrose oder infolge einer Apoptosekaskade untergehen.

Nach Aussage der Ärzte, die die ESWT als standardisierte Schmerztherapie einsetzen, kann laut DAHMEN (persönliche Mitteilung, 2005) bei 80 Prozent der Patienten ein therapeutisch zufrieden stellender Effekt erzielt werden – bis hin zum vollständigen Verschwinden des Schmerzes. Trotz dieser viel versprechenden Ergebnisse verbleiben 20 Prozent, in denen die Schmerzintensität sich trotz ESWT bisher nicht befriedigend veränderte (DAHMEN et al., 1995b; HAIST, 1995; HAIST u. VON KEITZ-STEEGER, 1995). Hier können Faktoren des psychischen und sozialen Umfeldes maßgeblichen Einfluss nehmen (EGLE et al., 2003; LICHTENBERGER, 1997). Letztendlich bleibt das Faktum, dass 20 % der ESWT behandelten Patienten auf die Behandlung nicht ansprechen, nach wie vor ohne überzeugende Erklärung.

4.5.3 Aussichten

Abschließend ist festzustellen, dass noch folgende Untersuchungen erforderlich sind, ob

1. Kavatitionen intrazellulär entstehen und
2. tatsächlich die Zellen der Gewebeanlagen geschädigter Embryonen mit Dotterverlust einen erheblichen Nährstoffmangel aufweisen.
3. Dotterverlust als Schadensprinzip bei Fischlaich in Nord- und Ostsee auftritt, verursacht durch Rammarbeiten und Unterwasserexplosionen.

Zu 1.) SUHR et al. (1991, 1996a) haben in lithotripsierten Zellen die Entstehung von Radikalen nachgewiesen und schließen daraus auf intrazelluläre Kavitationen. Die von den Autoren verwendete Fluoreszenzfärbung könnte, an beschallten Embryonen direkt nach dem Versuch angewendet, zumindest klären, ob Radikale nach einer Beschallung vermehrt vorhanden sind.

4 Diskussion

Zu 2.) An Embryonen der Flunderart *Pseudopleuronectes americanus* ist ein Anstieg des RNA/DNA-Verhältnisses bei sich normal entwickelnden Fischlarven (BUCKLEY, 1980) nachgewiesen worden. GRØNKJÆR u. SAND (2003) und CLEMMENSEN (1994) haben die Verkleinerung des Verhältnisses von RNA/DNA bei Fischlarven in Abhängigkeit zum Nahrungsmangel beobachtet. Nach drei Tagen des Hungerns findet ein Rückgang an Ribosomen statt. Im DS von EmB sind ebenfalls nach einem längeren Zeitraum der weiteren Entwicklung ein Rückgang an Ribosomen beobachtet worden. Für die Verifizierung der Hypothese, dass das geschädigte DS der EmB(II) einen Nährstoffmangel in embryonalen Gewebeanlagen auslöst, kann die Methodik der Bestimmung des RNA/DNA-Verhältnisses nach CLEMMENSEN (1988, 1993) angewendet werden.

Zu 3.) Das Symptom Dotterverlust ist ein Schadensprinzip, das grundsätzlich bei starken Erschütterungen insbes. früher Embryonalstadien bei Fischen auftritt. Dazu reicht bereits ein Sturz des Brutgefäßes mit den Fischeiern aus 30 cm bis 40 cm Höhe aus.

Das Rammen von Brückenpfeilern oder von Monopiles beim Bau von Offshore-Windkraftanlagen verursacht erhebliche Erschütterungen. In der Nord- und Ostsee ist in nächster Zukunft der Bau mehrerer Offshore-Winparks geplant. Zur Zeit liegen über die Auswirkungen der Rammstöße auf die Fische und wirbellose Meerestiere noch keine ausreichenden Untersuchungsergebnisse vor, die den Zustand der Gewebe in Fischeiern und Fischen aller Lebensstadien, aufzeigen. Je stärker die Aufsteilung des Druckanstiegs bis zum Druckmaximum in den Rammimpulsen ausgeprägt ist, desto mehr kann von einer Stoßwellencharakteristik ausgegangen werden.

Begleitend zu den Baumaßnahmen muss geklärt werden, in welcher Entfernung vom Rammort erste Schäden bei Fischen und Wirbellosen auftreten. Über die Weiterleitung des Rammimpulses über den Meeresgrund liegen keine Erkenntnisse vor. Es ist davon auszugehen, dass Fische und Wirbellose innerhalb einer noch zu ermittelnden Umkreises sowohl im Benthos als auch Pelagial dauerhaft geschädigt werden. Rammimpulse sind bereits als Ursache schwerer Schädigungen und Rupturen der Schwimmblasen von adulten Fischen nachgewiesen worden (STADLER u. WOODBURY, 2009). Folglich muss es sich bei den Rammimpulsen um eine Stoßwellencharakteristik handeln.

Eine echte Stoßwelle entsteht bei jeder Unterwasserexplosion. Stoßwellenquellen sind folglich Waffentests und das Sprengen versenkter Munition zwecks Sprengmittelbeseitigung sowie Explosionen zur Dynamitfischerei. Es muss überprüft werden, ab welcher Entfernung um den Explosionsherd erste Schädigungen auftreten. Wie die Ergebnis-

4.5 Anwendung der vorliegenden Erkenntnisse auf die ESWT

se der Arbeit zeigen, muss davon auszugehen werden, dass insbes. Fischlaich schwer geschädigt wird. Ebenso sind erhebliche histopathologische Schäden in Geweben des Schwimmblasenapparates und Geweben in direkter Nachbarschaft zur Schwimmblase in Fischen aller Lebensstadien zu erwarten.

Durch Sprengungen und Rammstöße verursachte Erschütterungen und dem infolgedessen auftretenden Dotterverlust als Schadensprinzip ist, wie die Ergebnisse dieser Arbeit belegen, ein erfolgreiches Schlüpfen der betroffenen Fischembryonen ausgeschlossen. Somit sind erhebliche Beeinträchtigungen der Fisch-Rekrutierung in dem betroffenen Seegebieten zu erwarten, was sowohl ökologische als auch fischereilich wirtschaftliche Bedeutung hat.

5 Schlusssatz

Es konnte gezeigt werden, dass die ESWT ein Verfahren zur fokalen Dissoziation des Gewebeverbandes darstellt und sich zur Erzeugung fokaler Läsionen einzelner Strukturen eignet. Daraus erklärt sich das regelhaft gute Ansprechen in der Schmerztherapie und bei der Behandlung z. B. von Schmerzen knochennaher Weichteile, Tendopathien, Pseudarthrosen oder Narbenbildungen. Auch wenn viele histopathologische Strukturen im geschädigten Gewebe der Versuchsembryonen mit denen von Neoplasien verglichen worden sind, so ist trotzdem keine Publikation bekannt, in der Entdifferenzierungen und neoplasische Proliferationen im Anschluss an Beschallung bei Versuchstieren und Patienten diagnostiziert worden sind. Dieses steht im Konsens mit den langjährigen Erfahrungen behandelnder Ärzte, dass in keinem Fall Neoplasien nach urologischen, gastroentologischen, HNO-ärztlichen sowie orthopädisch und schmerztherapeutischen Ansätzen seit 1980 auftraten. Auch in Stoßwellenversuchen an schnell wachsenden Zellkulturen konnte keine erhöhte Proliferationsrate beobachtet werden (STEINBACH, 1992). Erhöhtes Krebsrisiko wird bei Lithotripsie-Patienten lediglich auf eine erneute Gallenstein-Bildung zurückgeführt, nicht aber etwa auf die Lithotripsie selbst (GRIFFITH u. GLEESON; 1990). COSENTINO et al. (2001) bezeichnen die ESWT als eine sichere Therapieform, durch deren Anwendung Patienten auch bei entzündlichen Ödemen eine deutliche Verbesserung ihrer Schmerzsymptomatik erfahren.

6 Zusammenfassung

Im Rahmen der sehr widersprüchlichen Diskussion über die Wirksamkeit niederenergetischer Stoßwellen bei einer extrakorporalen Stoßwellentherapie (ESWT) mit einer Energiedichte von 0,09 mJ/mm^2, soll anhand eines ausgesuchten Modellorganismus aus der Gruppe der Knochenfische (Embryonen von *Oryzias latipes*) in der vorliegenden Arbeit nachgewiesen werden, ob tatsächlich eine Wahrscheinlichkeit besteht, Effekte in beschallten Geweben der Patienten auszulösen, um eine Reduzierung von Schmerz oder gar eine Schmerzfreiheit zu erzielen. Hierzu sind insgesamt 870 befruchtete Eier des Knochenfisches *Oryzias latipes* in drei verschiedenen Entwicklungsstadien in einem Wasserbad mit einer Energiedichte von 0,09 mJ/mm^2 beschallt worden. Der dabei entstehenden Maximaldruck im Schallfokus betrug ca. 16 MPa, der Unterdruck der Zugwelle -7 MPa.

In der ersten Versuchsgruppe wurden Beschallungen an 105 Embryonen im Prägastrulastadium Ia durchgeführt. In der zweiten Gruppe wurden 378 Embryonen in der Organogenese des Stadiums II beschallt. In der letzten Versuchsgruppe wurden 387 Embryonen mit fast ausdifferenzierten Geweben im Embryonalstadium IV+/V- beschallt; die Ergebnisse sind in PETERS et al. (1998) dargestellt. Um zu sehen, ob sich durch eine Beschallung geschädigte Embryonen weiterentwickeln und welche Auswirkungen die Schädigung auf die Gewebedifferenzierungen haben würden, wurden beschallte Eier in einer Meersalzlösung (2,5 $^0/_{00}$) bei 25 °C in einem Brutschrank gelagert. Der Entwicklungsverlauf der Eier wurde direkt nach dem Versuch bis max. fünf Stunden nach Stoßwellenapplikation und von da an alle 24 Stunden kontrolliert. Die Embryonen wurden für die histologische Aufarbeitung aus der Eihülle herauspräpariert und fixiert, sobald beginnende Trübungen des Eies oder des Embryos zu beobachten waren.

Insgesamt wurden 42,8 % aller beschallten Embryonen durch die Stoßwellenapplikationen geschädigt. Diese Embryonen wurden als Embryonen mit Befund (EmB) definiert. Die restlichen 57,2 % durchliefen die Versuche ohne feststellbare Schäden als Embryonen ohne Befund (EoB). Sie entwickelten sich normal und schlüpften erfolgreich. Dabei nahm der Anteil geschädigter Versuchsembryonen in Abhängigkeit zum beschallten Entwicklungsstadium ab. Stoßwelleneffekte konnten bei 58,1 % der beschallten Stadien Ia (EmB(Ia)), bei 44,4 % der beschallten Stadien II (EmB(II)) und bei 37,2 % der beschallten Stadien IV+/V- (EmB(IV+/V-)) beobachtet werden. Mit zunehmender Differenzierung der Gewebe kann eine ansteigende Stoßwellenresistenz als Ursache angenommen werden.

An EmB(Ia) wurde regelhaft ein totaler Dotterverlust beobachtet. Durch eine Ruptur der Dotterzytoplasmaschicht floss die gesamte Dottermasse in den Perivitellarraum. Der Blastodisk wandelte sich so zu einer freischwimmend kugelförmigen Zellsphäre um, die spätestens zwei Wochen nach der Beschallung abstarb.

Für die statistische und histologische Auswertung wurden in der vorliegenden Arbeit schwerpunktartig Datensätze beschallter Embryonen in der Organogenese (Entwicklungsstadium II) untersucht. Grobmorphologisch ließen sich direkt nach den Beschallungen durch das Stereomikroskop bei Embryonen mit Befund (EmB(II)) jeweils Dotterverlust in starker und leichter Ausprägung, Perikardialödeme, Trübung des Dotters und Embryos sowie Gewebszerstörung, bis hin zur totalen Zerstörung des gesamten Eies beobachten. Ausgenommen ein EmB(II) ohne Dotterverlust, bei dem die vollständige Rückbildung einer kleinen Gewebszerstörung im Schwanzbereich stattfand, war keiner der geschädigten Versuchsembryonen in der Lage die Symptome zurück zu bilden, was einen erfolgreichen Schlupf unmöglich machte. Lichtmikroskopisch zeigten sich bei Versuchsembryonen stellenweise homogenisiert wirkende und wie durch Explosionen auseinander gerissene Gewebebereiche. In diesen nekrotischen Gewebebereichen konnten aufgelöste Zellgrenzen, Zelldebris, zerstörte Organellen sowie aufgerissene Zellen nachgewiesen werden. Erlitt der geschädigte Versuchsembryo nur einen Dotterverlust, konnten sich die Embryonen vorerst noch 1 bis 12 Tage weiterentwickeln. Dabei betrug die Überlebenszeit maximal 19 Tage.

Grobmorphologisch konnten während der weiteren Entwicklung Mikrophthalmie, Kreislaufinsuffizienzen, aber auch Perikardialödeme und Trübungen am Embryo beobachtet werden. Jene milchigen Trübungen, die direkt nach der Beschallung in den embryonalen Gewebeanlagen beobachtet wurden, gingen mit fließendem Übergang in grobkörnige Trübung über. Bis auf die Mikrophthalmie und diese Trübungen des Embryos, konnten alle anderen Symptome unvorhersehbar temporär auftreten, sich zurückbilden und in einigen Fällen wiederholt auftreten. Ebenso war der Zeitpunkt unvorhersehbar, in welchem Stadium (II bis V) die Entwicklung stagnierte. Des Weiteren konnten keine Prognosen über die Überlebenszeiten der geschädigten Versuchsembryonen getroffen werden.

Histopathologisch war innerhalb der ersten zwei Tage nach den Versuchen hauptsächlich eine große Anzahl Apoptosekörperchen in den Geweben zu beobachten. Es ist zukünftig zu prüfen, ob Apoptose-Kaskaden schon direkt nach der Beschallung einsetzen und in ihren ersten Stadien durch das Stereomikroskop nur noch nicht erkennbar waren. Bei fortschreitender Entwicklung traten zunehmend Nekrosen auf. Ultrastrukturell konnten Muskeldystrophien, Vakuolisierungen und Myelinisierungen der Orgenellmembranen nachgewiesen werden. Die ultrastrukturellen Veränderungen der Organellen und deren Membranen ließen auf einen akuten Nährstoffmangel schließen. Durch die Unterversorgung der embryonalen Gewebe, waren die auftretenden Funktionsstörungen in Form sekundärer Symptome erklärbar, die zu Nekrose in den embryonalen Geweben führten.

EmB(IV+/V-) wiesen hauptsächlich Rupturen und Stenosen der Dottergefäße auf. Hier war eine vollständige Regeneration möglich, inklusive erfolgreichem Schlupf. Wurden nach der Beschallung partielle Trübungen und/oder partieller Dotterverlust festgestellt, regenerierten sich die betroffenen Embryonen in keinem Fall.

Es konnte gezeigt werden, dass niederenergetische Stoßwellen histologisch sichtbare Effekte in beschallten Geweben verursachen. Anhand der an beschallten Embryonen von *O. latipes* beobachteten Symptome, kann die analgetische Wirkung der ESWT wie folgt begründet werden: Während der Stoßwellenapplikation wirken wahrscheinlich sowohl Kavitationen als auch Scherwirkungen und sonochemische Effekte auf Zellen und deren Organellen. Im Falle der angewandten ESWT sind die Nozizeptoren und die sie unmittelbar umgebenden Zellen innerhalb des Fokus betroffen. Dabei werden die Nozizeptoren geschädigt, indem membranintegrierte Proteine zerstört, herausgeschlagen oder Leckagen an den Zell- und Organellmembranen verursacht werden. Damit wäre eine Stimulanz dieser freien Nervenenden gestört. Des weiteren könnten die Nozizeptoren so weit geschädigt werden, dass das Nervenende untergeht. Gleiches kann für die Zellen des umliegenden Gewebes gelten, die normalerweise stimulierende Signale an die Nozizeptoren weitergeben. Die geschädigten Zellen sterben entweder sofort oder später durch Apoptose ab. Algetische Signalstoffe können somit nicht mehr produziert werden. Die ESWT ist, soweit sie medizinisch vertretbar angewandt wird, durch die gezielte Schädigung des Gewebes an der Schmerzquelle, eine effiziente Anwendung zur Linderung bis zur Beseitigung von Schmerzen an knochennahen Weichteilen.

7 Literatur

ABT, T., W. HOPFENMÜLLER und H. MELLEROWICZ. 2002. Stoßwellentherapie bei therapieresistenter Plantarfasziitis mit Fersensporn: eine prospektiv randomisiert plazebokontrollierte Doppelblindstudie. Z Orthop. 140: 548-554.

AIZAWA, K., H. MITANI, N. KOGURE, A. SHIMADA, Y. HIROSE, T. SASADO, C. MORINAGA, A. YASUOKA, H. YODA, T. WATANABE, N. IWANAMI, S. KUNIMATSU, M. OSAKADA, H. SUWA, K. NIWA, T. DEGUCHI, T. HENNRICH, T. TODO, A. SHIMA, H. KONDOH und M. FURUTANI-SEIKI. 2004. Identification of radiation-sensitive mutants in the Medaka, Oryzias latipes. Mech. Dev. 121: 895-902.

AL KARMI, A. M., M. A. DINNO, D. A. STOLTZ, L. A. CRUM und J. C. MATTHEWS. 1994. Calcium and the effects of ultrasound on frog skin. Ultrasound Med. Biol. 20: 73-81.

ALBERTS, B., A. JOHNSON, J. LEWIS, M. RAFF, K. ROBERTS, P. WALTER 2004. Molekularbiologie der Zelle. Weinheim: Wiley-VCH.; pp.:1801

APFEL, R. E. 1982. Acoustic cavitation: a possible consequence of biomedical uses of ultrasound. Br.J Cancer Suppl 45: 140-146.

ARMSTRONG, T. N., R. REIMSCHUESSEL und B. P. BRADLEY. 2002. DNA damage, histological changes and DNA repair in larval Japanese medaka (Oryzias latipes) exposed to ultraviolet-B radiation. Aquat.Toxicol. 58: 1-14.

BARNARD, M. AND G. LAJOIE. 2001. Angiomyolipoma: immunohistochemical and ultrastructural study of 14 cases. Ultrastruct. Pathol. 25: 21-29.

BARNETT, S. B., H. D. ROTT, G. R. TER HAAR, M. C. ZISKIN und K. MAEDA. 1997. The sensitivity of biological tissue to ultrasound. Ultrasound Med. Biol. 23: 805-812.

BASS, E. L. AND S. N. SISTRUN. 1997. Effect of UVA radiation on development and hatching success in Oryzias latipes, the Japanese Medaka. Bull. Environ. Contam Toxicol. 59: 537-542.

BENTIVEGNA, C. S. AND T. PIATKOWSKY. 1998. Effects of tributyltin on medaka (Oryzias latipes) embryos at different stages of development. Aquat. Toxicol. 44: 117-128.

BERSHADSKY, A. D., N. Q. BALABAN und B. GEIGER. 2003. Adhesion-dependent cell mechanosensitivity. Annu. Rev. Cell Dev. Biol. 19: 677-695.

BETTS, C. M., G. PASQUINELLI, A. M. COSTA, P. A. FANTI, C. MISCIALI und C. VAROTTI. 2001. Necrobiotic xanthogranuloma without periorbital involvement: an ultrastructural investigation. Ultrastruct. Pathol. 25: 437-444.

BIERNAT, W., P. P. LIBERSKI, R. KORDEK, K. ZAKRZEWSKI, L. POLIS und H. BUDKA. 2001. Dysembryoplastic neuroectodermal tumor: an ultrastructural study of six cases. Ultrastruct. Pathol. 25: 455-467.

BIRD, N. C., T. J. STEPHENSON, B. ROSS und A. G. JOHNSON. 1995. Effects of piezoelectric lithotripsy on human DNA. Ultrasound Med. Biol. 21: 399-403.

BISCHOF, J. und DRIEVER, W. (2004). Regulation of hhex expression in the yolk syncytial layer, the potential Nieuwkoop center homolog in zebrafish. Dev.Biol. 276, 552-562.

BÖCK, P. 1984. Der Semidünnschnitt. J. F. Bergmann Verlag, München.

BODDEKER, R., H. SCHAFER, und M. HAAKE. 2001. Extracorporeal shockwave therapy (ESWT) in the treatment of plantar fasciitis–a biometrical review. Clin. Rheumatol. 20: 324-330.

BRAAT, A. K., SPEKSNIJDER, J. E. und ZIVKOVIC, D. (1999). Germ line development in fishes. Int.J Dev.Biol. 43, 745-760.

BRÄUNER, T., F. BRUMMER, und D. F. HULSER. 1989. Histopathology of shock wave treated tumor cell suspensions and multicell tumor spheroids. Ultrasound Med. Biol. 15: 451-460.

BRIGGS, J. C. The Medaka (Oryzias latipes). A Commentary and a Bibliography. J. Fish. Res. BD. Canada, 16[3], 363-380. 1959.

BRODY, J. M., W. F. SIEBERT, E. L. CATTAU, JR., F. AL KAWAS, J. A. GOLDBERG, und R. K. ZEMAN. 1991. Detection of tissue injury after extracorporeal shockwave lithotripsy of gallstones. J. Clin. Gastroenterol. 13: 348-352.

BRÜMMER, F., T. BRÄUNER, und D. F. HÜLSER. Biological Effects of Shock Waves. Wolrd Journal of Schock Waves 8, 224-232. 1990. Springer Verlag. Ref Type: Magazine Article

BRÜMMER, F., J. BRENNER, T. BRAUNER, und D. F. HULSER. 1989. Effect of shock waves on suspended and immobilized L1210 cells. Ultrasound Med. Biol. 15: 229-239.

BRYSZEWSKA, M., A. PIASECKA, L. B. ZAVODNIK, L. DISTEL, und H. SCHUSSLER. 2003. Oxidative damage of Chinese hamster fibroblasts induced by t-butyl hydroperoxide and by X-rays. Biochim.Biophys.Acta 1621: 285-291.

BUCH, M. 1997. Review. In W. Siebert and M. Buch [eds.], Extracorporeal Shock Waves in Orthopaedics 1-58. Springer Verlag, Kassel.

BUCHBINDER, R., S. GREEN, M. WHITE, L. BARNSLEY, N. SMIDT und W. J. ASSENDELFT. 2002. Shock wave therapy for lateral elbow pain (Cochrane Review). Cochrane. Database. Syst. Rev.

BUCKLEY, L. S. 1980. Changes in Ribonucleic Acid, Desoxyribonucleic Acid, and Protein Content During ONtogenesis in Winter Flounder (Pseudopleuronectes americanus), and Effect of Starvation. Fishery Bulletin 77: 703-708.

CANTRELL, S. M., J. JOY-SCHLEZINGER, J. J. STEGEMAN, D. E. TILLITT und M. HANNINK. 1998. Correlation of 2,3,7,8-tetrachlorodibenzo-p-dioxin-induced apoptotic cell death in the embryonic vasculature with embryotoxicity. Toxicol. Appl. Pharmacol. 148: 24-34.

CANTRELL, S. M., L. H. LUTZ, D. E. TILLITT und M. HANNINK. 1996. Embryotoxicity of 2,3,7,8-tetrachlorodibenzo-p-dioxin (TCDD): the embryonic vasculature is a physiological target for TCDD-induced DNA damage and apoptotic cell death in Medaka (Orizias latipes). Toxicol. Appl. Pharmacol. 141: 23-34.

CARL, M., F. LOOSLI und J. WITTBRODT. 2002. Six3 inactivation reveals its essential role for the formation and patterning of the vertebrate eye. Development 129: 4057-4063.

CARNEVALI, O., G. MOSCONI, M. CARDINALI, I. MEIRI und A. POLZONETTI-MAGNI. 2001. Molecular components related to egg viability in the gilthead sea bream, Sparus aurata. Mol. Reprod. Dev. 58: 330-335.

CASEY, K. L. 2000. The Imaging of Pain: Background and Rationale. 1-29.

CHA, S. C., K. S. SUH, K. S. SONG und K. LIM. 2000. Cell death in retinoblastoma: electron microscopic, immunohistochemical, and DNA fragmentation studies. Ultrastruct. Pathol. 24: 23-32.

CHAN, K. K. 1976. A photosensitve daily rhythm in the female medaka, Oryzias latipes. Can. J. Zool. 54: 852-856.

CHAUSSY, C., E. SCHMIEDT, D. JOCHAM, W. BRENDEL, B. FORSSMANN und V. WALTHER. 1982. First clinical experience with extracorporeally induced destruction of kidney stones by shock waves. J. Urol. 127: 417-420.

CHAUSSY, C., E. SCHMIEDT, D. JOCHAM, G. FUCHS, J. BRENNER, B. FROSSMAN und W. HEPP 1986. Extracorporeal Shock Wave Lithotipsy. Karger.

CHEN, S. AND D. KIMELMAN. 2000. The role of the yolk syncytial layer in germ layer patterning in zebrafish. Development 127: 4681-4689.

CIARAVINO, V., A. BRULFERT, M. W. MILLER, D. JACOBSON-KRAM und W. F. MORGAN. 1985. Diagnostic Ultrasound ans sister Chromatid Exchanges: Failure to Reproduce Positive Findings. Science 227: 1349-1351.

CLEMMENSEN, C. 1988. A RNA and DNA Fluorescence Technique to evaluate the Nutritional Condition of Individual Marine Fisch Larvae. Meeresforschung 32: 134-143.

CLEMMENSEN, C. 1993. Improvements in the Flourimetric Determination of the RNA an DNA Content of Individual Marine Fisch Larvae. Marine Biology 100: 177-183.

CLEMMENSEN, C. 1994. The Effect of Food Availability, Age or Size on the RNA/DNA ratio of individually measured herring larvae. Marine Biology 118: 377-382.

COLEMAN, A. J., M. J. CHOI und J. E. SAUNDERS. 1996. Detection of acoustic emission from cavitation in tissue during clinical extracorporeal lithotripsy. Ultrasound Med. Biol. 22: 1079-1087.

COLEMAN, A. J., J. E. SAUNDERS, L. A. CRUM und M. DYSON. 1987. Acoustic cavitation generated by an extracorporeal shockwave lithotripter. Ultrasound Med. Biol. 13: 69-76.

COMIN, C. E., M. SANTUCCI, L. NOVELLI und S. DINI. 2001. Primary pulmonary rhabdomyosarcoma: report of a case in an adult and review of the literature. Ultrastruct. Pathol. 25: 269-273.

COSENTINO, R., P. FALSETTI, S. MANCA, R. DE STEFANO, E. FRATI, B. FREDIANI, F. BALDI, E. SELVI und R. MARCOLONGO. 2001. Efficacy of extracorporeal shock wave treatment in calcaneal enthesophytosis. Ann. Rheum. Dis. 60: 1064-1067.

CROWTHER, M. A., G. C. BANNISTER, H. HUMA und G. D. ROOKER. 2002. A prospective, randomised study to compare extracorporeal shock-wave therapy and injection of steroid for the treatment of tennis elbow. J. Bone Joint Surg. Br. 84: 678-679.

CRUM, L. A. 1988. Cavitation microjets as a contributory mechanism for renal calculi disintegration in ESWL. J Urol. 140: 1587-1590.

DAECKE, W., D. KUSNIERCZAK und M. LOEW. 2002. Long-term effects of extracorporeal shockwave therapy in chronic calcific tendinitis of the shoulder. J. Shoulder. Elbow.Surg. 2002. 11: 476-480.

DAHMEN, G. P., R. FRANKE, V. GONCHARS, K. POPPE, ST. LENTRODT, S. LICHTENBERGER, T. JOST, J. MONTIGEL, V. C. NAM und G. DAHMEN 1995a. Die Behandlung knochennaher Weichteilschmerzen mit extrakorporaler Stoßwellentherapie (ESWT), Indikation, Technik und besherige Ergebnisse. In C. Chaussy, F. Eisenberger, D. Jocham und D. Wilbert [eds.], Die Stoßwelle - Forschung und Klinik 175-186. Attempto Verlag, Tübingen.

DAHMEN, G. P., G. HAUPT, J. ROMPE, M. LOEW, J. HAIST und R. SCHLEHBERGER 1995b. Orthopädische Stoßwellenbehandlung. In C. Chaussy, F. Eisenberger, D. Jocham und D. Wilbert [eds.], Die Stoßwelle - Forschung und Klinik 137-142. Attempto Verlag, Tübingen.

DAHMEN, G. P., V. C. NAM und B. SCROUDIES. 1992. Extracorprale Stoßwellentherapie (ESWT) im knochennahen Weichteilbreich an der Schulter. Extracta Orthopädica 111: 1-35.

DALECKI, D., S. Z. CHILD, C. H. RAEMAN, D. P. PENNEY, R. MAYER, C. COX und E. L. CARSTENSEN. 1997. Thresholds for fetal hemorrhages produced by a piezoelectric lithotripter. Ultrasound Med. Biol. 23: 287-297.

DANIELS, S., D. BLONDEL, L. A. CRUM, G. R. TER HAAR und M. DYSON. 1987. Ultrasonically induced gas bubble production in agar based gels: Part I. Experimental investigation. Ultrasound Med. Biol. 13: 527-539.

DAVID, H. 1970. Zellschädigung und Dysfunktion. Springer-Verlag.

DE GRUYTER, W. 2001. Pschyrembel Klinisches Wörterbuch. Walter de Gruyter GmbH & Co. KG.

DE PALMA, L., C. CHILLEMI, S. ALBANELLI, S. RAPALI und C. BERTONI-FREDDARI. 2000. Muscle involvement in rheumatoid arthritis: an ultrastructural study. Ultrastruct. Pathol. 24: 151-156.

DEL BENE, F., K. TESSMAR-RAIBLE und J. WITTBRODT. 2004. Direct interaction of geminin and Six3 in eye development. Nature 427: 745-749.

DELACRETAZ, G., K. RINK, G. PITTOMVILS, J. P. LAFAUT, H. VANDEURSEN und R. BOVING. 1995. Importance of the implosion of ESWL-induced cavitation bubbles. Ultrasound Med. Biol. 21: 97-103.

DELIUS, M. 1997. Minimal static excess pressure minimises the effect of extracorporeal shock waves on cells and reduces it on gallstones. Ultrasound Med. Biol. 23: 611-617.

DELIUS, M., W. BRENDEL und G. HEINE. 1988. A mechanism of gallstone destruction by extracorporeal shock waves. Naturwissenschaften 75: 200-201.

DELIUS, M., R. DENK, C. BERDING, H. G. LIEBICH, M. JORDAN und W. BRENDEL. 1990. Biological effects of shock waves: cavitation by shock waves in piglet liver. Ultrasound Med. Biol. 16: 467-472.

DELIUS, M., G. ENDERS, G. HEINE, J. STARK, K. REMBERGER und W. BRENDEL. 1987. Biological effects of shock waves: lung hemorrhage by shock waves in dogs–pressure dependence. Ultrasound Med. Biol. 13: 61-67.

DELIUS, M., F. ÜBERLE und S. GAMBIHLER. 1995. Acoustic energy determines haemoglobin release from erythrocytes by extracorporeal shock waves in vitro. Ultrasound Med. Biol. 21: 707-710.

DESVILETTES, C., G. BOURDIER und J. C. BRETON. 1997. Changes in Lipid Class and Fatty Acid Composition During Development in Pike (Esox lucius L) Eggs and Larvae. Fish Physiology an Biochemistry 16: 381-393.

DI SILVERIO, F., M. GALLUCCI, P. GAMBARDELLA, G. ALPI, R. BENEDETTI, R. LA MANCUSA, F. M. PULCINELLI, R. ROMITI und P. P. GAZZANIGA. 1990. Blood cellular and biochemical changes after extracorporeal shock wave lithotripsy. Urol. Res. 18: 49-51.

DRAPER, B. W., D. W. STOCK und C. B. KIMMEL. 2003. Zebrafish fgf24 functions with fgf8 to promote posterior mesodermal development. Development 130: 4639-4654.

DUBS, B. 2003. Extrakorporale Stoßwellen-Therapie (ESWT): eine neue Errungenschaft oder nur ein Plazebo? Schweizer Medizin Forum 9: 227-230.

EBERT, A. M., McANELLY, C. A., SRINIVASAN, A., LINKER, J. L., HORNE, W. A. und GARRITY, D. M. (2008). Ca2+ channel-independent requirement for MAGUK family CACNB4 genes in initiation of zebrafish epiboly. Proc.Natl.Acad.Sci.U.S.A 105, 198-203.

EGAMI, N. (1975). Secondary Sexual Characters. In 'MEDAKA(killifish) : Biology and Strains'. (Ed. K. YAMAMOTO.) pp. 109-25. (Keigaku Pub. Co.: Tokyo.)

EGLE, U. T., S. O. HOFFMANN, K. A. LEHMANN und A. N. WILFRED 2003. Handbuch chronischer Schmerzen. Schattauer, Stuttgart.

EL ALFY, A. T., BERNACHE, E. und SCHLENK, D. (2002). Gender differences in the effect of salinity on aldicarb uptake, elimination, and in vitro metabolism in Japanese medaka, Oryzias latipes. Aquat.Toxicol. 61, 225-232.

ENDL, E., P. STEINBACH, J. SCHARFE, S. FICKWEILER, K. WORLE und F. HOFSTADTER. 1996. Cell-type-specific response to shock waves of suspended or pelleted cells as analysed by flow cytometry or electrical cell volume determination. Ultrasound Med. Biol. 22: 515-525.

FAWCETT, D. W. 1977. Atlas zur Elektronenmikroskopie der Zelle. Urban & Schwarzenberg.

FEKANY, K., Y. YAMANAKA, T. LEUNG, H. I. SIROTKIN, J. TOPCZEWSKI, M. A. GATES, M. HIBI, A. RENUCCI, D. STEMPLE, A. RADBILL, A. F. SCHIER, W. DRIEVER, T. HIRANO, W. S. TALBOT und L. SOLNICA-KREZEL. 1999. The zebrafish bozozok locus encodes Dharma, a homeodomain protein essential for induction of gastrula organizer and dorsoanterior embryonic structures. Development 126: 1427-1438.

FINK, R. D. AND J. P. TRINKAUS. 1988. Fundulus deep cells: directional migration in response to epithelial wounding. Dev. Biol. 129: 179-190.

FISHELSON, L. 1995. Ontogenesis of cytological structures around the yolk sac during embryologic and early larval development of some cichlid fishes. Journal of Fish Biology 47: 479-491.

FLÜGEL, H. J. Elektronenmikroskopische Untersuchungen an den Hüllen der Oozyten und Eier des Flussbarsches Perca fluviatilis. Zeitschrift für Zellforschung [77], 244-256. 1966. 25-3-2002.

FRANKENSCHMIDT, A. 1993. Embryofetale Schäden durch Stoßwellenexposition. In C. Chaussy, F. Eisenberger, D. Jocham und D. Wilbert [eds.], Stoßwellenlithotripsie - Aspekte und Prognosen 202-210. Attempto Verlag, Tübingen.

GAVARD, J., M. LAMBERT, I. GROSHEVA, V. MARTHIENS, I. TEANO, J.-F. RIOU, A. D. BERSHADSKY und R. M. MÈGE. 2004. Lamellipodium extension and cadherin adhesion: two cell responses to cadherin activation relying on distinct signalling pathways. Journal of Cell Science 117: 257-270.

GERDESMEYER, L., S. SCHRABLER, W. MITTELMEIER und H. RECHL. 2002. [Tissue-induced changes of the extracorporeal shockwave] Gewebeinduzierte Veränderungen der extrakorporalen Stoßwelle. Orthopäde 31: 618-622.

GERDESMEYER, L., S. WAGENPFEIL, M. HAAKE, M. MAIER, M. LOEW, K. WORTLER, R. LAMPE, R. SEIL, G. HANDLE, S. GASSEL und J. D. ROMPE. 2003. Extracorporeal shock wave therapy for the treatment of chronic calcifying tendonitis of the rotator cuff: a randomized controlled trial. JAMA. 290: 2573-2580.

GHADIALLY, F. N. 1999. As You Like It, Part 2: A critique and historical review of the electron microscopy literature. Ultrastruct. Pathol. 23: 1-17.

GHADIALLY, F. N. AND R. A. ERLANDSON. 2000. Case for the panel. Numerous small vesicles in a case of clear cell leiomyoma of deep soft tissue: an ultrastructural study. Ultrastruct. Pathol. 24: 41-45.

GLASER, R. 1983. Grundriss der Biomechanik. Akademie-Verlag, Berlin.

GONZALEZ-DONCEL, M., E. DE LA PEÑA, C. BARRUECO und D. E. HINTON. 2003a. Stage sensitivity of medaka (Oryzias latipes) eggs and embryos to permethrin. Aquat.Toxicol. 62: 255-268.

GONZALEZ-DONCEL, M., M. LARREA, S. SÁNCHEZ-FORTÚN und D. E. HINTON. 2003b. Influence of water hardening of the chorion on cadmium accumulation in medaka (Oryzias latipes) eggs. Chemossphere 52: 75-83.

GRIFFITH, D. P. AND M. J. GLEESON. 1990. Gallstones: advantages and disadvantages of five treatment alternatives. J.Lithotr.Stone.Dis. 2: 184-198.

GRØNKJÆR, P. AND M. K. SAND. 2003. Fluctuating asymmetry and nutritional condition of Baltic cod (Gadus morhua) larvae. Marine Biology 143: 191-197.

GUINEY, P. D., M. K. WALKER, J. M. SPITSBERGEN und R. E. PETERSON. 2000. Hemodynamic dysfunction and cytochrome P4501A mRNA expression induced by 2,3,7,8-tetrachlorodibenzo-p-dioxin during embryonic stages of lake trout development. Toxicol.Appl.Pharmacol. 168: 1-14.

HAAKE, M., A. THON und M. BETTE. 2002. No influence of low-energy extracorporeal shock wave therapy (ESWT) on spinal nociceptive systems. J.Orthop.Sci. 7: 97-101.

HAGEDORN, M., F. W. KLEINHANS, D. ARTEMOV und U. PILATUS. 1998. Characterization of a major permeability barrier in the zebrafish embryo. Biol.Reprod. 59: 1240-1250.

HAIST, J. AND D. VON KEITZ-STEEGER 1995. Stoßwellentherapie knochennaher Weichteilschmerzen. In C. Chaussy, F. Eisenberger, D. Jocham und D. Wilbert [eds.], Die Stoßwelle - Forschung und Klinik 162-165. Attempto Verlag, Tübingen.

HALATA, Z., WAGNER, C. und BAUMANN, K. I. (1999b). Sensory nerve endings in the anterior cruciate ligament (Lig. cruciatum anterius) of sheep. Anat.Rec. 254, 13-21.

HAMMER, D. S., F. ADAM, A. KREUTZ, D. KOHN und R. SEIL. 2003. Extracorporeal shock wave therapy (ESWT) in patients with chronic proximal plantar fasciitis: a 2-year follow-up. Foot Ankle Int.2003.Nov.;24.(11):823.-8. 24: 823-828.

HANDWERKER, H. O., H. F. M. ADRIAENSEN, J. M. GYBELS und J. VAN HEES 1984. Nociceptor, Discharges and Pain Sensations: Results and Open Questions. In B. Bromm [ed.], Pain Measurements in Man. Neurophysiology 55-54. Elsevier, Hamburg.

HAUCK, E. W., A. HAUPTMANN, T. BSCHLEIPFER, H. U. SCHMELZ, B. M. ALTINKILIC und W. WEIDNER. 2004. Questionable efficacy of extracorporeal shock wave therapy for Peyronie's disease: results of a prospective approach. J.Urol. 2004.Jan.; 171.(1):296.-9. 171: 296-299.

HAUPT, G. AND P. KATZMEIER 1995. Anwendung der hochenergetischen extrakorporalen Stoßwellentherapie bei Pseudarthrosen, Tendinosis calcerea der Schulter und Ansatztendinosen (Fersensporn, Epicondylitis). In C. Chaussy, F. Eisenberger, D. Jocham und D. Wilbert [eds.], Die Stoßwelle - Forschung und Klinik 143-146. Attempto Verlag, Tübingen.

HENRY, T. R., J. M. SPITSBERGEN, M. W. HORNUNG, C. C. ABNET und R. E. PETERSON. 1997. Early life stage toxicity of 2,3,7,8-tetrachlorodibenzo-p-dioxin in zebrafish (Danio rerio). Toxicol.Appl.Pharmacol. 142: 56-68.

HIRAMATSU, N., N. ICHIKAWA, H. FUKADA, T. FUJITA, C. V. SULLIVAN und A. HARA. 2002. Identification and characterization of proteases involved in specific proteolysis of vitellogenin and yolk proteins in salmonids. J.Exp.Zool. 292: 11-25.

HIROSE, Y., Z. M. VARGA, H. KONDOH und M. FURUTANI-SEIKI. 2004. Single cell lineage and regionalization of cell populations during Medaka neurulation. Development 131: 2553-2563.

HIROSHIMA, K., T. TOYOZAKI, A. IYODA, H. OHWADA, S. KADO, H. SHIRASAWA und T. FUJISAWA. 1999. Ultrastructural study of intranuclear inclusion bodies of pulmonary adenocarcinoma. Ultrastruct. Pathol. 23: 383-389.

HO, C. Y., HOUART, C., WILSON, S. W. und STAINIER, D. Y. (1999). A role for the extraembryonic yolk syncytial layer in patterning the zebrafish embryo suggested by properties of the hex gene. Curr.Biol. 9, 1131-1134.

HOLMES, R. P., L. D. YEAMAN, R. G. TAYLOR und D. L. McCULLOUGH. 1992. Altered neutrophil permeability following shock wave exposure in vitro. J. Urol. 147: 733-737.

HOWELL, D. N., X. GU und G. A. HERRERA. 2003. Organized deposits in the kidney and look-alikes. Ultrastruct. Pathol. 27: 295-312.

INOHAYA, K., S. YASUMASU, M. ISHIMARU, A. OHYAMA, I. IUCHI und K. YAMAGAMI. 1995. Temporal and spatial patterns of gene expression for the hatching enzyme in the teleost embryo, Oryzias latipes. Dev. Biol. 171: 374-385.

IWAMATSU, T. Stages of Normal Development in the Medaka Oryzias latipes. Zoological Science 11, 835-839. 1994. Japan. 3-4-0002.

IWAMATSU, T., NAKAMURA, H., OZATO, K. und WAKAMATSU, Y. (2003). Normal growth of the ßee-throughmedaka. Zoolog.Sci. 20, 607-615.

JENNE, J. 2001. Kavitation in biologischem Gewebe. Ultraschall in Med. 22: 200-207.

JÖCHLE, K., J. DEBUS, W. J. LORENZ und P. HUBER. 1996. A new method of quantitative cavitation assessment in the field of a lithotripter. Ultrasound Med. Biol. 22: 329-338.

KAGEYAMA, T. (1996). Polyploidization of nuclei in the yolk syncytial layer of the em-bryo of the medaka, Oryzias latipes, after the halt of mitosis. Develop.Growth Differ. 38, 119-127.

KALLERHOFF, M., K. MÜLLER-SIEGEL, CH. HORNEFFER, R. VERWIEBE, M. H. WEBER und R.-H. RINTERT 1993. Quantifizierung renaler Parenchymschäden mach extrakorporaler Stowellenlithotripsie mittels Harneiweißanalytik. In C. Chaussy, F. Eisenberger, D. Jocham und D. Wilbert [eds.], Stoßwellenlithotripsie - Aspekte und Prognosen 194-201. Attempto Verlag, Tübingen.

KARLSEN, S. J., B. SMEVIK und T. HOVIG. 1991. Acute morphological changes in canine kidneys after exposure to extracorporeal shock waves. A light and electron microscopic study. Urol.Res. 19: 105-115.

KAUDE, J. V., C. M. WILLIAMS, M. R. MILLNER, K. N. SCOTT und B. FINLAYSON. 1985. Renal morphology and function immediately after extracorporeal shockwave lithotripsy. AJR Am.J Roentgenol. 145: 305-313.

KAYA, H. B., U. Ö. METE, S. POLAT und M. KAYA. 1992. Ultrastructure of Nerve and Muscle Fibers Following Organophosphate Poisoning. Journal of Islamic Academy of Sciences 5: 93-99.

KELLY, D. J., M. AHMAD und S. J. BRULL. 2001. Preemptive analgesia I: physiological pathways and pharmacological modalities. Can. J. Anesth. 48: 1000-1010.

KERR, J. F. R., A. H. WYLLIE und A. R. CURRIE. 1972. Apoptosis: a basic biological phenomenom with wide-ranging implications in tissue kinetics. Br.J Cancer 26: 239-257.

KIKUCHI, Y., AGATHON, A., ALEXANDER, J., THISSE, C., WALDRON, S., YELON, D., THISSE, B. und STAINIER, D. Y. (2001). casanova encodes a novel Sox-related protein necessary and sufficient for early endoderm formation in zebrafish. Genes Dev. 15, 1493-1505.

KIMMEL, C. B. und R. D. LAW. 1985a. Cell lineage of zebrafish blastomeres. I. Cleavage pattern and cytoplasmic bridges between cells. Dev. Biol. 108: 78-85.

KIMMEL, C. B. 1985b. Cell lineage of zebrafish blastomeres. II. Formation of the yolk syncytial layer. Dev. Biol. 108: 86-93.

KIMMEL, C. B. 1985c. Cell lineage of zebrafish blastomeres. III. Clonal analyses of the blastula and gastrula stages. Dev. Biol. 108: 94-101.

KISHIMOTO, T., K. YAMAMOTO, T. SUGIMOTO, H. YOSHIHARA und M. MAEKAWA. 1986. Side effects of extracorporeal shock-wave exposure in patients treated by extracorporeal shock-wave lithotripsy for upper urinary tract stone. Eur. Urol. 12: 308-313.

KOHN, S., M. FRADIS, J. BEN DAVID, J. ZIDAN und E. ROBINSON. 2002. Nephrotoxicity of combined treatment with cisplatin and gentamicin in the guinea pig: glomerular injury findings. Ultrastruct. Pathol. 26: 371-382.

KOOS, D. S. und HO, R. K. (1998). The nieuwkoid gene characterizes and mediates a Nieuwkoop-center-like activity in the zebrafish. Curr.Biol. 8, 1199-1206.

KOURI-FLORES, J. B., K. A. ABBUD-LOZOYA und L. ROJA-MORALES. 2002. Kinetics of the ultrastructural changes in apoptotic chondrocytes from an osteoarthrosis rat model: a window of comparison to the cellular mechanism of apoptosis in human chondrocytes. Ultrastruct. Pathol. 26: 33-40.

KUDOH, T. und DAWID, I. B. (2001). Role of the iroquois3 homeobox gene in organizer formation. Proc.Natl.Acad.Sci.U.S.A 98, 7852-7857.

KWIATKOWSKA, M. 1981. Changes in ultrastructure of mitochondria during the cell cycle. Folia Histochem.Cytochem.(Krakow.) 19: 99-105.

LA VIA, M. F. AND R. B. HILL 1971. Principles of Pathology. Oxford University Press.

LAGNEAUX, L., E. C. DE MEULENAER, A. DELFORGE, M. DEJENEFFE, M. MASSY, C. MOERMAN, B. HANNECART, Y. CANIVET, M. LEPELTIER und D. BRON. 2002. Ultrasonic low-energy treatment: A novel approach to induce apoptosis in human leukemic cell. Experimantal Hematology 30: 1293-1301.

LAIHO, K. U. AND B. F. TRUMP. 1975. Studies on the pathogenesis of cell injury: effects of inhibitors of metabolism and membrane function on the mitochondria of Ehrlich ascites tumor cells. Lab Invest 32: 163-182.

LARBIG, W. (1993). Physiologische Grundlagen von Schmerz und die gat-control-Theorie. In 'Der Schmerzkranke'. (Eds. U. T. Egle and S. O. Hoffmann.) pp. 42-59. (Shattauer: Stuttgart, New York.)

LEE, K. S., S. YASUMASU, K. NOMURA und I. IUCHI. 1994. HCE, a constituent of the hatching enzymes of Oryzias latipes embryos, releases unique proline-rich polypeptides from its natural substrate, the hardened chorion. FEBS Lett. 339: 281-284.

LENTZ, T. L. AND J. P. TRINKAUS. 1967. A fine structural study of cytodifferentiation during cleavage, blastula, and gastrula stages of Fundulus heteroclitus. J.Cell Biol. 32: 121-138.

LEUNG, T., BISCHOF, J., SOLL, I., NIESSING, D., ZHANG, D., MA, J., JACKLE, H. und DRIEVER, W. (2003). bozozok directly represses bmp2b transcription and mediates the earliest dorsoventral asymmetry of bmp2b expression in zebrafish. Development 130, 3639-3649.

LI, Z., KORZH, V. und GONG, Z. (2007). Localized rbp4 expression in the yolk syncytial layer plays a role in yolk cell extension and early liver development. BMC.Dev. Biol. 7, 117.

LICHTENBERGER, S. Erhöhung der Validität und Stabilität bei der Beurteilung des Schmerzlevels chronsicher Schmerzpatienten. 1-80. 1997. Orthopädische Klinik und Poliklinik des Universtätskrankenhauses Eppendorf der Universität Hamburg. Dissertation

LOOSLI, F., W. STAUB, K. C. FINGER-BAIER, E. A. OBER, H. VERKADE, J. WITTBRODT und H. BAIER. 2003. Loss of eyes in zebrafish caused by mutation of chokh/rx3. EMBO Rep. 4: 894-899.

LOPEZ-RIOS, J., K. TESSMAR, F. LOOSLI, J. WITTBRODT und P. BOVOLENTA. 2003. Six3 and Six6 activity is modulated by members of the groucho family. Development 130: 185-195.

MANIKANDAN, R., W. ISLAM, V. SRINIVASAN und C. M. EVANS. 2002. Evaluation of extracorporeal shock wave therapy in Peyronie's disease. Urology 2002. Nov.; 60(5):795.-9.; discussion.799.-800. 60: 795-799.

MARTINEZ, M. A., C. BALLESTIN, E. CARABIAS und L. C. GONZALEZ. 2003. Aggressive angiomyxoma: an ultrastructural study of four cases. Ultrastruct. Pathol. 27: 227-233.

MILLER, D. L. AND R. M. THOMAS. 1996a. Contrast-agent gas bodies enhance hemolysis induced by lithotripter shock waves and high-intensity focused ultrasound in whole blood. Ultrasound Med. Biol. 22: 1089-1095.

MILLER, D. L. AND R. M. THOMAS. 1996b. The role of cavitation in the induction of cellular DNA damage by ultrasound and lithotripter shock waves in vitro. Ultrasound Med. iol. 22: 681-687.

MILLER, D. L., R. M. THOMAS und R. L. BUSCHBOM. 1995. Comet assay reveals DNA strand breaks induced by ultrasonic cavitation in vitro. Ultrasound Med. Biol. 21: 841-848.

MILLER, M. A. AND M. A. O'BRYAN. 2003. Ultrastructural changes and olfactory deficits during 3-methylindole-induced olfactory mucosal necrosis and repair in mice. Ultrastruct. Pathol. 27: 13-21.

MILLER, M. W. 1985. Does Ultrasound Produce Sister Chromatid Exchanges? Ultasound Med. Biol. 11: 561-570.

MIRONE, V., A. PALMIERI, A. M. GRANATA, A. PISCOPO, P. VERZE und R. RANAVOLO. 2000. [Ultrasound-guided ESWT in Peyronie's disease plaques] ESWT ecoguidata delle placche di induratio penis plastica. Arch.Ital.Urol.Androl 2000 72: 384-387.

MOINFAR, F., C. MANNION, Y. G. MAN und F. A. TAVASSOLI. 2000. Mammary comedoDCIS: apoptosis, oncosis, and necrosis: an electron microscopic examination of 8 cases. Ultrastruct. Pathol. 24: 135-144.

MUDUMANA, S. P., WAN, H., SINGH, M., KORZH, V. und GONG, Z. (2004). Expression analyses of zebrafish transferrin, ifabp, and elastaseB mRNAs as differentiation markers for the three major endodermal organs: liver, intestine, and exocrine pancreas. Dev.Dyn. 230, 165-173.

NAGANSKA, E. AND E. MATYJA. 2002. The protective effect of ZnCl2 pretreatment on the development of postanoxic neuronal damage in organotypic rat hippocampal cultures. Ultrastruct. Pathol. 26: 383-391.

NARUSE, K. Classification and phylongeny of fishes of the genus Oryzias an its relatives. The Fish Biology Journal MEDAKA 8, 1-9. 1996. Nagoya University.

NOLTE, G. 2003. Die Wirksamkeit der Extrakorporalen Stoßwellentherapie. 1-170. Orthopädischen Klinik Kassel gemeinnützige GmbH Akademisches Lehrkrankenhaus der Philipps-Universität Marburg. Dissertation

OATES, A. C., P. WOLLBERG, S. J. PRATT, B. H. PAW, S. L. JOHNSON, R. K. HO, J. H. POSTLETHWAIT, L. I. ZON und A. F. WILKS. 1999. Zebrafish stat3 is expressed in restricted tissues during embryogenesis and stat1 rescues cytokine signaling in a STAT1-deficient human cell line. Dev.Dyn. 215: 352-370.

ORDONEZ, N. G. AND B. MACKAY. 2000. Acinar cell carcinoma of the pancreas. Ultrastruct. Pathol. 24: 227-241.

PEREZ, M., R. WEINER und J. C. GILLEY. 2003. Extracorporeal shock wave therapy for plantar fasciitis. Clin.Podiatr.Med.Surg.2003.Apr;20.(2):323.-34. 20: 323-334.

PETERS, N. 1963. Embryonale Anpassungen oviparer Zahnkarpfen aus periodisch austrocknenden Gewäßern. Naturwissenschaften 48: 257-313.

PETERS, N. 1965. Diapause und embryonale Missbildung bei eierlegenden Zahnkarpfen. Roux´Archiv für Entwicklungsmechanik [156], 75-87

PETERS, N., G. DAHMEN, W. SCHMIDT und F. STEIN. 1998. Über die Auswirkungen von extrakorporalen Ultraschall-Stoßwellen auf weiterentwickelte Embryonen des Knochenfisches Oryzias latipes. Ultraschall in Med. Georg Thieme Verlag, Stuttgart.

PIECHOTTA, G. Überprüfung der Eignung von Apoptose als Biomarker im biologischen Effektmonitoring. 1-132. 1999. Fachbereichs Chemie der Universität Hamburg. Dissertation.

PIGOZZI, F., A. GIOMBINI, A. PARISI, G. CASCIELLO, S. DI, V, N. SANTORI und P. P. MARIANI. 2000. The application of shock-waves therapy in the treatment of resistant chronic painful shoulder. A clinical experience. J. Sports Med. Phys. Fitness 40: 356-361.

POLLACK, M. AND C. LEEUWENBURGH. 2001. Apoptosis and aging: role of the mitochondria. J. Gerontol. A. Biol. Sci. Med. Sci. 56: B475-B482.

POUPARD, G., M. ANDRE, M. DURLIAT, C. BALLAGNY, G. BOEUF und P. J. BABIN. 2000. Apolipoprotein E gene expression correlates with endogenous lipid nutrition and yolk syncytial layer lipoprotein synthesis during fish development. Cell Tissue Res. 300: 251-261.

RAABE, M., L. M. FLYNN, C. H. ZLOT, J. S. WONG, M. M. VÉNIANT, R. L. HAMILTON und S. G. YOUNG. 1998. Knockout of the abetalipoproteinemia gene in mice: Reduced lipoprotein secretion in heterozygotes and embryonic lethality in homozygotes. Proceedings of the National Academy of Sciences of the United States of America : PNAS 95: 8686-8691.

REICHENBERGER, H. 1988. Lithotripter Systems. Proceedings of the IEEE 76: 1236-1246.

RIVA, A. AND B. TANDLER. 2000. Three-dimensional structure of oncocyte mitochondria in human salivary glands: a scanning electron microscope study. Ultrastruct. Pathol. 24: 145-150.

ROBERTS, T. R. (1998). Systematic observations on tropical Asian medakas or ricefishes of the genus Oryzias, with descriptions of four new species. Ichthyol.Res. 45, 213-224.

ROESSLER, W., H. NICOLAI, P. STEINBACH, F. HOFSTAEDTER, und F. WIELAND 1993. Nebenwirkung von hochenergetischen Stoßwellen (HESW) auf die menschliche Niere. In C. Chaussy, F. Eisenberger, D. Jocham und D. Wilbert [eds.], Stoßwellenlithotripsie - Aspekte und Prognosen 187-193. Attempto Verlag, Tübingen.

ROMANINI, M. G. M., A. FRASCHINI und F. PORCELLI. 1969. Enzymatic Activities During the Development and the Ivolutiopn of the Yolk Sac of the Trout. Ann. Histochim. 14: 315-324.

RONG, P. M., M. A. TEILLET, C. ZILLER und N. M. LE DOUARIN. 1992. The neural tube/notochordS complex is necessary for vertebral but not limb and body wall striated muscle differentiation. Development 115: 657-672.

ROSEN, D. E. und PARENTI, L. R. Relationships of Oryzias, and the groups of atherinomorph fishes. American Museum novitates 2719, 1-25. 1981. New York, American Museum of Natural History.

ROUBAUD, P. und C. PAIRAULT. 1980. Membrane differentiation in the pregastrula of the teleost, Brachydanio rerio Hamilton-Buchanan (Teleostei: Cyprinidae). A scanning electron microscope study. Reprod. Nutr. Dev. 20: 1515-1526.

SAKAGUCHI, T., KIKUCHI, Y., KUROIWA, A., TAKEDA, H. und STAINIER, D. Y. (2006). The yolk syncytial layer regulates myocardial migration by influencing extracellular matrix assembly in zebrafish. Development 133, 4063-4072.

SARASQUETE, C., M. L. GONZALEZ DE CANALES, J. M. ARELLANO, J. A. MUNOZ-CUETO, L. RIBEIRO und M. T. DINIS. 1996. Histochemical aspects of the yolk-sac and digestive tract of larvae of the Senegal sole, Solea senegalensis (Kaup, 1858). Histol. Histopathol. 11: 881-888.

SCHMITT, J., M. HAAKE, A. TOSCH, R. HILDEBRAND, B. DEIKE und P. GRISS. 2001. Low-energy extracorporeal shock-wave treatment (ESWT) for tendinitis of the supraspinatus. A prospective, randomised study. J. Bone Joint Surg. Br. 83: 873-876.

SEIDL, M., P. STEINBACH und F. HOFSTADTER. 1994. Shock wave induced endothelial damage–in situ analysis by confocal laser scanning microscopy. Ultrasound Med. Biol. 20: 571-578.

SEO, I. S., M. GOHEEN und K. W. MIN. 2003. Bednar tumor: report of a case with immunohistochemical and ultrastructural study. Ultrastruct. Pathol. 27: 205-210.

STEINBACH, P. Zelluläre Wirkungen von UtraschallStoßwellen. 1-105. 1992. Fakultät II Biologie und Vorklinische Medizin der Universität Regensburg. Dissertation.

SHIMIZU, T., YAMANAKA, Y., Ryu, S. L., HASHIMOTO, H., YABE, T., HIRATA, T., BAE, Y. K., HIBI, M. und HIRANO, T. (2000). Cooperative roles of Bozozok/Dharma and Nodal-related proteins in the formation of the dorsal organizer in zebrafish. Mech.Dev. 91, 293-303.

SOLNICA-KREZEL, L. und DRIEVER, W. (2001). The role of the homeodomain protein Bozozok in zebrafish axis formation. Int.J Dev.Biol. 45, 299-310.

STADLER, J. H., Woodbury, D. T. 2009. Assessing the effects to fishes from pile driving: Application of new hydroacoustic criteria; Inter-noise 2009 - innovations in practical noise control, 2009 August 23-26, Ottawa, Canada.

STEINBACH, P., K. WÖRLE, M. SEIDL, R. SEITZ und F. HOFSTÄDTER 1993. Effekte hochenergetischer UltraschallStoßwellen auf Tumorzellen in vitro und humane Endothelzellen in situ. In C. Chaussy, F. Eisenberger, D. Jocham und D. Wilbert [eds.], Stoßwellenlithotripsie - Aspekte und Prognosen 104-109. Attempto Verlag, Tübingen.

SUHR, D., F. BRÜMMER und D. F. HULSER. 1991. Cavitation-generated free radicals during shock wave exposure: investigations with cell-free solutions and suspended cells. Ultrasound Med. Biol. 17: 761-768.

SUHR, D., F. BRÜMMER, U. IRMER und D. F. HULSER. 1996a. Disturbance of cellular calcium homeostasis by in vitro application of shock waves. Ultrasound Med. Biol. 22: 671-679.

SUHR, D., F. BRÜMMER, U. IRMER, M. SCHLACHTER und D. F. HULSER. 1994. Reduced cavitation-induced cellular damage by the antioxidative effect of vitamin E. Ultrasonics 32: 301-307.

SUHR, D., F. BRÜMMER, U. IRMER, C. WURSTER, W. EISENMENGER und D. F. HULSER. 1996b. Bioeffects of diagnostic ultrasound in vitro. Ultrasonics 34: 559-561.

SUSLICK, K. S., S. J. DOKTYCZ und E. B. FLINT. 1990. On the origin of sonoluminescence and sonochemistry. Ultrasonics 28: 280-290.

SUTILOV, V. A. 1984. Physik des Ultraschalls. Springer-Verlag, Wien.

TANDLER, B., M. DUNLAP, C. L. HOPPEL und M. HASSAN. 2002. Giant mitochondria in a cardiomyopathic heart. Ultrastruct. Pathol. 26: 177-183.

TAVAKKOLI, J., A. BIRER, A. AREFIEV, F. PRAT, J. Y. CHAPELON und D. CATHIGNOL. 1997. A piezocomposite shock wave generator with electronic focusing capability: application for producing cavitation-induced lesions in rabbit liver. Ultrasound Med. Biol. 23: 107-115.

TAVOLGA, W. N. 1949. Embryonic Development of the Platyfish (Platypecilus), the Swordtail (Xiphophorus) and their Hybrids. Bulletin of the American Museum of Natural History 94: 161-230.

TURNER, B. J. 1977. A New Place for the Medakas. Journal of the American Killifish 10 (8): 214-217

ÜBERLE, F. 1997. Shock Wave Technology. In W. Siebert und M. Buch [eds.], Extracorporeal Shock Waves in Orthopaedics 59-87. Springer Verlag, Kassel.

VALCHANOU, V. D. und P. MICHAILOV. 1991. High Energy Shock Waves in the Treatment of Delayed and nonunion for Fractures. International Orthopaedics 15: 181-184.

VILLALOBOS, S. A., J. T. HAMM, S. J. TEH und D. E. HINTON. 2000. Thiobencarb-induced Embryotoxicity in Medaka (Oryzias latipes): Stage-Specific Toxicity and the Protective role of Chorion. Aquatic Toxicology 48: 309-326.

VON KIRCHEN, R. und W. R. WEST. 1976. The Japanese Medaka - Its Care and Development. Carolina Biological Supply Company , 1-36.

VON DÜHRING, M.; FRICKE, B. (2001). Anatomische Grundlagen der Schmerzentstehung. In 'Lehrbuch der Schmerztherapie'. (Eds. M. Zenz und I. Jurna.) pp. 25-63. (Wissenschaftliche Verlagsgesellschaft mbH: Stuttgart.)

VYKHODTSEVA, N. I., K. HYNYNEN und C. DAMIANOU. 1995. Histologic effects of high intensity pulsed ultrasound exposure with subharmonic emission in rabbit brain in vivo. Ultrasound Med. Biol. 21: 969-979.

WAKAMUTSU, Y., PRISTYAZHNYUK, S., KINOSHITA, M., TANAKA, M. und OZATO, K. (2001). The see-through medaka: a fish model that is transparent throughout life. Proc.Natl.Acad.Sci.U.S.A 98, 10046-10050.

WALZER, C. und N. SCHÖNENBERGER. 1979. Ultrastructure and cytochemistry of the yolk syncytial layer in the alevin of trout (Salmo fario trutta L. and Salmo gairdneri R.) after hatching. II. The cytoplasmic zone. Cell Tissue Res. 196: 75-93.

WARGA, R. M. und C. NÜSSLEIN-VOLHARD. 1999. Origin and development of the zebrafish endoderm. Development 126: 827-838.

WEBSTER, D. M., TEO, C. F., SUN, Y., WLOGA, D., GAY, S., KLONOWSKI, K. D., WELLS, L. und DOUGAN, S. T. (2009). O-GlcNAc modifications regulate cell survival and epiboly during zebrafish development. BMC.Dev.Biol. 9, 28.

WESS, O. 2005. Physikalische Grundlagen der extrakorporalen Stoßwellentherapie. Journal für Mineralstoffwechsel 11: 7-18.

WESS, O., L. STOJAN und U. K. RACHEL 1995. Untersuchunge zur Präzision der Utraschallortung in vivo am Beispiel der extrakorporal induzierten Lithotipsie. In C. Chaussy, F. Eisenberger, D. Jocham und D. Wilbert [eds.], Die Stoßwelle - Forschung und Klinik 37-44. Attempto Verlag, Tübingen.

WILD, C., M. KHENE und ST.1998. WANKE. ESWT: Extracorporale Stoßwellen in der Orthopädie-Therapie. 1-38.

YAMANAKA,Y.; MIZUNO,T.; SASAI,Y.; KISHI,M.; TAKEDA,H.; KIM,C.H.; HIBI,M.; HIRANO,T. 1998. A novel homeobox gene, dharma, can induce the organizer in a non-cell-autonomous manner. Genes Dev. 12: 2345-2353.

WILKINS, S. J., YOONG, S., VERKADE, H., MIZOGUCHI, T., PLOWMAN, S. J., HANCOCK, J. F., KIKUCHI, Y., HEATH, J. K. und PERKINS, A. C. (2008). Mtx2 directs zebrafish morphogenetic movements during epiboly by regulating microfilament formation. Dev.Biol. 314, 12-22.

WILLIS, W. D. 1995. Nociception, Pain and conscoiusness. In B. Bromm und J. Desmedt [eds.], Pain and the Brain - From Nociception to Cognition 1-19. Raven Press, Ltd, New York.

YAMAMOTO, K. 1975. Medaka, Biology and Strains. Yugakusya Publ. 1-16.

YAMAMOTO, T., Y. YAO, T. HARUMI und N. SUZUKI. 2003. Localization of the nitric oxide/cGMP signaling pathway-related genes and influences of morpholino knockdown of soluble guanylyl cyclase on medaka fish embryogenesis. Zoolog. Sci. 20: 181-191.

YANG, G. Y., J. LIAO, N. D. CASSAI, A. J. SMOLKA und G. S. SIDHU. 2003. Parietal cell carcinoma of gastric cardia: immunophenotype and ultrastructure. Ultrastruct. Pathol. 27: 87-94.

YASUDA, T., AOKI, K., MATSUMOTO, A., MARUYAMA, K., HYODO-TAGUCHI, Y., FUSHIKI, S. und ISHIKAWA, Y. (2006). Radiation-induced brain cell death can be observed in living medaka embryos. J Radiat.Res.(Tokyo) 47, 295-303.

ZEMAN, R. K., W. J. DAVROS, J. A. GOLDBERG, B. S. GARRA, W. S. HAYES, E. L. CATTAU, JR., S. C. HORII, C. J. COOPER und P. M. SILVERMAN. 1990. Cavitation effects during lithotripsy. Part II. Clinical observations. Radiology 177: 163-166.

ZIMMERMANN, M. AND HANDWERKER, H. O. 1984. Schmerz - Konzepte und ärztliches Handeln. Springer-Verlag, Berlin.

8 Anhang

8.1 Tabelle der Abkürzungen

Tab. 5: Definition der Abkürzungen in alphabetischer Reihenfolge

Abkürzung	Bedeutung
A	A-Streifen
Agar	Agaroseblock
äplex	äußere plexiforme Schicht
Aod	Aorta dorsalis
Atr	Atrium
ApB	apoptotische Körperchen (apoptotic bodies)
ApN	apoptotischer Nucleus
AuBe	Augenbecher
Av	Aorta ventralis
aDS	abgeschnürte Dottersynzytiumbereiche
AGL	Außenglieder der Lichtsinneszellen
Bal	Basallamina
BGf	Blutgefäß
B.-Punkt	Beobachtungszeitpunkt
C	Chromatin
Chd	Chorda dorsalis bzw. Chordazellen
CoA	Conus arteriosus
Da	Darm
Deb	Debris (Zelltrümmer)
Do	Dotter
DM	Dottermaterial, Dotter
DoV	Dottervakuole
DoZ	Dotterlyse Zone des Dottersynzytium

Abkürzung	Bedeutung
DS	Dottersynzytium
DZ	Dotterzytoplasma
EKol	Endkolben eines Zäpfchens
EmB	Durch die Beschallung geschädigte Embryonen: Embryonen mit Befund
EmB(Ia)	Beschallte Stadien Ia mit Befund
EmB(II)	Beschallte Stadien II mit Befund
EmB(IV+/V-)	Beschallte Stadien IV+ bzw. V- mit Befund
EoB	Beschallte Embryonen ohne Befund
Epi	Epidermis
ER	endoplasmatisches Retikulum
Ery	Erythrozyten
ESWL	Extrakorporale Stoßwellenlithotripsie
ESWT	Extrakorporale Stoßwellentherapie
ExMem	Extraembryonale Membran
Gall	Gallenblase
gChr	granuläres Chromatin
gMi	geschwollenes Mitochondrium
Gol	Golgi-Apparat
Gly	Glykogen
HypBl	Hypoblast
Hz	Herz
I	I-Streifen
IGL	Innenglieder der Lichtsinneszellen
InV	Invagination
KaPl	Karyoplasma
KaFl	Kaudalflosse
kDo	Dottermasse
Ki	Kiemenanlage
KM	Kernmembran
kMi	kondensierte Mitochondrien
Kopf	Kopfanlage
LH	Leibeshöhle
Li	Linse
Lob	optischer Lobus
Ly	Lysosom

8.1 Tabelle der Abkürzungen

Abkürzung	Bedeutung
mBla	marginale Blastomere
MD	Anlage des Magen-Darm-Traktes
Me	Melanin bzw. Melanosom
MargZ	Linsenepithelzellen
Mem	Membran
Meso	Mesoderm
MF	Muskelfaser
Mi	Mitochondrium
My	Myomere
Myf	Myofibrillen
Nuc	Nucleus
Nucl	Nucleolus
NucM	Kernmembran
Öl	Öltropfen
OMi	Orthodoxe Mitochondrien
OtZy	Otozyste
PBS	Phosphatpuffer nach SÖRENSEN
Pc	Perikard
Pin	Pinealorgan
Pros	Prosencephalon
pSyR	perisynzytieller Raum
Pvit	Perivitellarraum
rER	rauhes endoplasmatisches Retikulum
Res	Residualkörperchen
RG	Riechgrube
Rhom	Rhombencephalon
RM	Rückenmark
RMi	Riesenmitochondrium
Schallq	Schallquelle
SR	sarkoplasmatisches Retikulum
Som	Somit bzw. Somiten oder Somitenanlage
synPb	synzytieller Periblast
tLy	tertiäres Lysosom
Trd	Trübung
Va	Vakuolisierung

Abkürzung	Bedeutung
vAk	vordere Augenkammer
Ve	Ventrikel
YCL	Dotterzytoplasmaschicht (yolk cytoplasmatic layer)
DS	Dottersynzytiumschicht (yolk syncytium layer)
Z	Z-Linie
zBla	zentrale Blastomere
ZDb	Zelldebris
Zeb	Zebrabodies
ZM	Zellmembran
zyZ	zytoplasmatische Zone des Dottersynzytium

8.2 Entwicklungsverlauf geschädigter EMB(II)

Die folgenden ausgesuchten Diagramme zeigen die facettenreichen und individuellen Entwicklungsverläufe geschädigter Versuchsembryonen mit den beobachteten Symptomen.

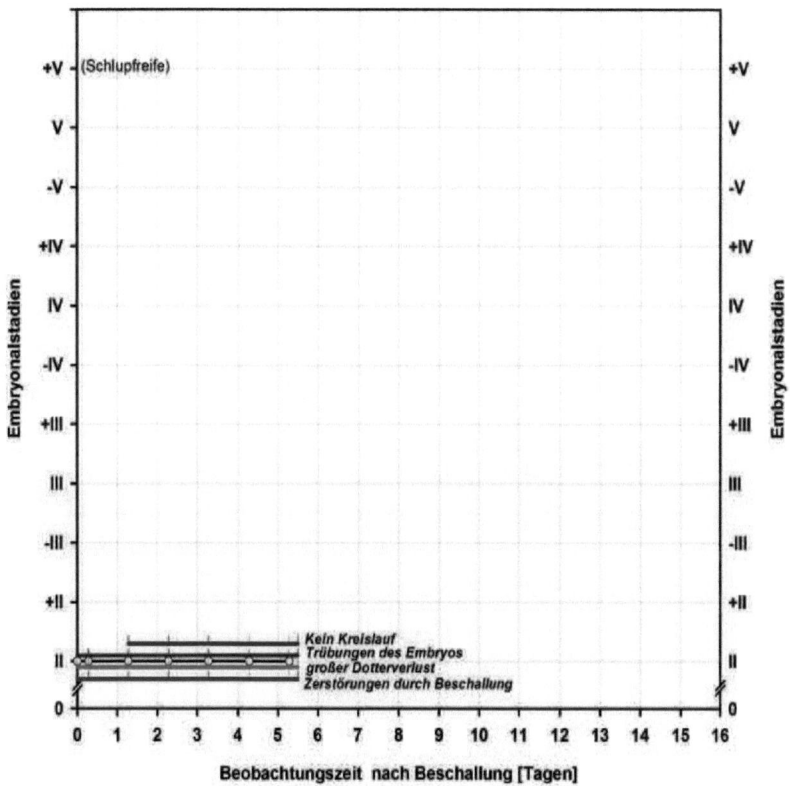

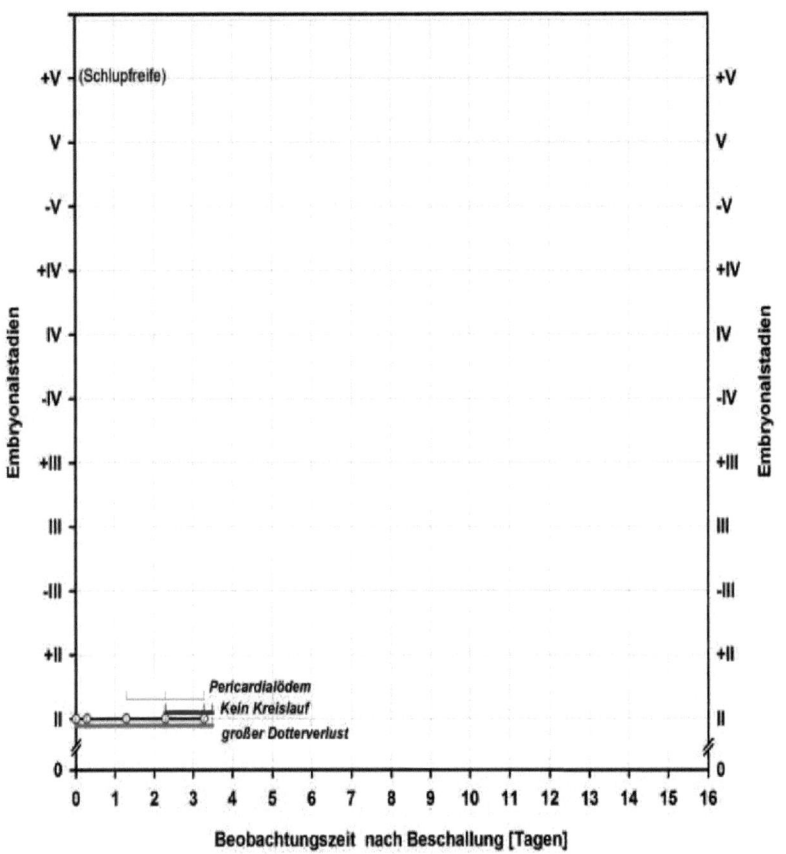

8.2 Entwicklungsverlauf geschädigter EMB(II)

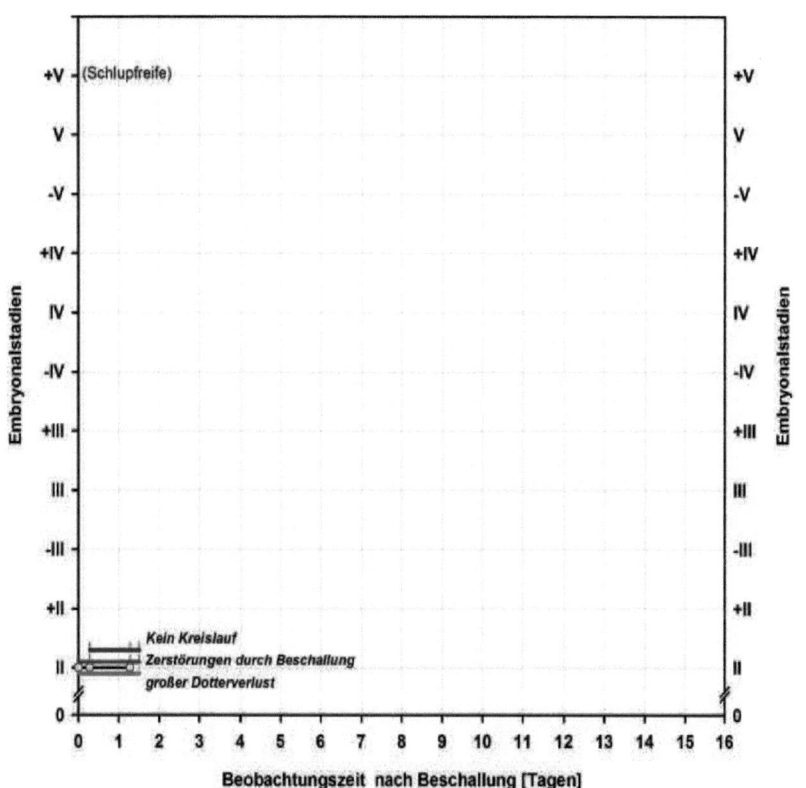

Embryonalentwicklung und Symptomkombination von Probe 51-1A
†

Embryonalentwicklung und Symptomkombination von Probe 51-1B
†*

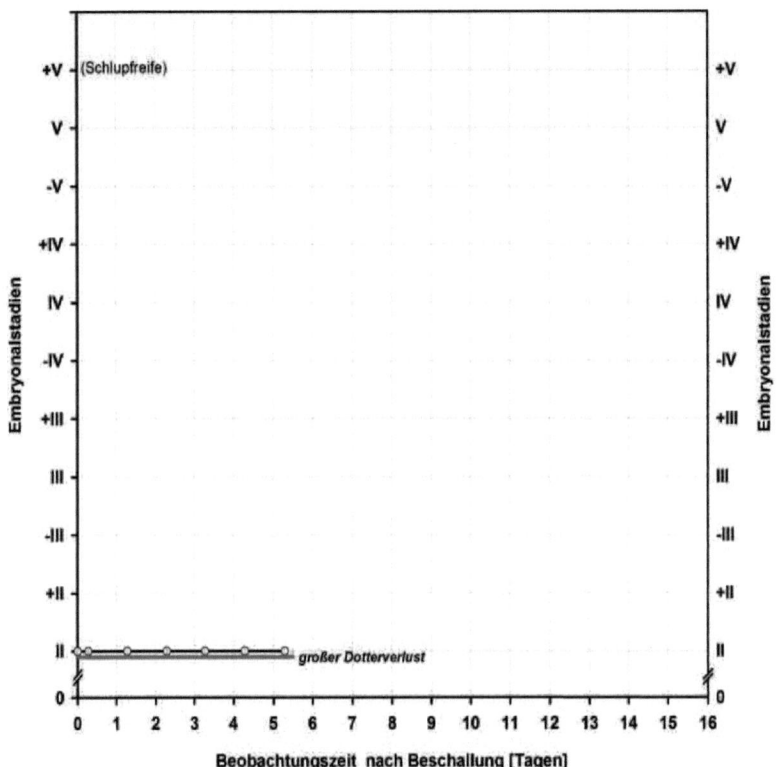

8.2 Entwicklungsverlauf geschädigter EMB(II)

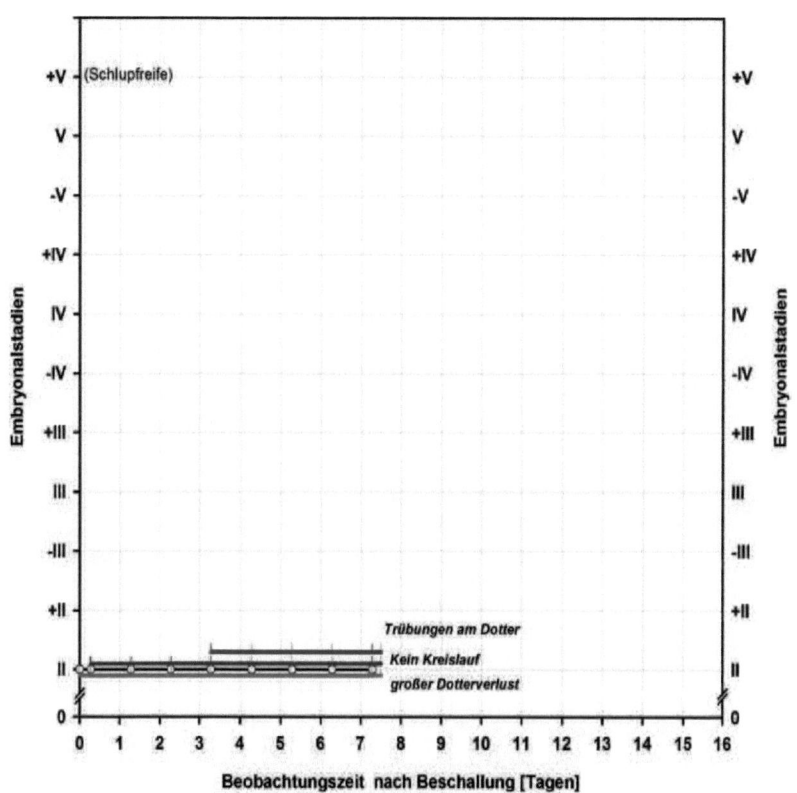

Embryonalentwicklung und Symptomkombination von Probe 51-1C
†*

8 Anhang

Embryonalentwicklung und Symptomkombination von Probe 51-1D
†*

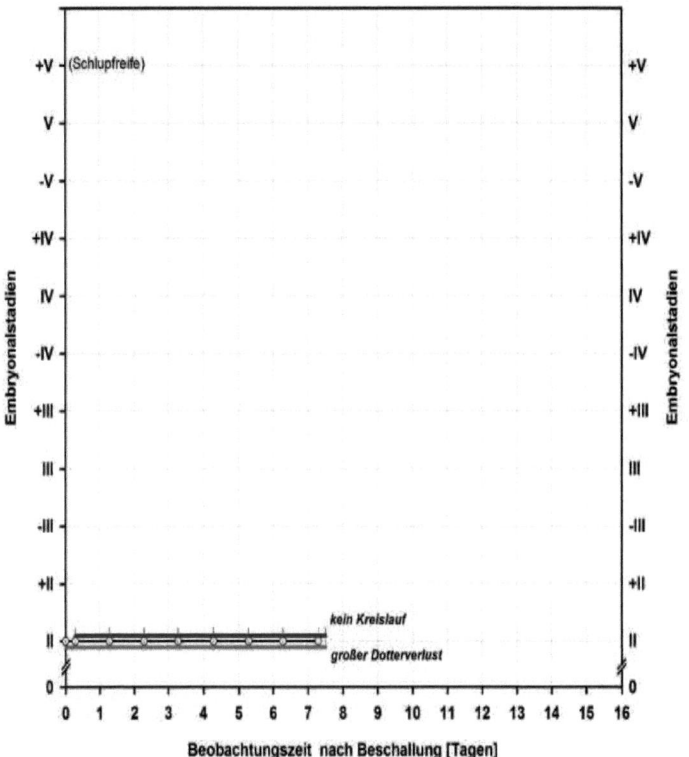

8.2 Entwicklungsverlauf geschädigter EMB(II)

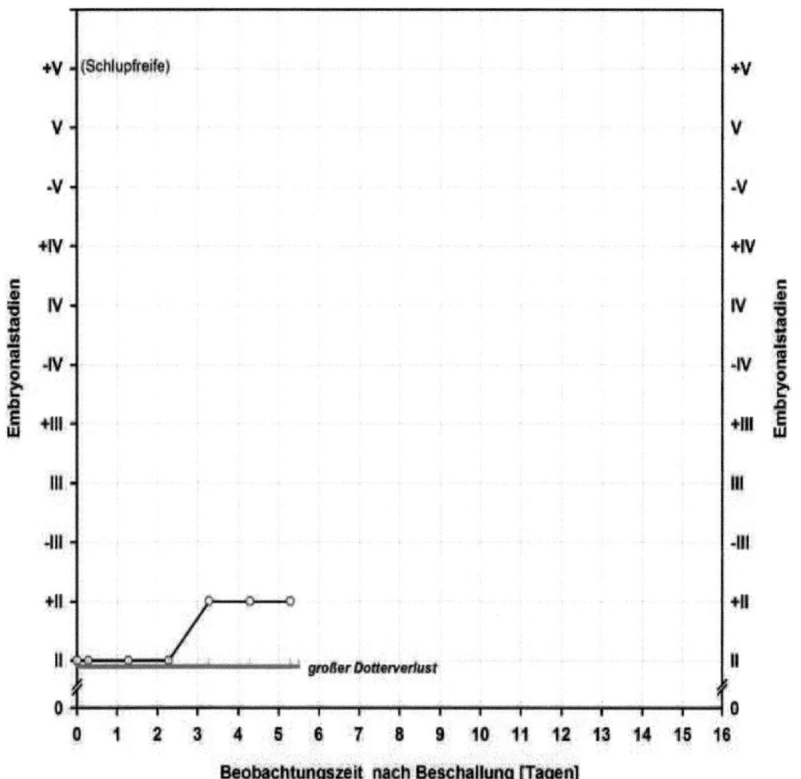

Embryonalentwicklung und Symptomkombination von Probe 51-2A
†*

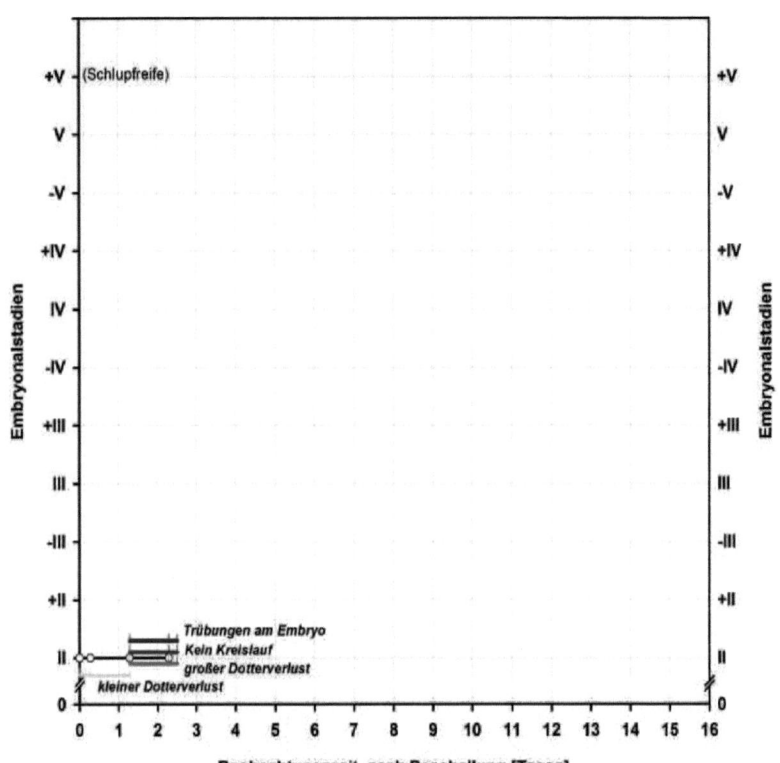

Embryonalentwicklung und Symptomkombination von Probe 51-2C

8.2 Entwicklungsverlauf geschädigter EMB(II)

Embryonalentwicklung und Symptomkombination von Probe 52-2B
†

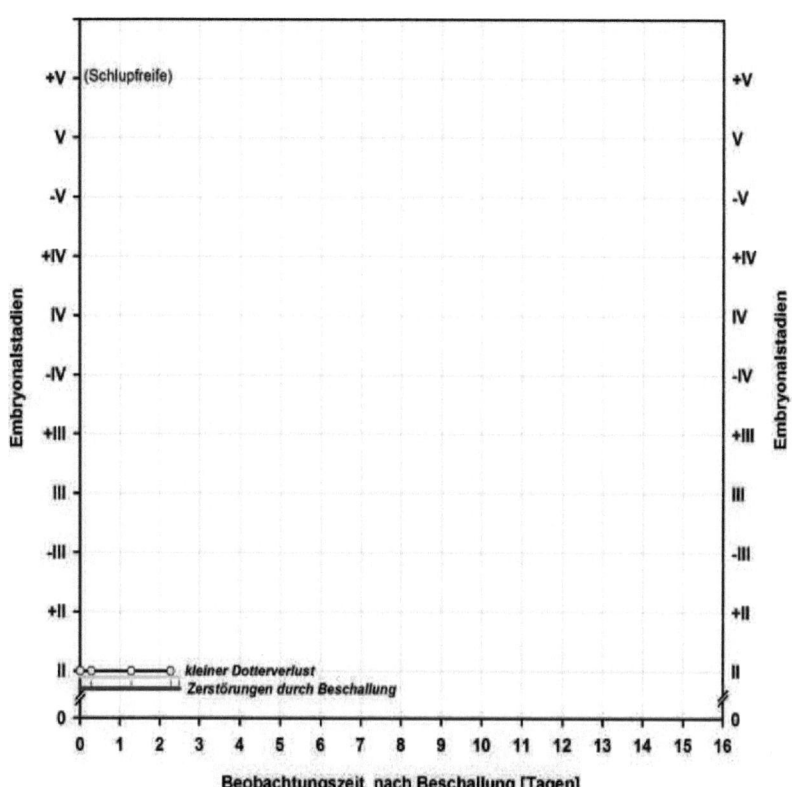

Embryonalentwicklung und Symptomkombination von Probe 53-1A
†

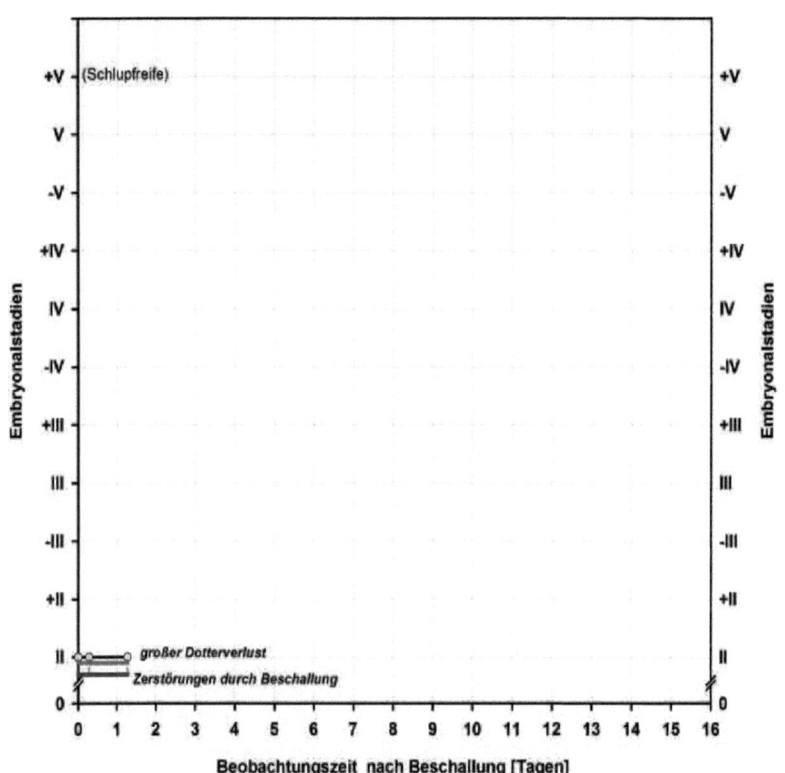

8.2 Entwicklungsverlauf geschädigter EMB(II)

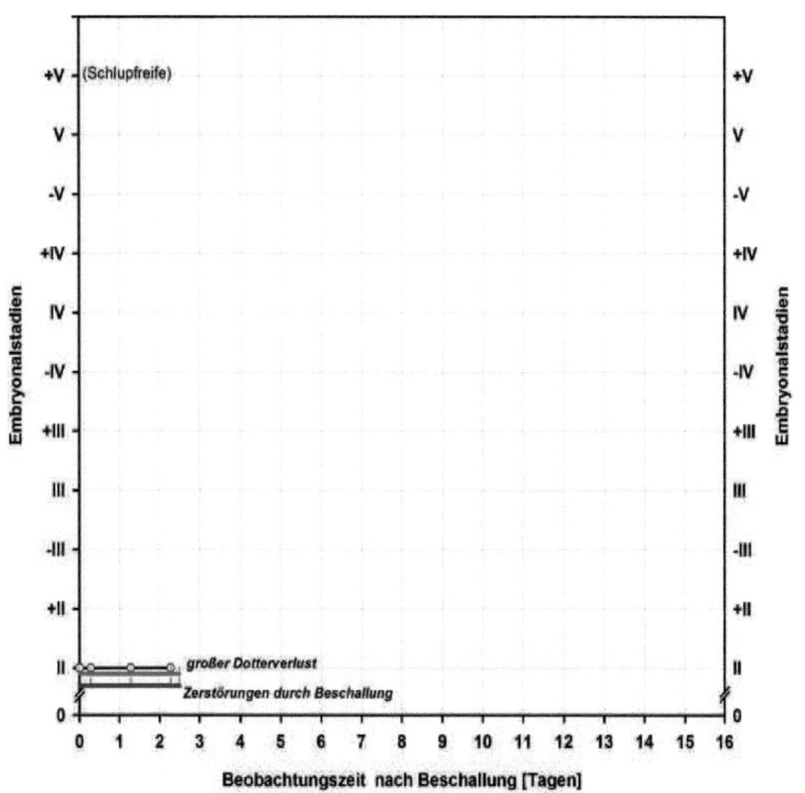

Embryonalentwicklung und Symptomkombination von Probe 52-1B

Embryonalentwicklung und Symptomkombination von Probe 55-2B
†*

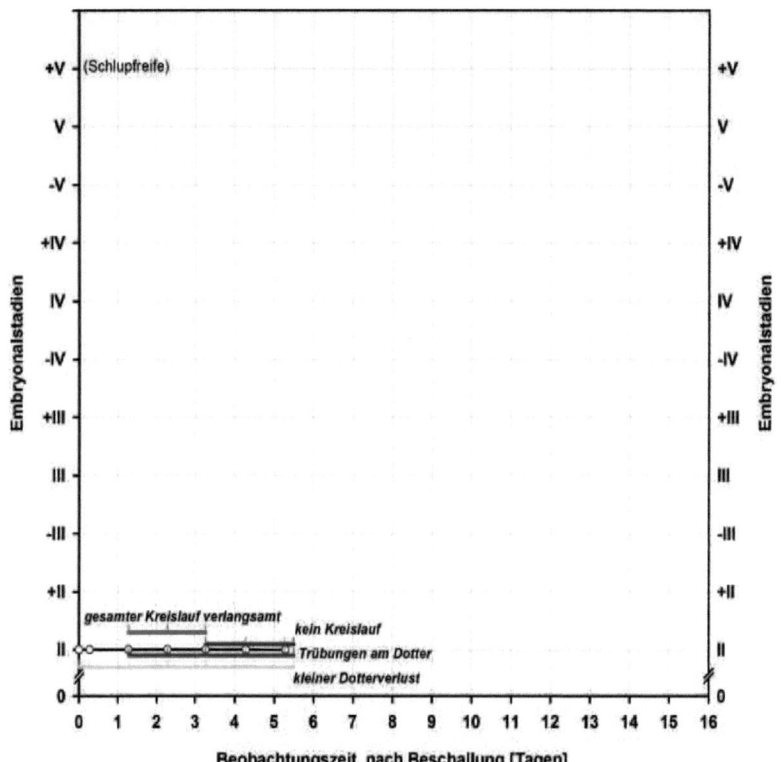

8.2 Entwicklungsverlauf geschädigter EMB(II)

Embryonalentwicklung und Symptomkombination von Probe 57-1A
†

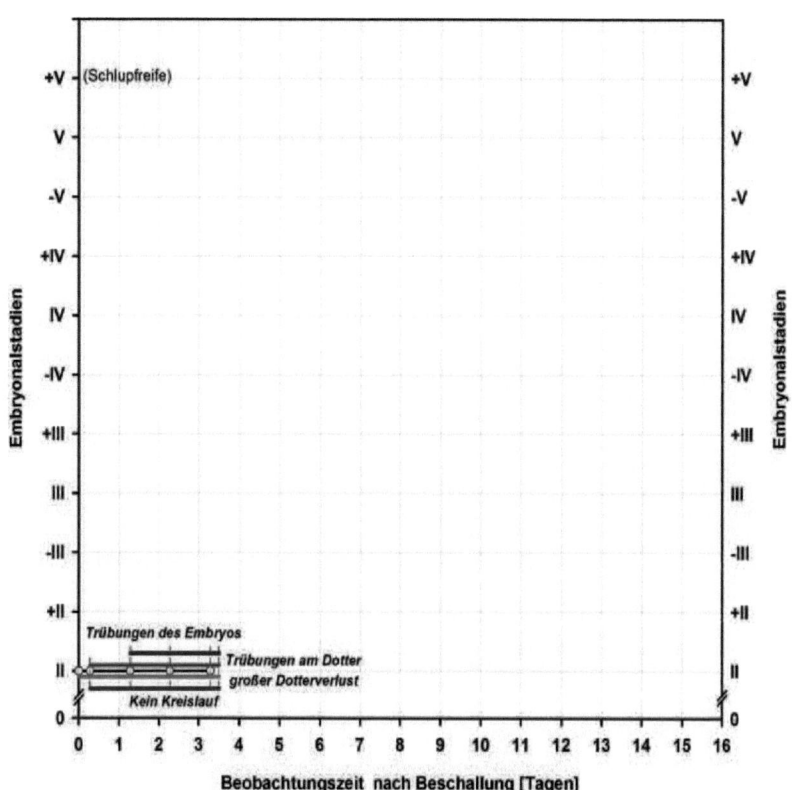

8 Anhang

Embryonalentwicklung und Symptomkombination von Probe 57-1B

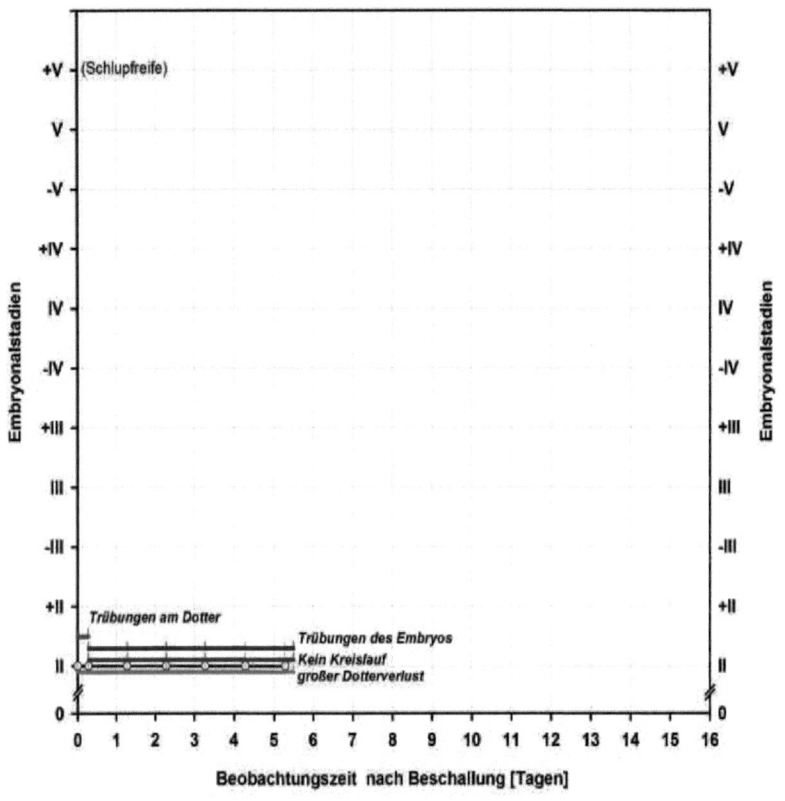

8.2 Entwicklungsverlauf geschädigter EMB(II)

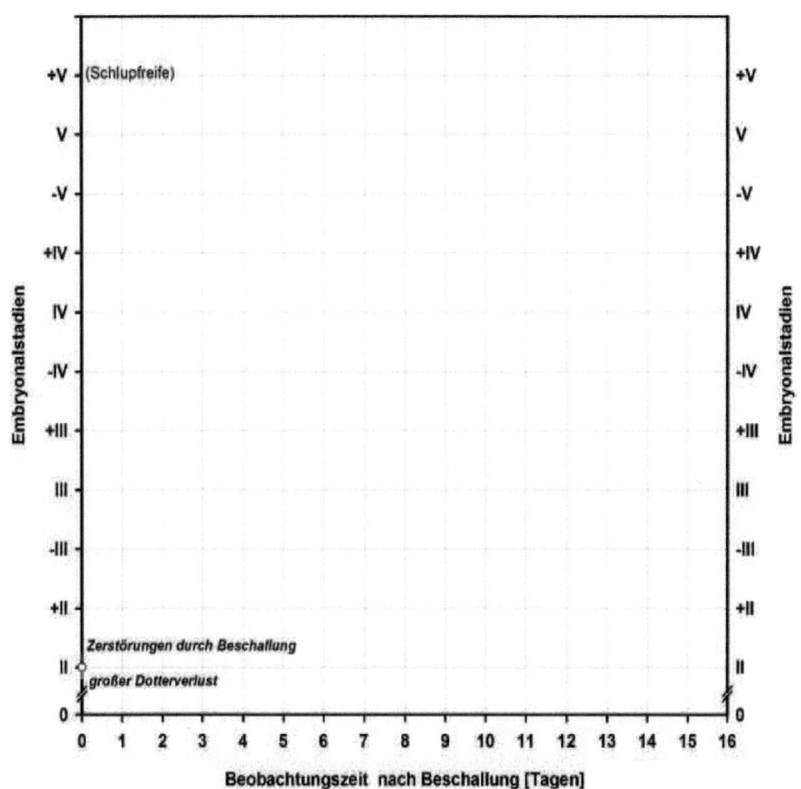

Embryonalentwicklung und Symptomkombination von Probe 80-F (fixiert)

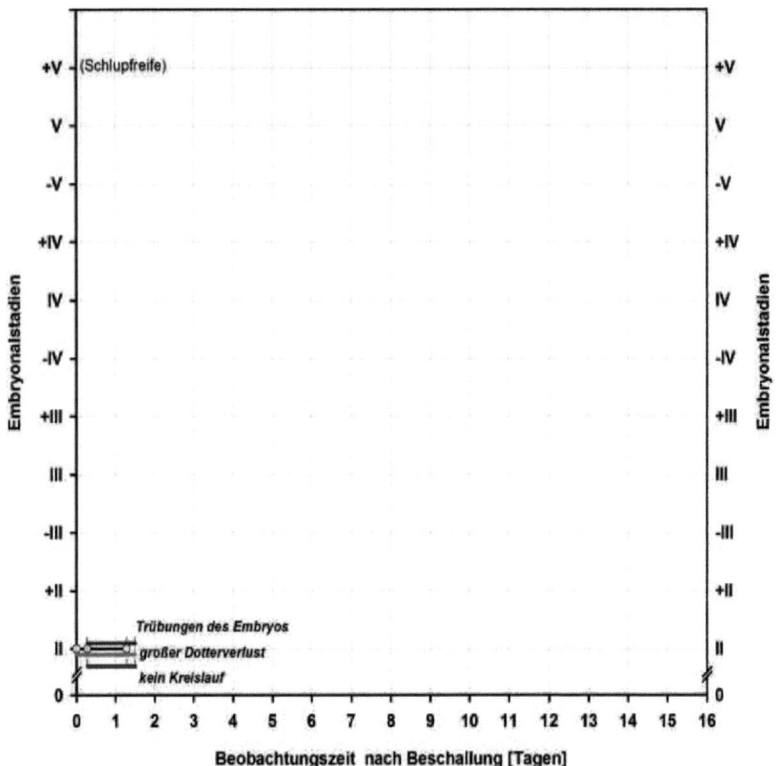

8.2 Entwicklungsverlauf geschädigter EMB(II)

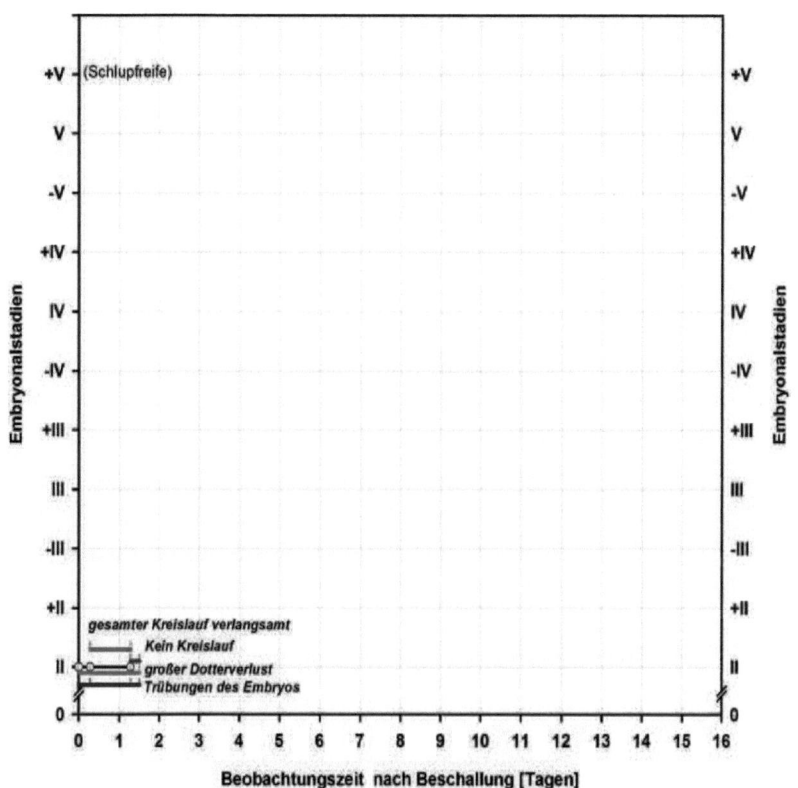

Embryonalentwicklung und Symptomkombination von Probe 81-D (fixiert)

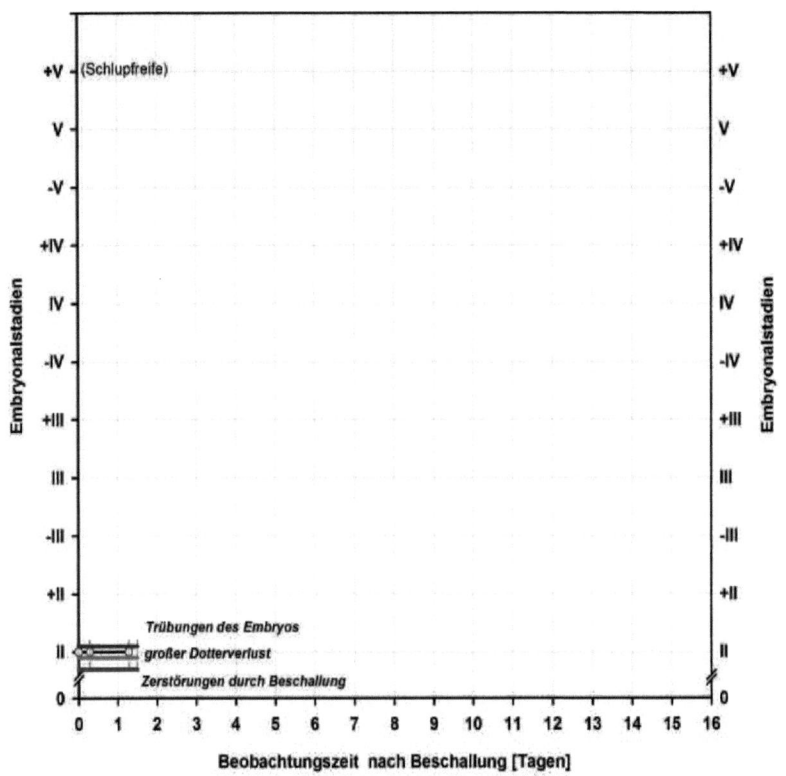

8.2 Entwicklungsverlauf geschädigter EMB(II)

Embryonalentwicklung und Symptomkombination von Probe 40-1D
†

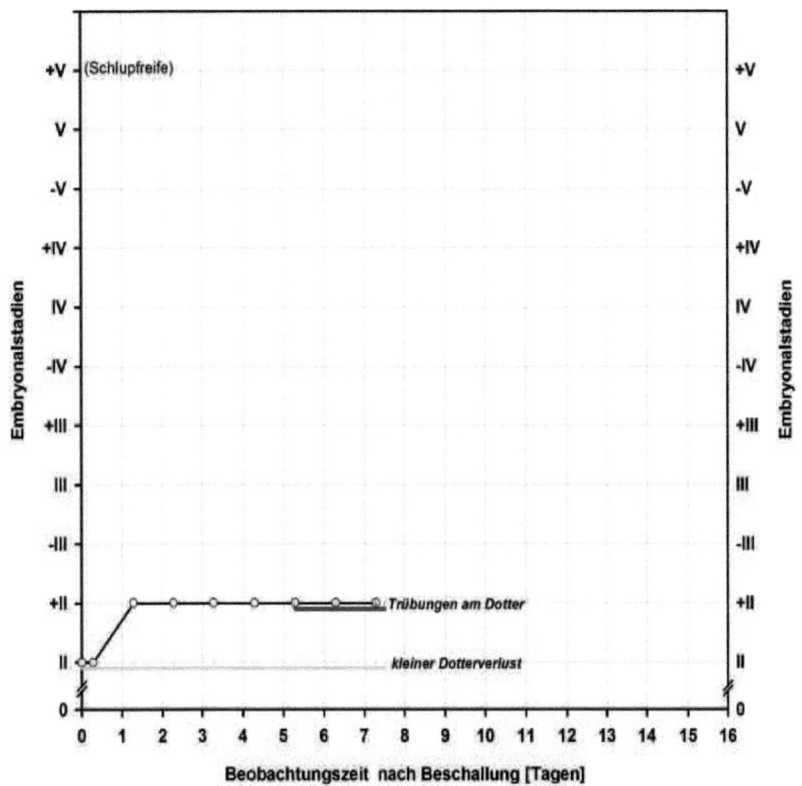

Embryonalentwicklung und Symptomkombination von Probe 51-2D
†*

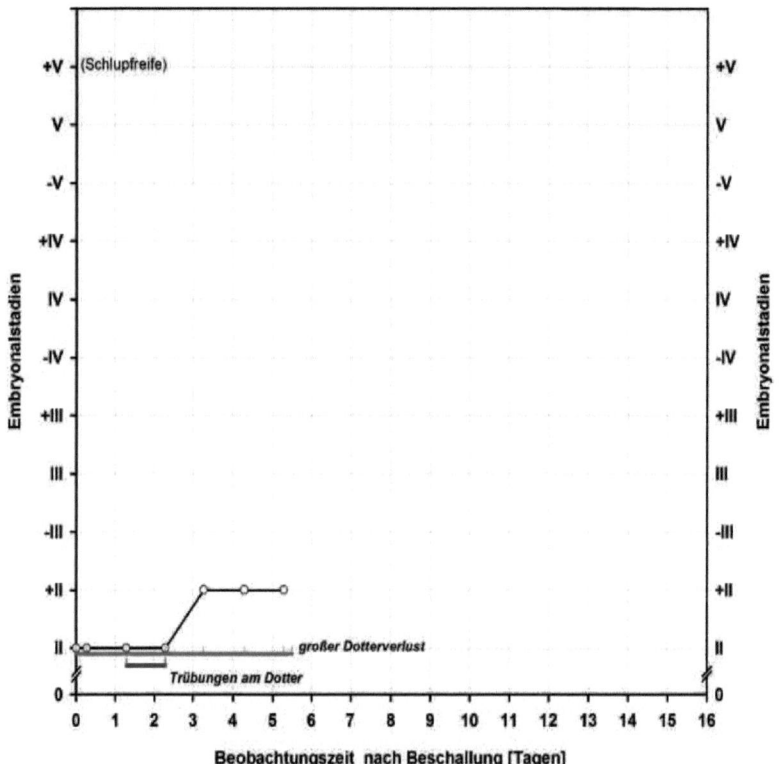

8.2 Entwicklungsverlauf geschädigter EMB(II)

Embryonalentwicklung und Symptomkombination von Probe 53-1B
†*

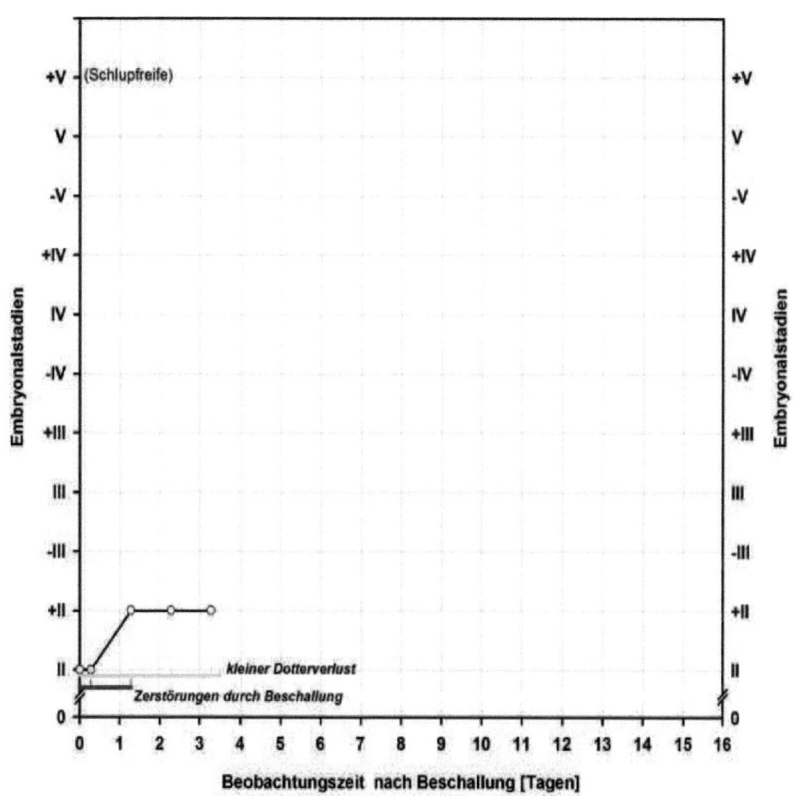

Embryonalentwicklung und Symptomkombination von Probe 53-2C
†

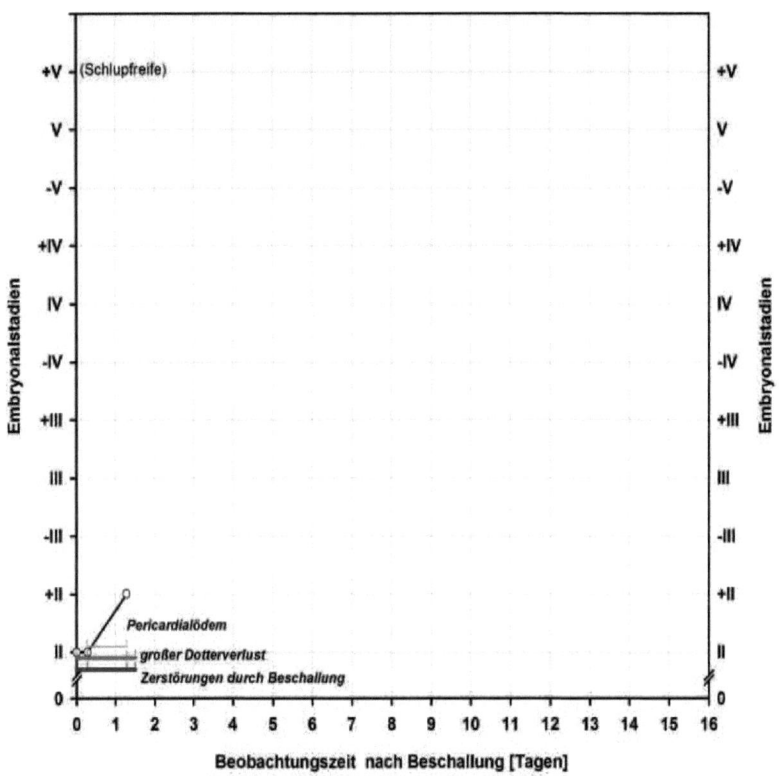

8.2 Entwicklungsverlauf geschädigter EMB(II)

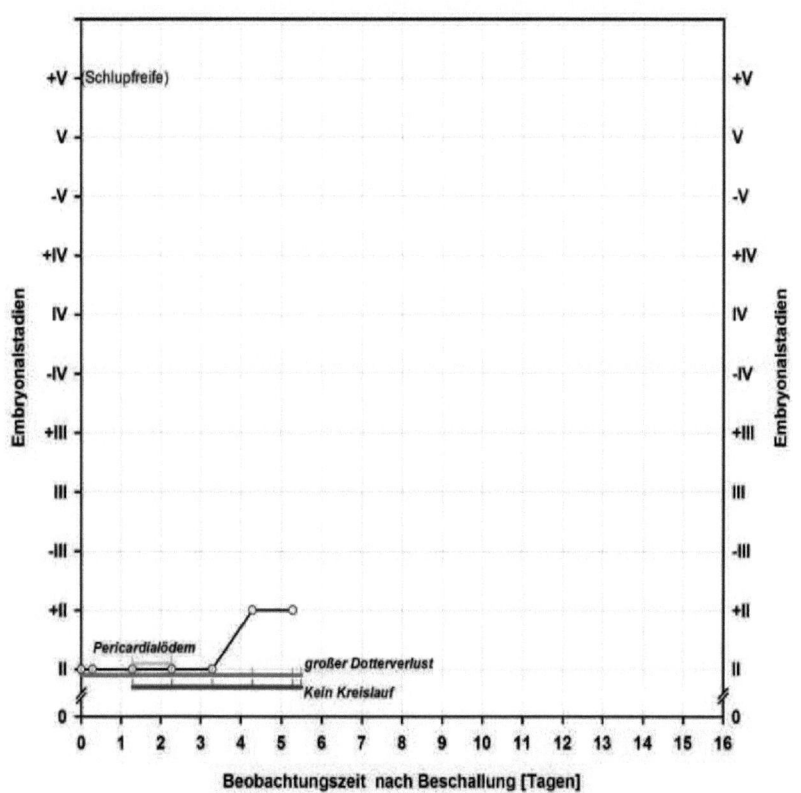

Embryonalentwicklung und Symptomkombination von Probe 54-1A
†*

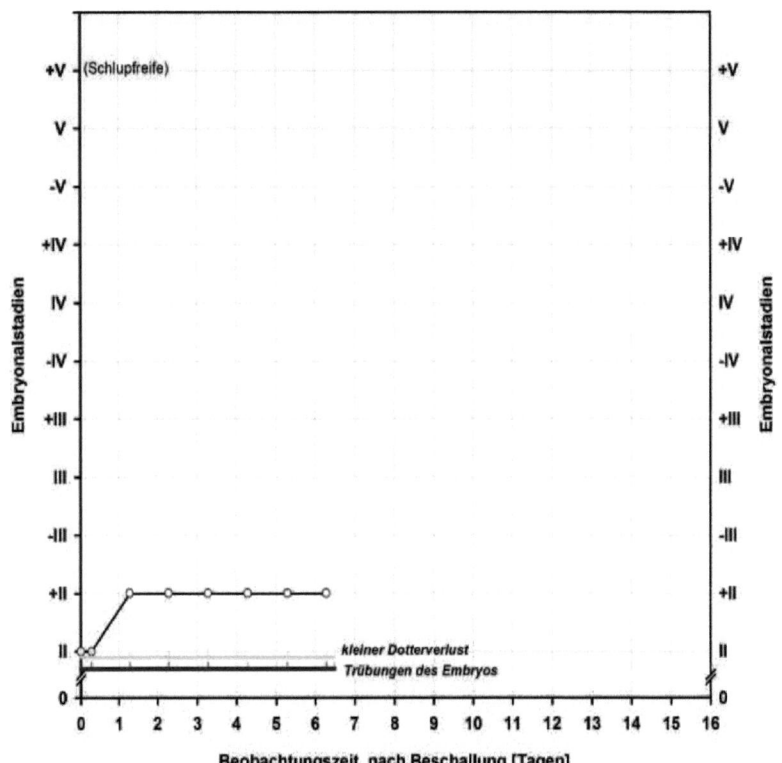

8.2 Entwicklungsverlauf geschädigter EMB(II)

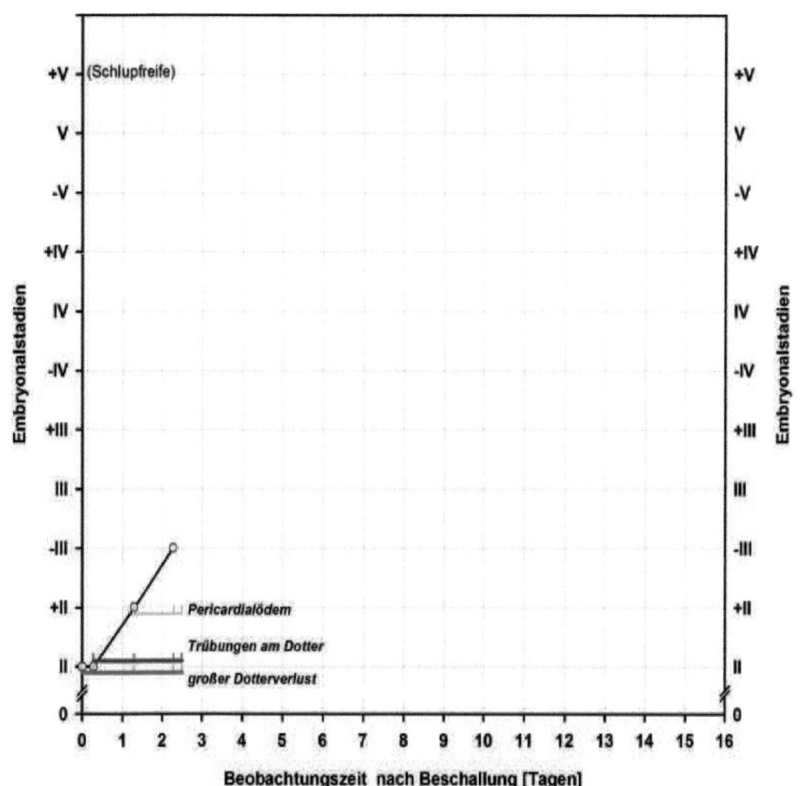

Embryonalentwicklung und Symptomkombination von Probe 75-2B (fixiert)*

Embryonalentwicklung und Symptomkombination von Probe 81-F (fixiert)*

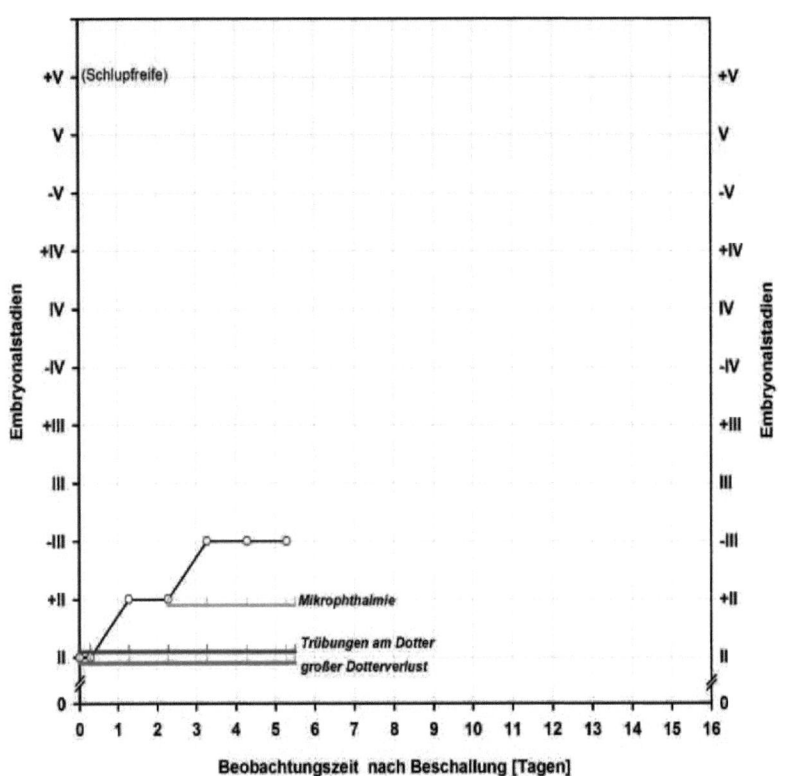

8.2 Entwicklungsverlauf geschädigter EMB(II)

Embryonalentwicklung und Symptomkombination von Probe 40-1A
†*

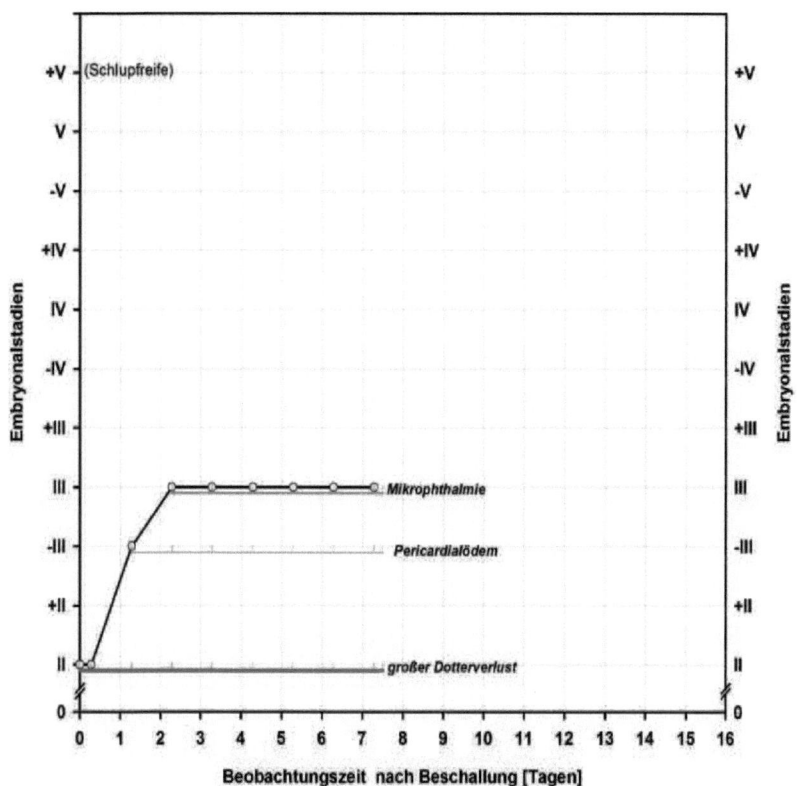

Embryonalentwicklung und Symptomkombination von Probe 40-1C
†*

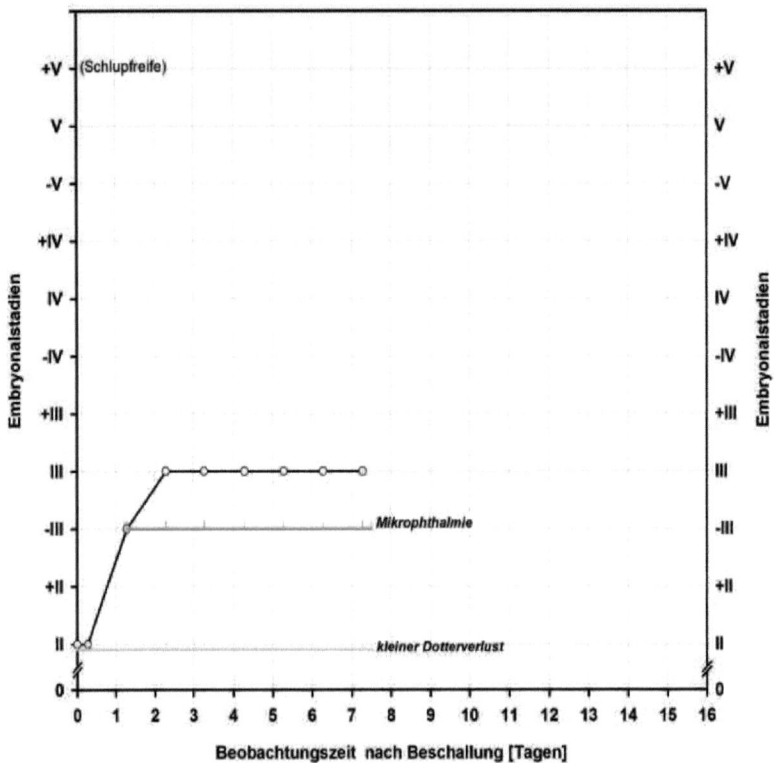

8.2 Entwicklungsverlauf geschädigter EMB(II)

Embryonalentwicklung und Symptomkombination von Probe 40-3B
†

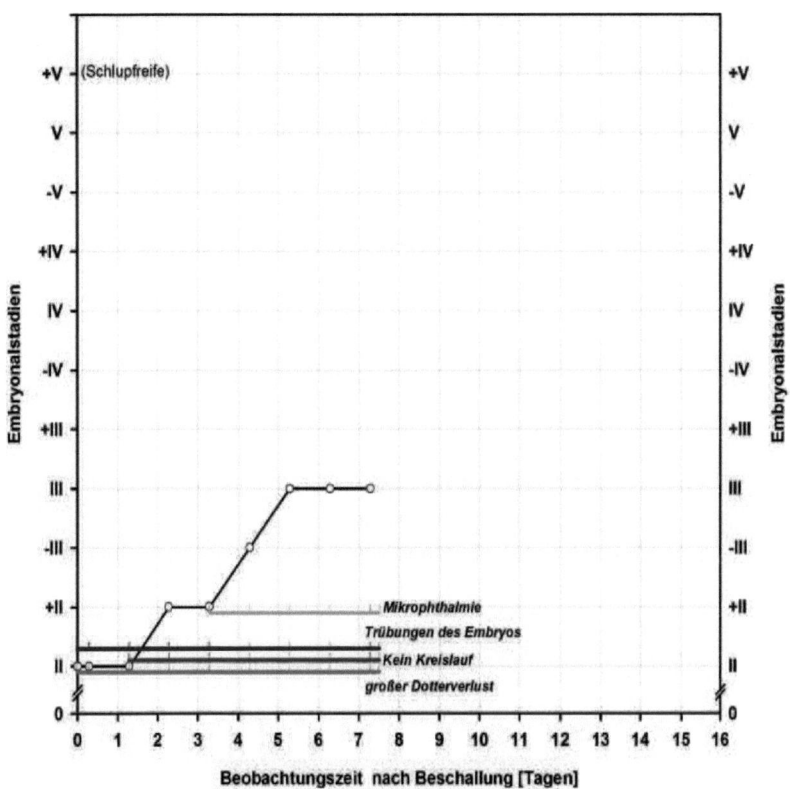

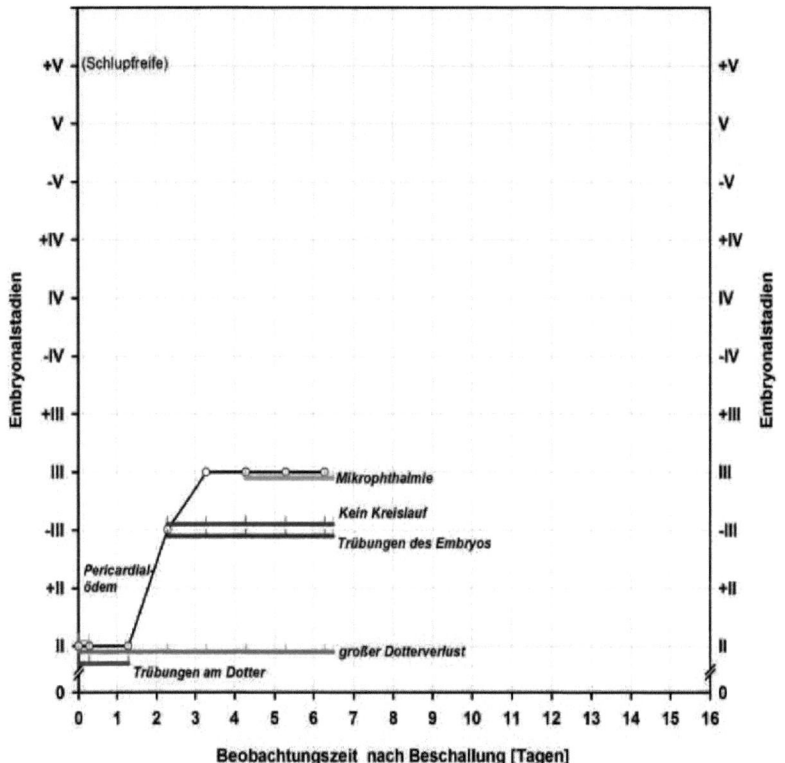

8.2 Entwicklungsverlauf geschädigter EMB(II)

Embryonalentwicklung und Symptomkombination von Probe 41-3B
†*

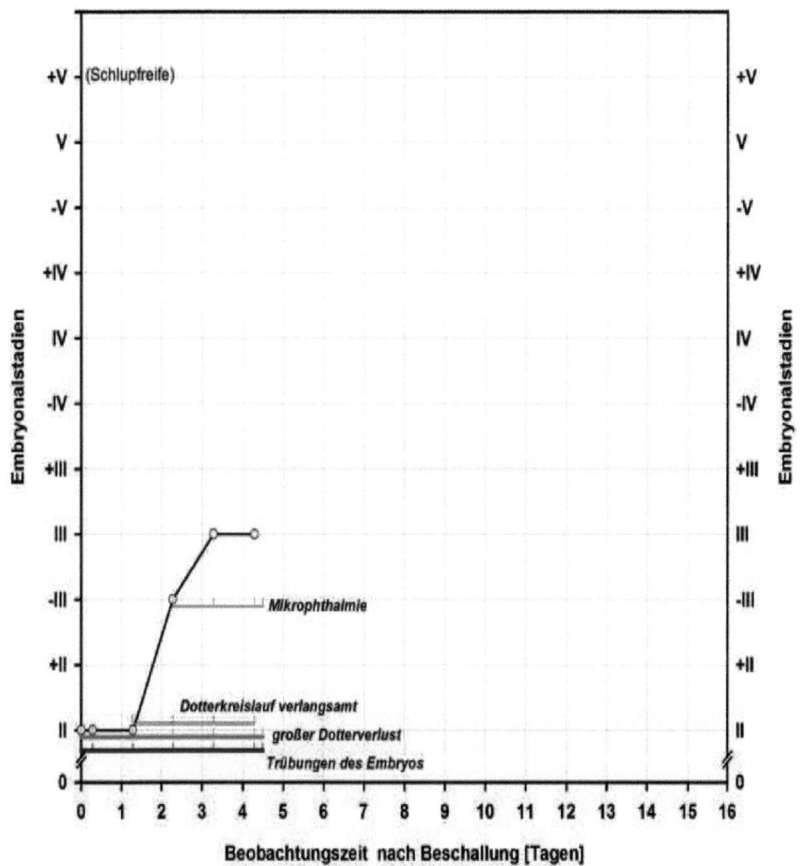

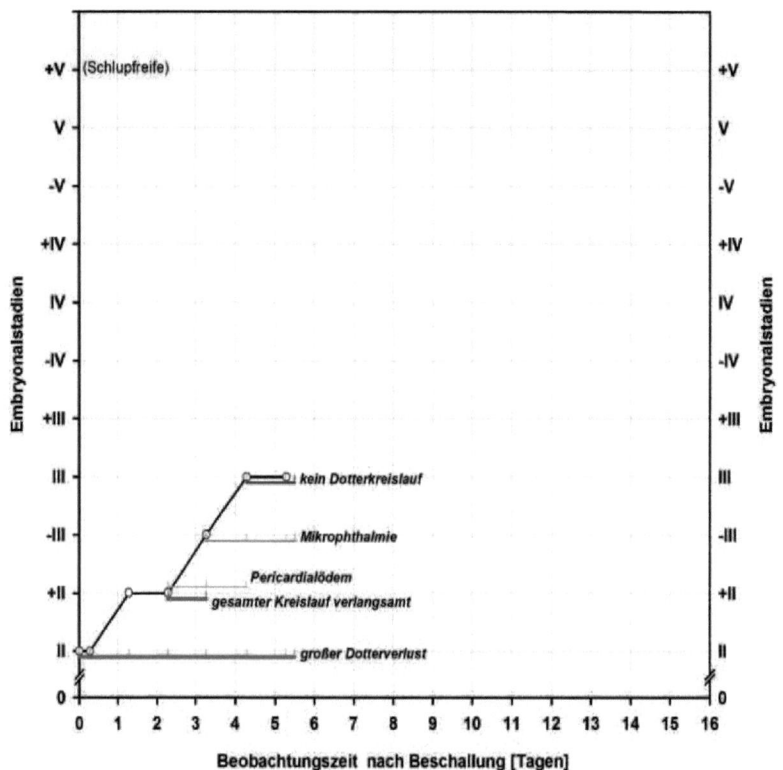

8.2 Entwicklungsverlauf geschädigter EMB(II)

Embryonalentwicklung und Symptomkombination von Probe 55-1B*

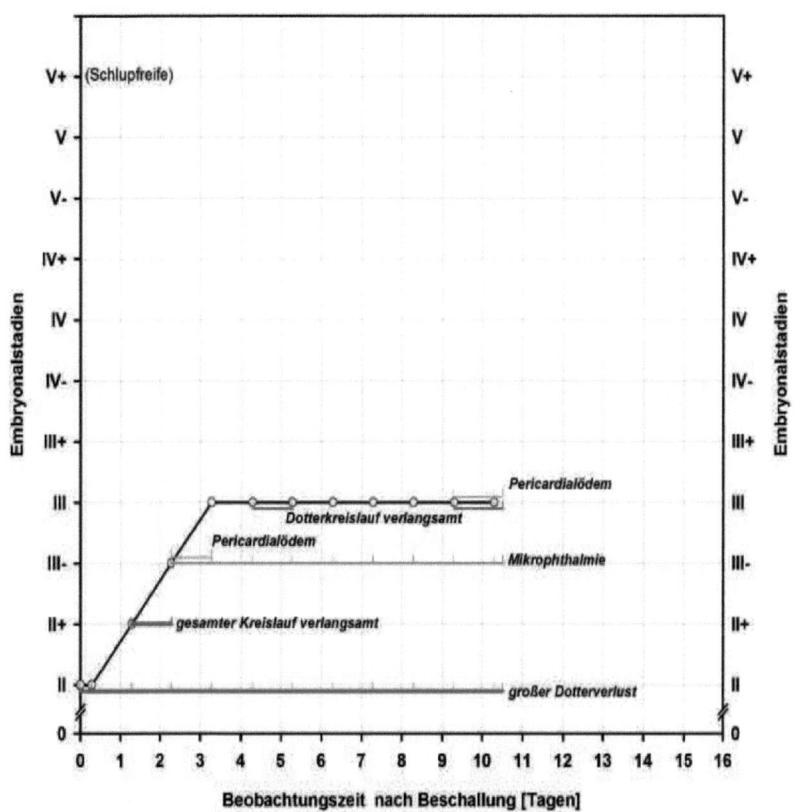

Embryonalentwicklung und Symptomkombination von Probe 40-2B
†*

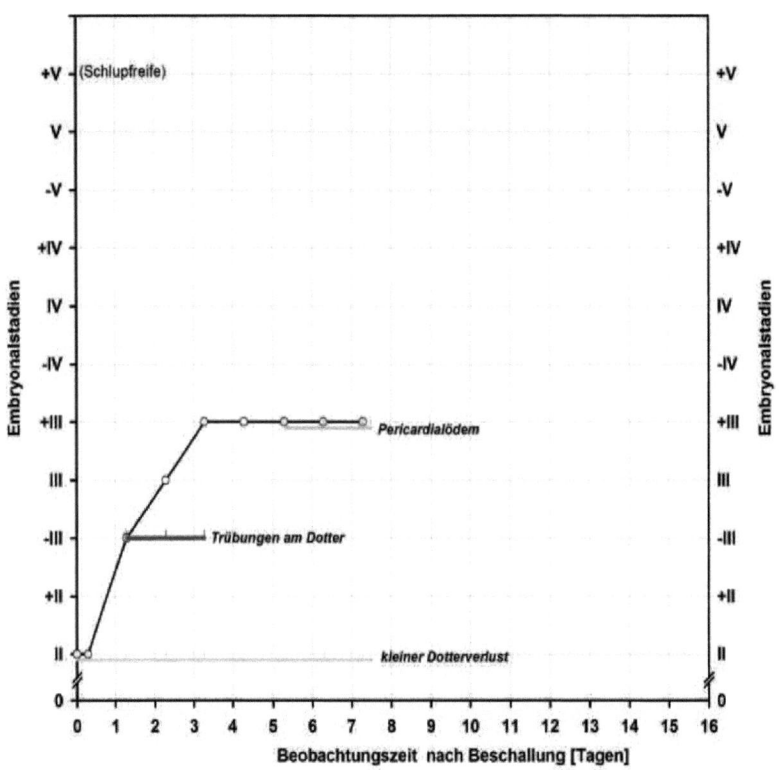

8.2 Entwicklungsverlauf geschädigter EMB(II)

Embryonalentwicklung und Symptomkombination von Probe 41-4A
†*

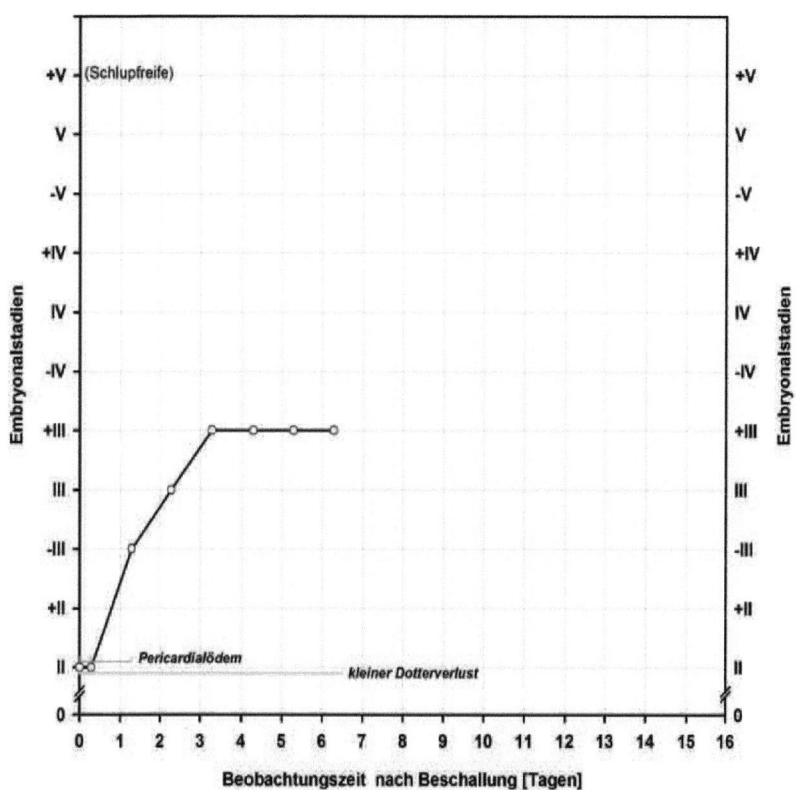

Embryonalentwicklung und Symptomkombination von Probe 41-4C
†

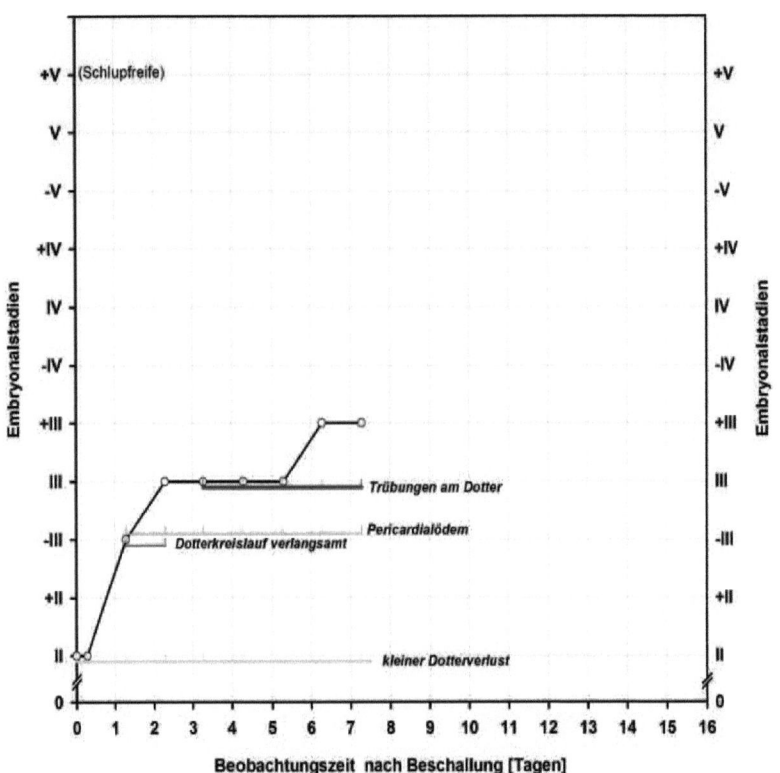

8.2 Entwicklungsverlauf geschädigter EMB(II)

Embryonalentwicklung und Symptomkombination von Probe 53-2A
†*

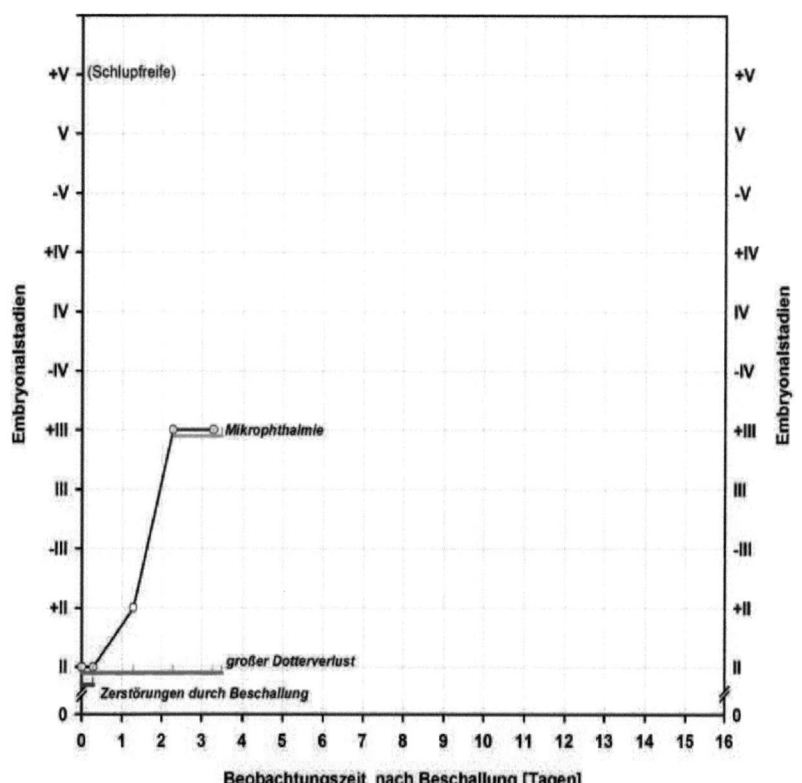

Embryonalentwicklung und Symptomkombination von Probe 55-1C*

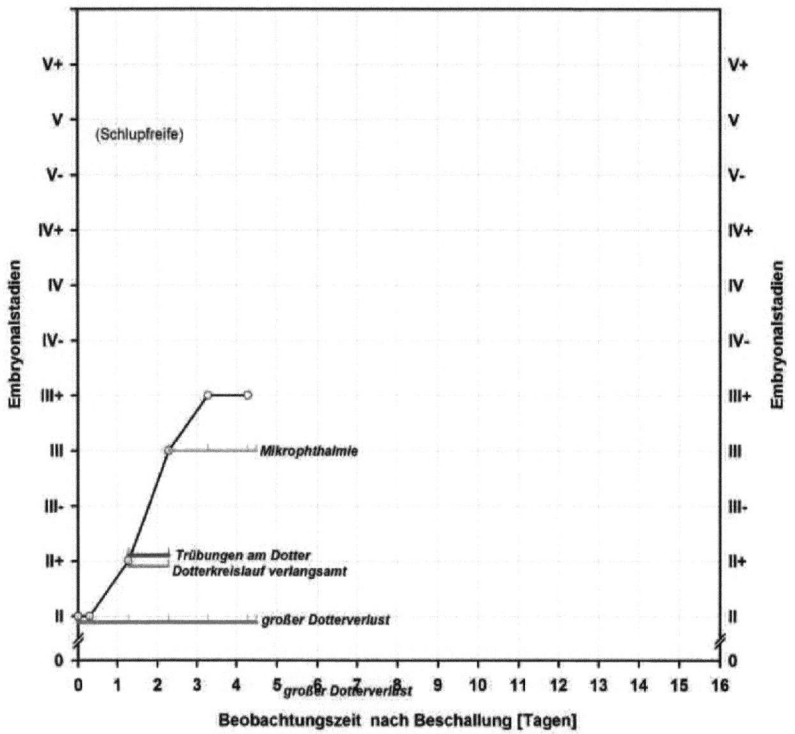

8.2 Entwicklungsverlauf geschädigter EMB(II)

Embryonalentwicklung und Symptomkombination von Probe 55-2D
†

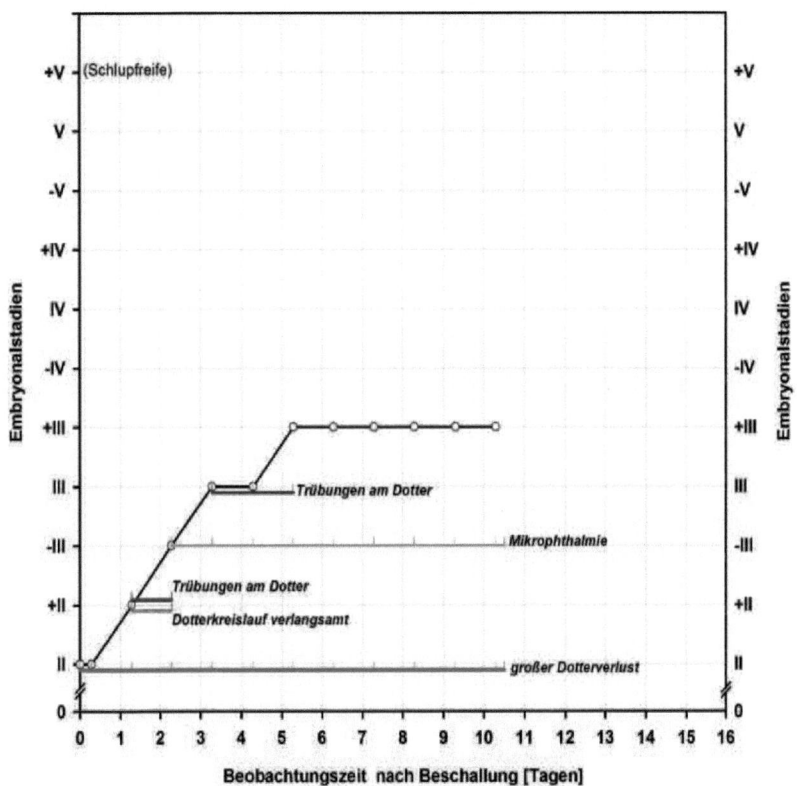

Embryonalentwicklung und Symptomkombination von Probe 63-2A *

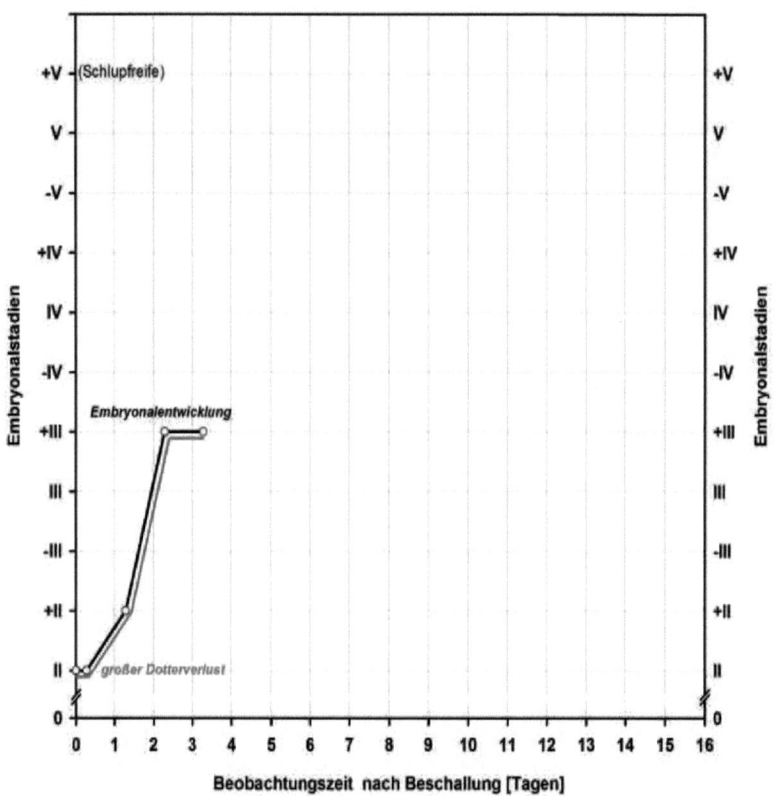

8.2 Entwicklungsverlauf geschädigter EMB(II)

Embryonalentwicklung und Symptomkombination von Probe 75-2D (fixiert)*

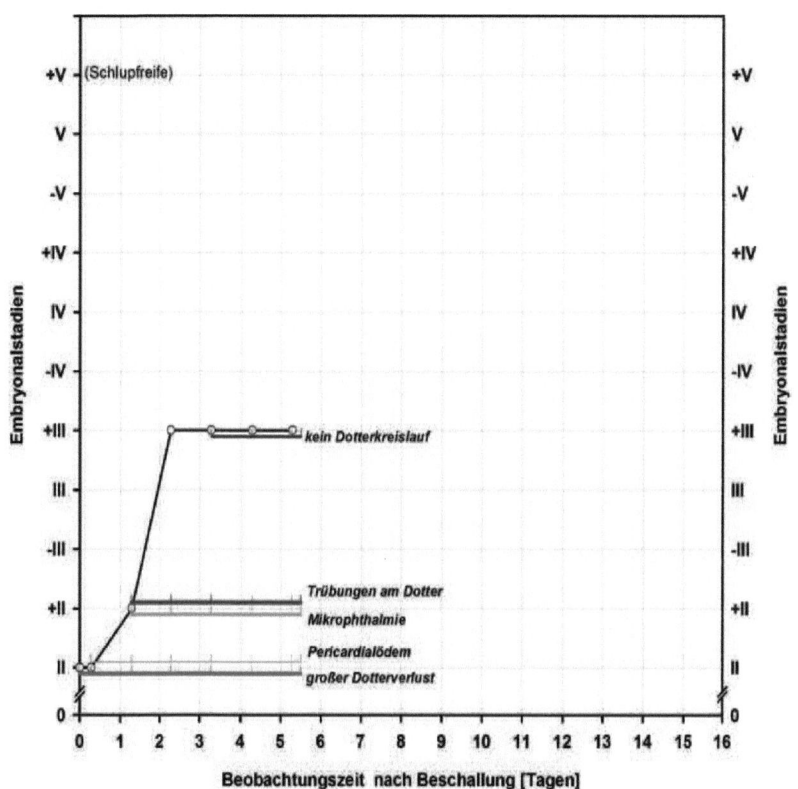

Embryonalentwicklung und Symptomkombination von Probe 80-B
† *

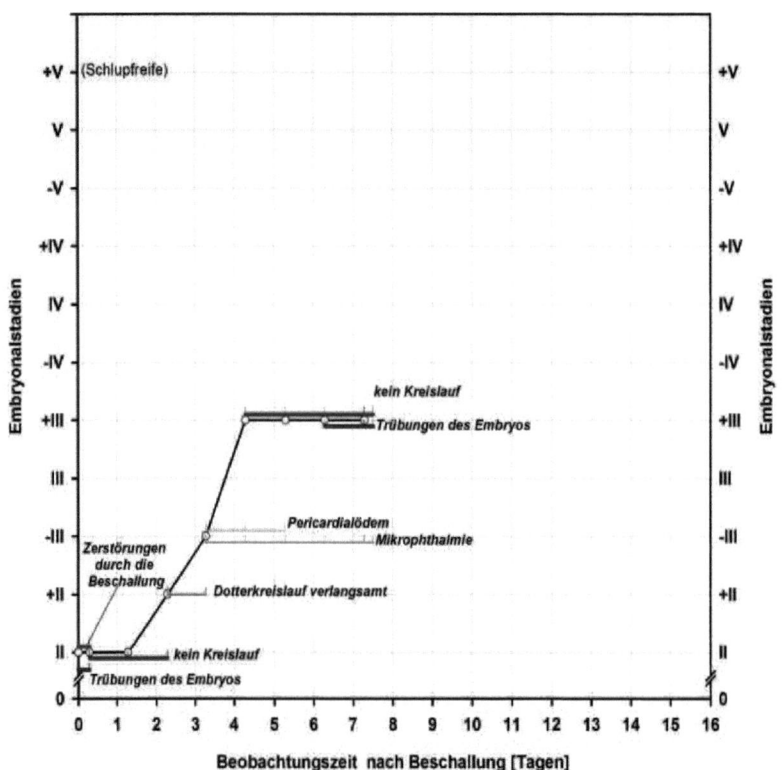

8.2 Entwicklungsverlauf geschädigter EMB(II)

Embryonalentwicklung und Symptomkombination von Probe 75-1D (fixiert)*

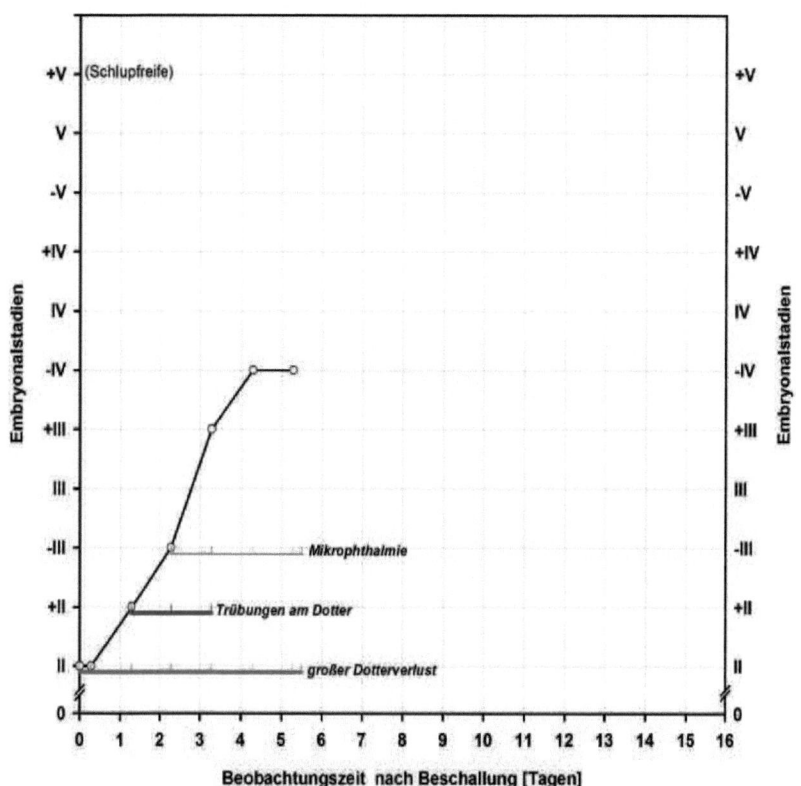

Embryonalentwicklung und Symptomkombination von Probe 76-1A (fixiert)

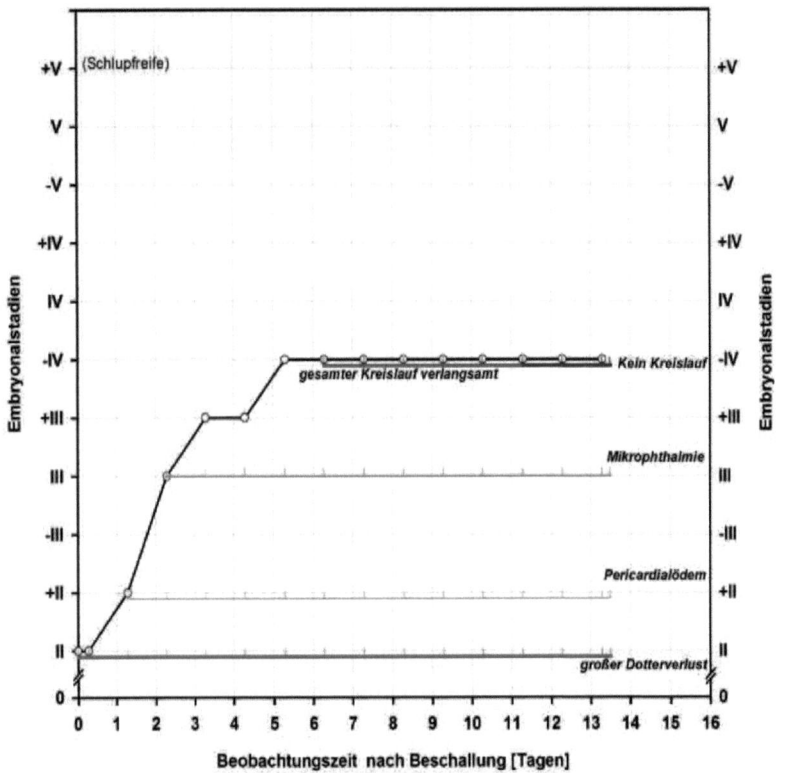

8.2 Entwicklungsverlauf geschädigter EMB(II)

Embryonalentwicklung und Symptomkombination von Probe 76-1B
† *

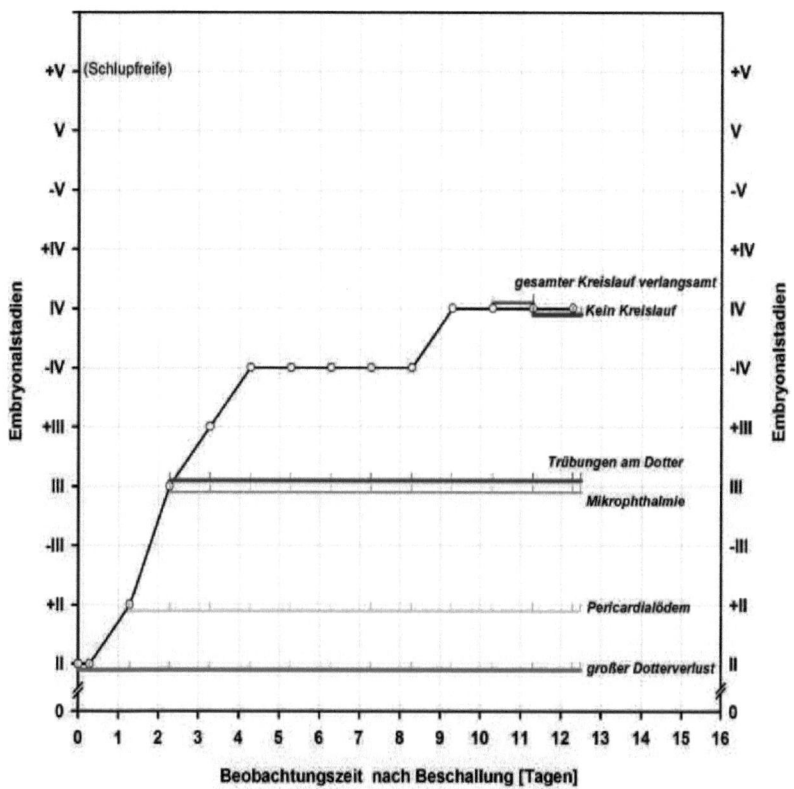

Embryonalentwicklung und Symptomkombination von Probe 83-A (fixiert)

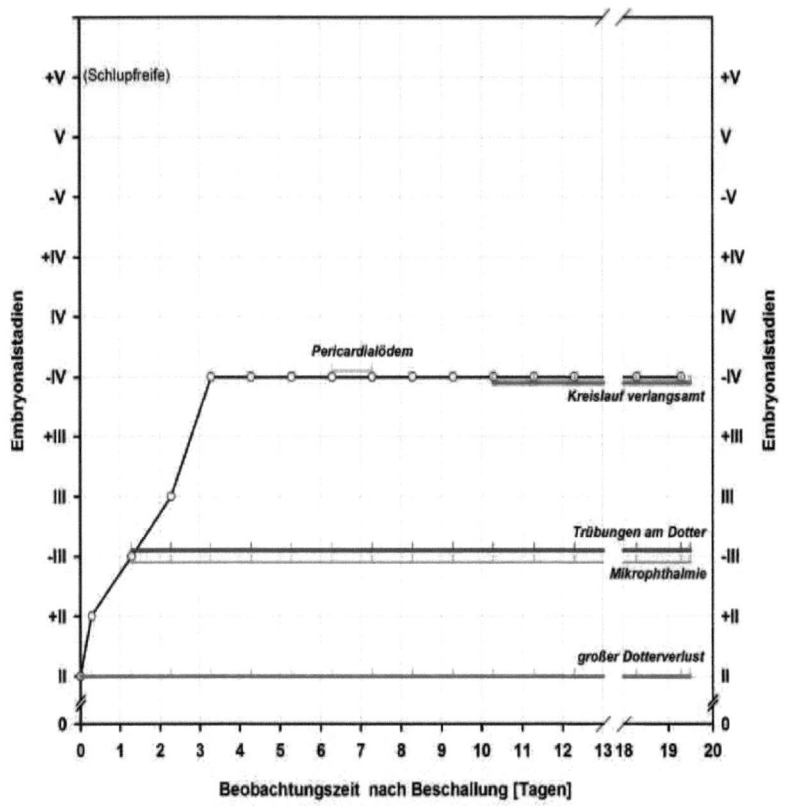

8.2 Entwicklungsverlauf geschädigter EMB(II)

Embryonalentwicklung und Symptomkombination von Probe 41-3C
†*

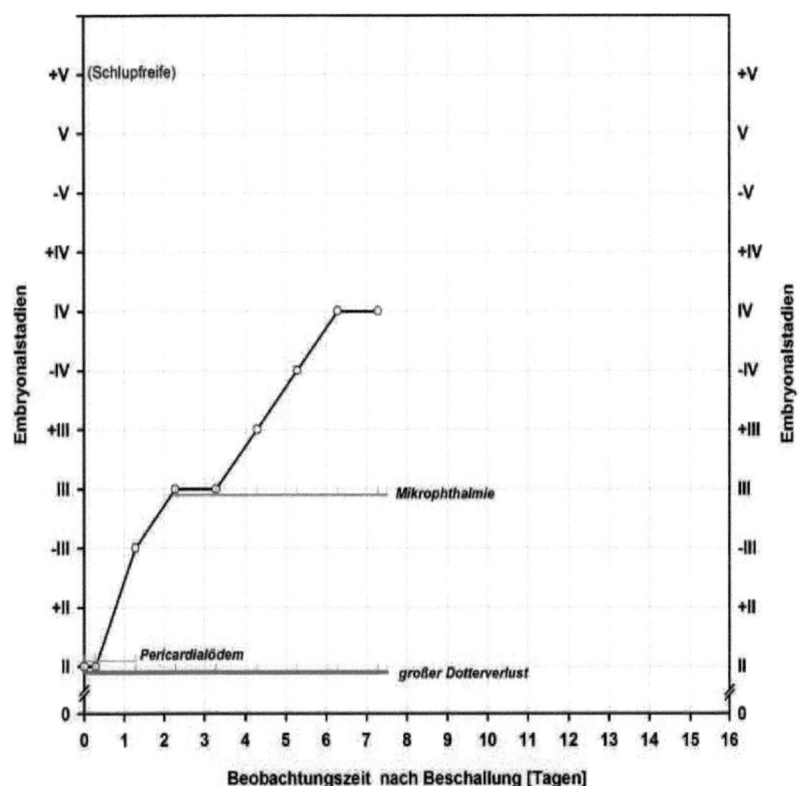

Embryonalentwicklung und Symptomkombination von Probe 63-2C

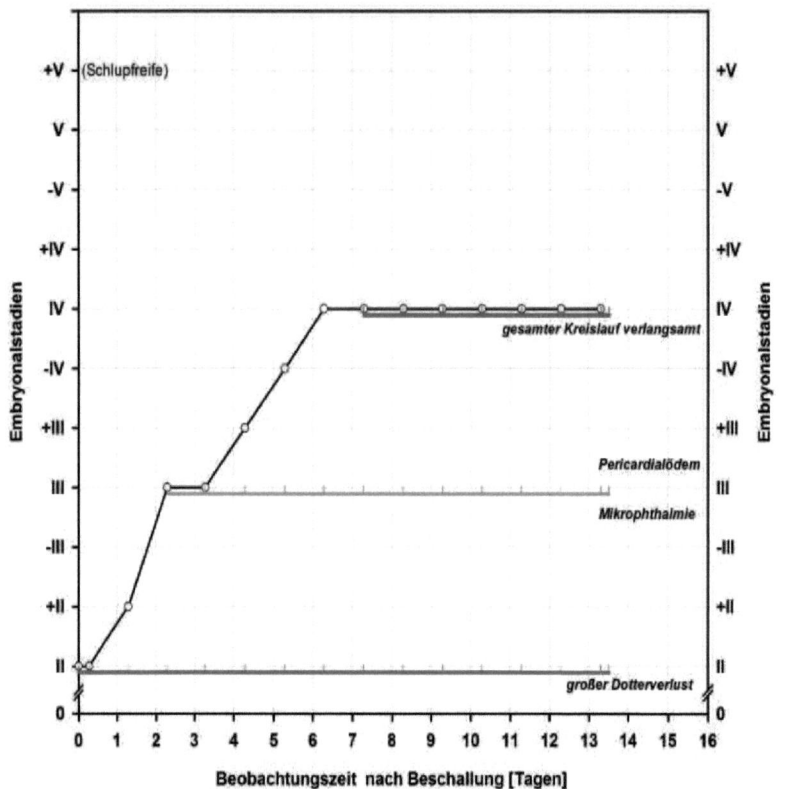

8.2 Entwicklungsverlauf geschädigter EMB(II)

Embryonalentwicklung und Symptomkombination von Probe 69-1D
†*

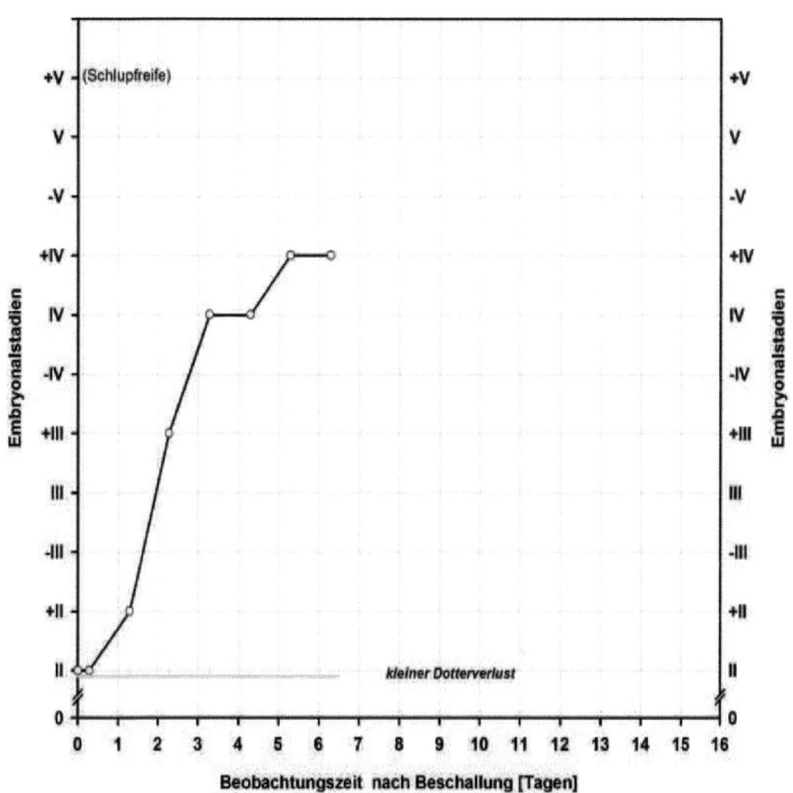

Embryonalentwicklung und Symptomkombination von Probe 75-2C (fixiert)*

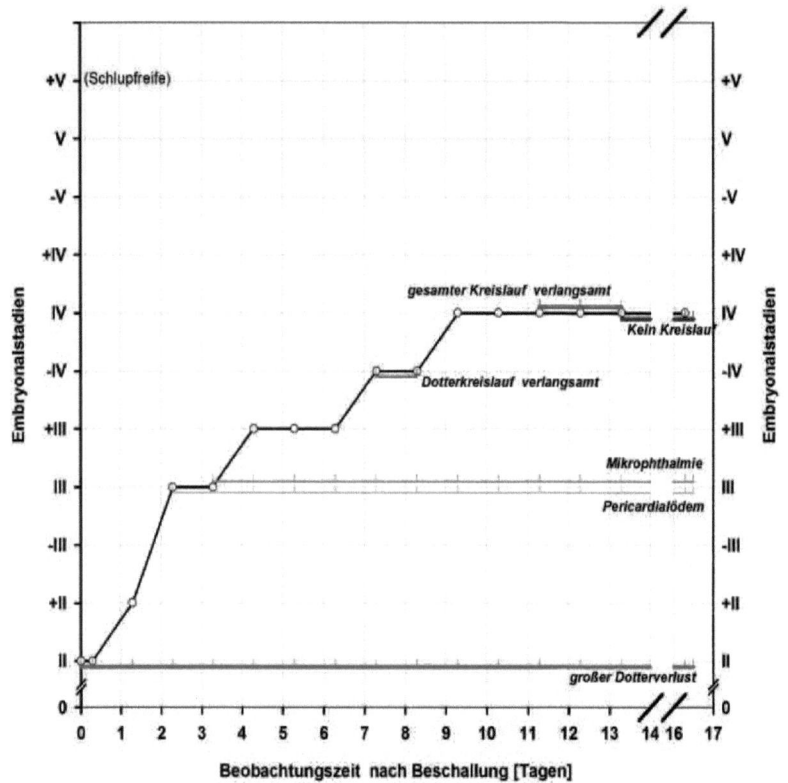

8.2 Entwicklungsverlauf geschädigter EMB(II)

Embryonalentwicklung und Symptomkombination von Probe 78-2A (fixiert)*

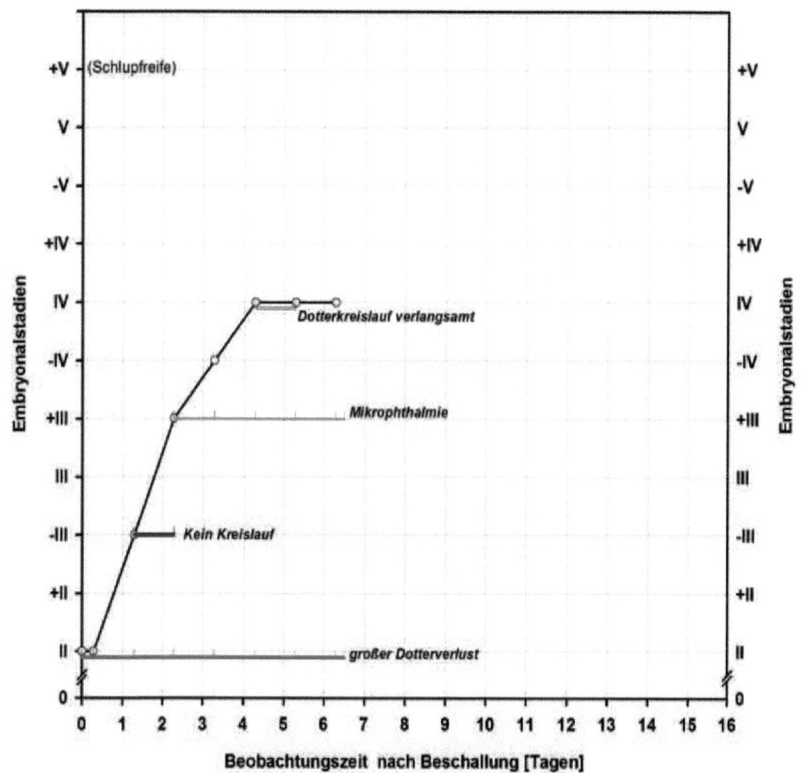

Zerstörungen durch Beschallung

Embryonalentwicklung und Symptomkombination von Probe 80-E
†*

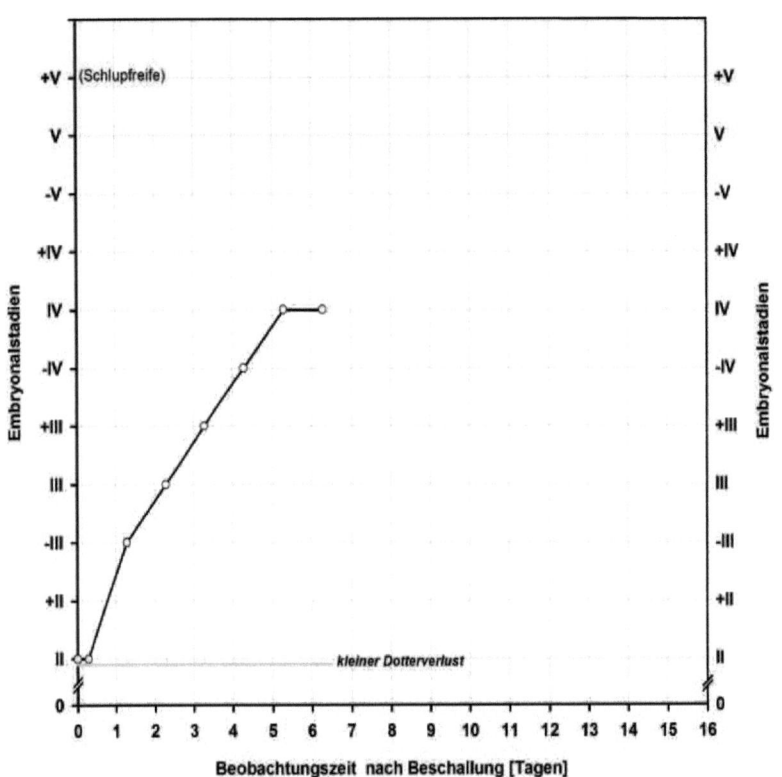

8.2 Entwicklungsverlauf geschädigter EMB(II)

Embryonalentwicklung und Symptomkombination von Probe 80-A
†*

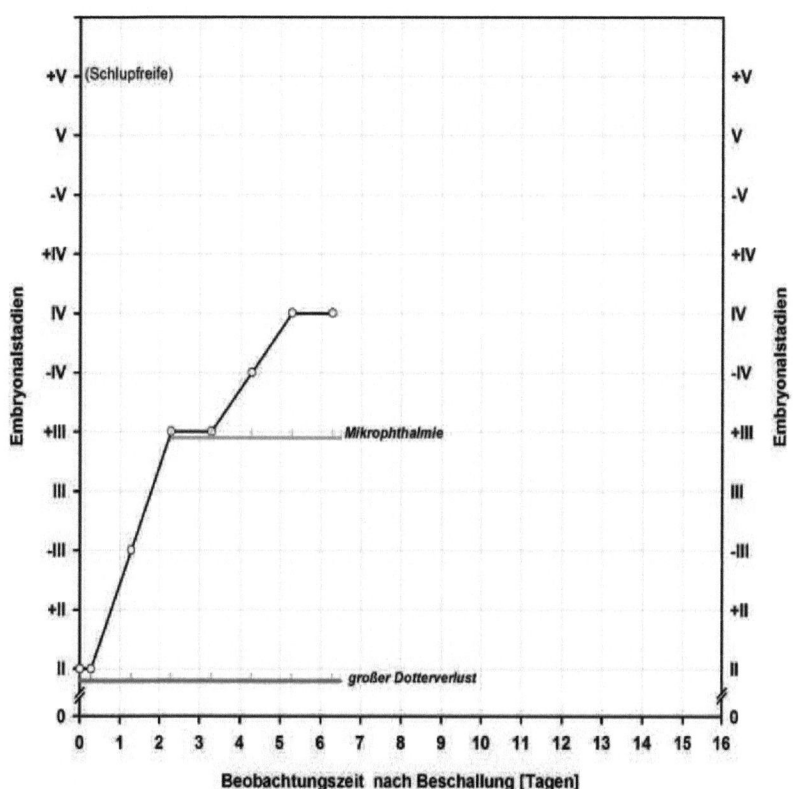

Embryonalentwicklung und Symptomkombination von Probe 40-2A
†*

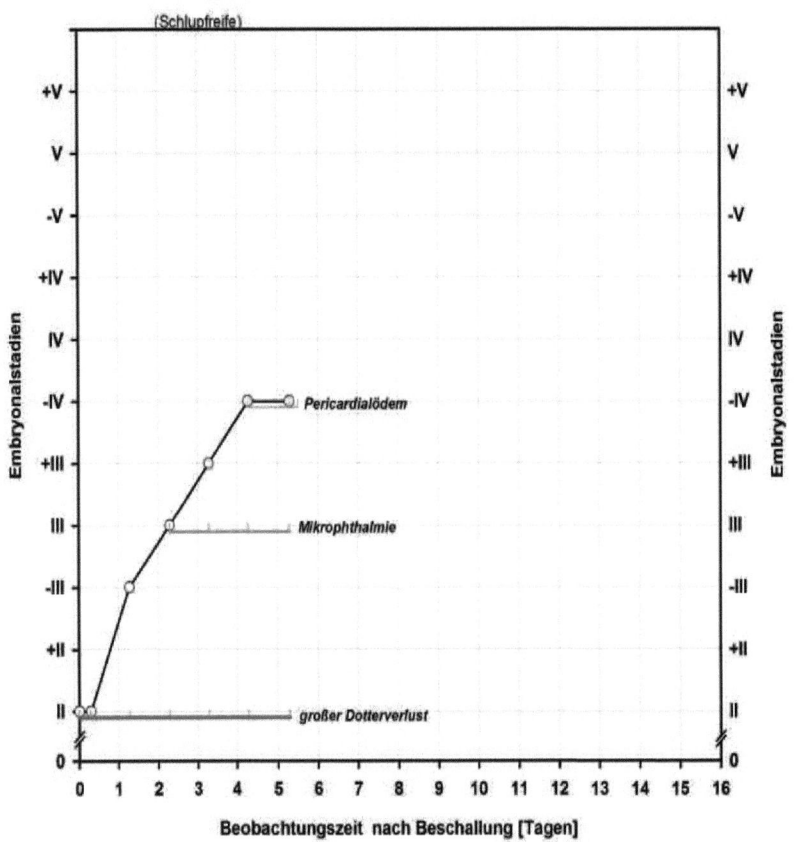

8.2 Entwicklungsverlauf geschädigter EMB(II)

Embryonalentwicklung und Symptomkombination von Probe 78-1B
(fixiert)*

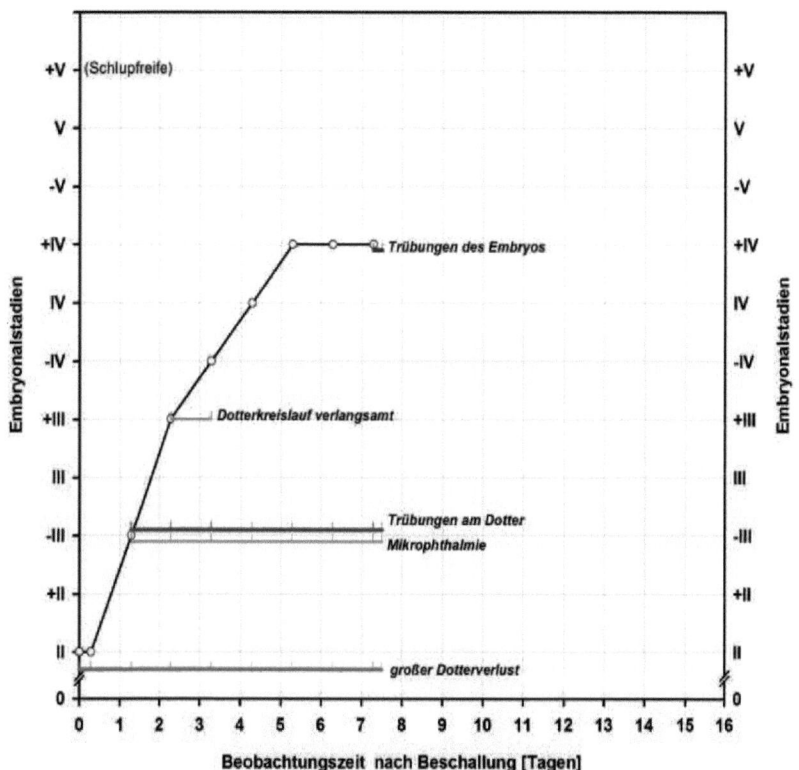

Zerstörungen durch Beschallung

Embryonalentwicklung und Symptomkombination von Probe 80-C

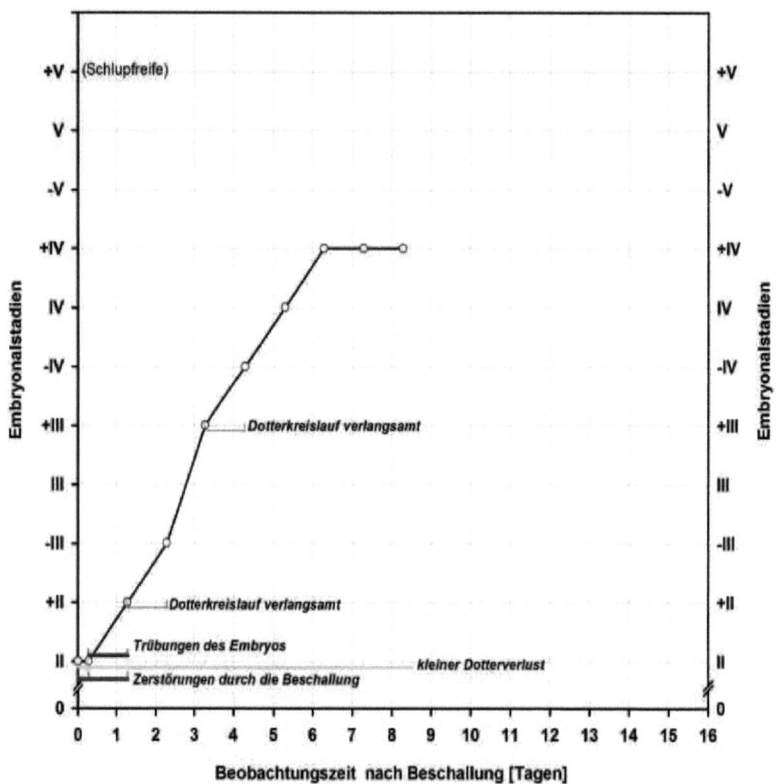

8.2 Entwicklungsverlauf geschädigter EMB(II)

Embryonalentwicklung und Symptomkombination von Probe 76-1D (fixiert)*

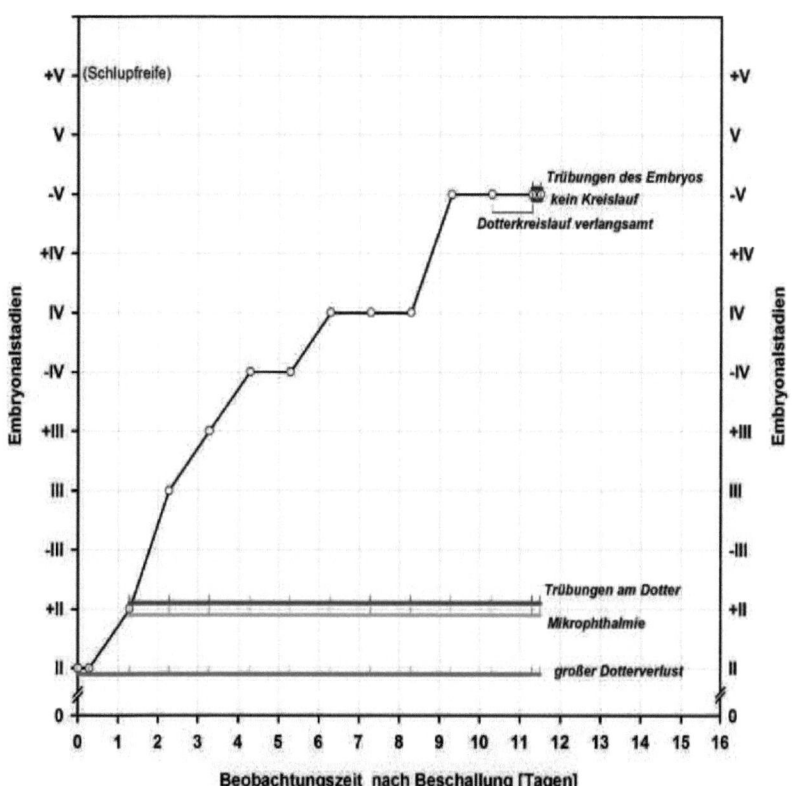

Embryonalentwicklung und Symptomkombination von Probe 82-D
†*

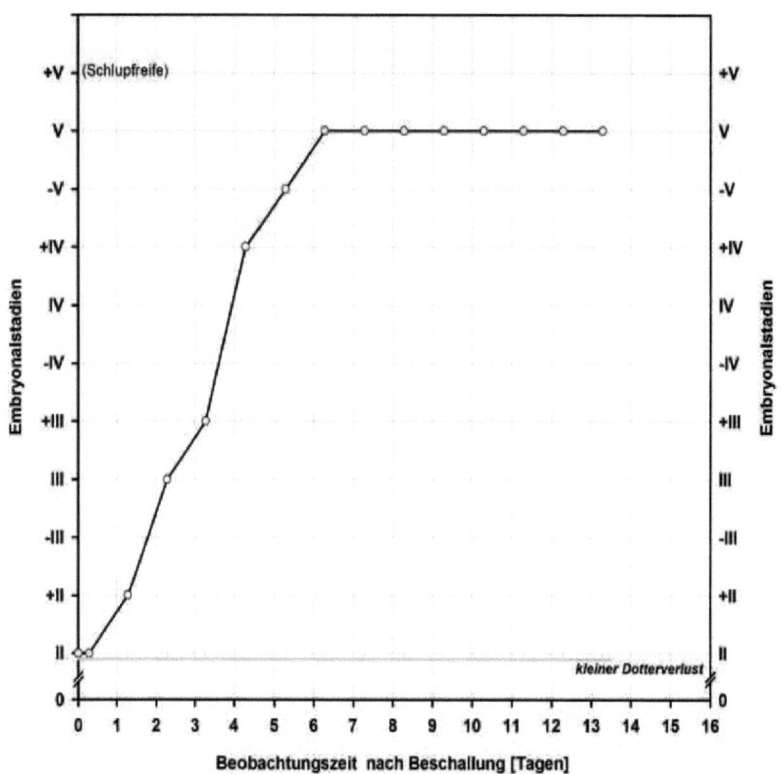

8.2 Entwicklungsverlauf geschädigter EMB(II)

Embryonalentwicklung und Symptomkombination von Probe ???*

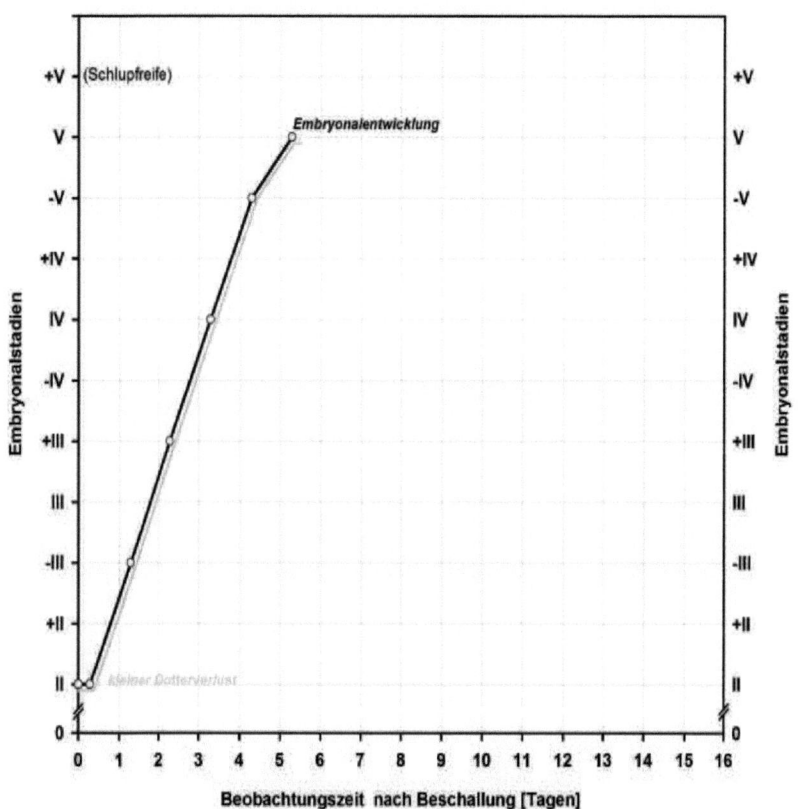

i want morebooks!

Buy your books fast and straightforward online - at one of world's fastest growing online book stores! Environmentally sound due to Print-on-Demand technologies.

Buy your books online at
www.get-morebooks.com

Kaufen Sie Ihre Bücher schnell und unkompliziert online – auf einer der am schnellsten wachsenden Buchhandelsplattformen weltweit! Dank Print-On-Demand umwelt- und ressourcenschonend produziert.

Bücher schneller online kaufen
www.morebooks.de

 VDM Verlagsservicegesellschaft mbH
Heinrich-Böcking-Str. 6-8   Telefon: +49 681 3720 174   info@vdm-vsg.de
D - 66121 Saarbrücken   Telefax: +49 681 3720 1749   www.vdm-vsg.de

Printed by Books on Demand GmbH, Norderstedt / Germany